LANGAGE

DE

FLORE.

DE L'IMPRIMERIE DE RICHOMME,

RUE SAINT-JACQUES, N°. 67.

Les exemplaires seront signés par l'Auteur.

LANGAGE

DE

FLORE,

OU

NOUVELLE MANIÈRE DE COMMUNIQUER SES PENSÉES,

SANS SE VOIR, SANS SE PARLER, SANS S'ÉCRIRE.

PAR J. P. TRONCIN,

Professeur de Botanique et de Physique végétale, Docteur de la Faculté de
Médecine de Paris, Médecin des pauvres du 5e. arrondissement, etc., etc.

A PARIS,

Chez
{
L'AUTEUR, rue St.-Martin, N°. 184;
JANET, Libraire, rue St.-Jacques, N°. 59;
GUITEL, Libraire, rue J. J. Rousseau, N°. 5.

Et à MAYENCE, chez LEROUX, Imprimeur.

1821.

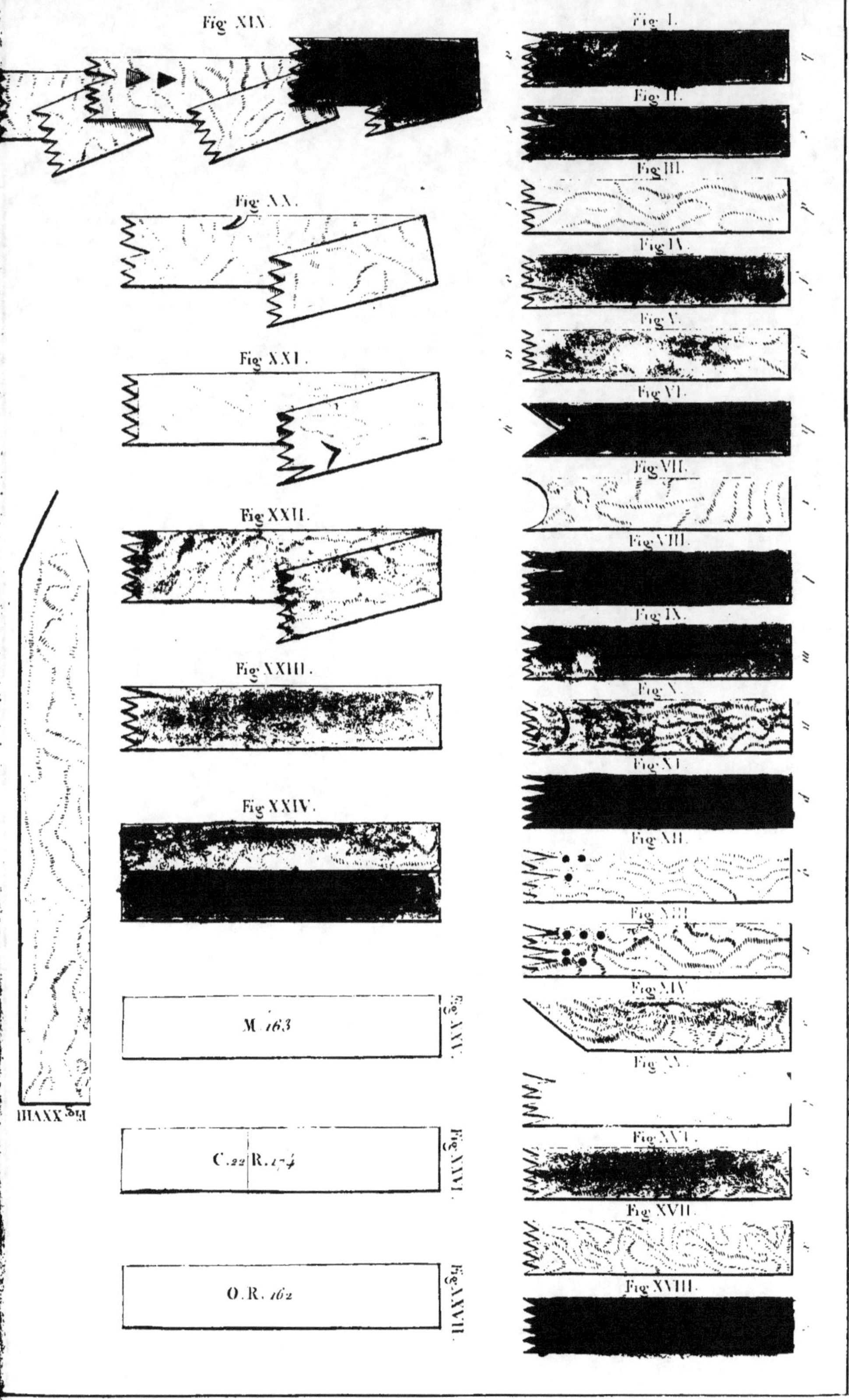

Fig. XIX.
Fig. XX.
Fig. XXI.
Fig. XXII.
Fig. XXIII.
Fig. XXIV.
M. 163
C. 22 R. 174
O. R. 162
Fig. XXV.
Fig. XXVI.
Fig. XXVII.
Fig. XXVIII.
Fig. I.
Fig. II.
Fig. III.
Fig. IV.
Fig. V.
Fig. VI.
Fig. VII.
Fig. VIII.
Fig. IX.
Fig. X.
Fig. XI.
Fig. XII.
Fig. XIII.
Fig. XIV.
Fig. XV.
Fig. XVI.
Fig. XVII.
Fig. XVIII.

PRÉFACE.

Lᴇs fleurs ont toujours fait mon admiration.
Un goût décidé me porta de bonne heure à
leur étude. Pendant ce temps je formai le
canevas de cet ouvrage. Engagé par plusieurs
personnes à le remplir, je m'y décidai plutôt
par obligeance que par tout autre motif. Deux
ans suffirent à peine pour donner trois mille
huit cent trente-neuf emblêmes, et employer
mille sept cent soixante-cinq verbes. Chaque
mot ici a été l'objet d'un long examen. Aucun
emblème n'a été donné à une plante sans
l'avoir vu et examiné dans tous ses rapports.
Les richesses que renferme le magnifique
Jardin des Plantes, m'ont été d'un grand
secours. Chaque fleur a un emblême qui lui
est donné d'après sa beauté, son élégance,
ses couleurs plus ou moins belles, ses
propriétés en médecine, son acception vulgaire ou fabuleuse, son étymologie, etc., etc.
Les verbes sont presque toujours dépendans
du substantif ou de l'adjectif auquel ils sont

adjoints. Il y a peu d'exceptions : quand elles ont lieu, c'est pour les raisons expliquées plus haut. L'ouvrage présente cinq divisions. La première renferme l'exposé du système ; la deuxième forme le dictionnaire des fleurs employées ; la troisième, le dictionnaire des mots pris pour emblèmes ; la quatrième, le dictionnaire des verbes ; et la cinquième, un dictionnaire des termes vulgaires les plus généralement connus.

Je me suis attaché, dans ce dernier, à faire correspondre le nom vulgaire au nom scientifique de la plante au lieu du genre. Toutes les fois que le nom vulgaire était le même que le scientifique, je me suis dispensé de l'inscrire.

Le retard que l'ouvrage a éprouvé avant de paraître, vient de ce que nombre de personnes de distinction m'ayant honoré de leur souscription, j'ai été obligé de redoubler de zèle pour le rendre digne de leur attention. Je citerai entr'autres MONSIEUR, comte d'Artois, S. A. R. Madame la duchesse de Berry, etc., etc., etc., et un grand nombre de souscripteurs.

LANGAGE

DE

FLORE.

Dans cette nouvelle manière de s'exprimer, les plantes et les rubans seront seuls employés. Les rubans ne pourront représenter jamais que des lettres alphabétiques, les plantes des mots entiers. Chaque consonne sera figurée par un ruban étroit et coloré. Dix-huit couleurs représenteront dix-huit consonnes. Je supprime le K, par la raison que le C peut le remplacer au besoin, du moins dans la prononciation il a le même effet. Comme le nombre des couleurs est très-borné, j'ai été obligé d'employer leurs nuances et leurs combinaisons (*Voyez* TABLE DES COULEURS). Les voyelles seront représentées par des angles faits aux extrémités du ruban, lequel sera attaché à la fleur ou à la tige par un simple nœud, dont les extrémités seront toujours d'inégale grandeur. Le bout supérieur ou le plus petit indiquera les voyelles qui sont avant la consonne ; le bout inférieur ou le plus grand, celles qui sont après. Cinq voyelles et l'Y existant dans l'alphabet, on fera cinq petits angles rentrans et toujours d'égale grandeur à l'extrémité du ruban. Le premier sera pour

(4)

l'A, le deuxième pour l'E, le troisième pour l'I, le quatrième pour l'O, le cinquième pour l'U (*planche* 1re., *fig.* I, II, III, IV, V). Un angle unique qui occupera toute la largeur du ruban, sera pour l'Y (*planche* 1re. *fig.* VI). La voyelle dont on voudra se servir, aura son angle double des autres en hauteur seulement : la largeur devra toujours rester la même (*Voyez fig.* XI) pour l'A et pour l'E.

Lorsque deux ou trois voyelles semblables se suivront, elles seront représentées par des triangles de la grandeur de l'angle représentant la première voyelle, et faits au-dessus et dans la même direction. Exemple (*fig.* XIX) où le participe *créées* est écrit par des rubans seulement. On y remarque que le ruban de couleur rouge cerise, représentant le *c*, est le premier ; que le vert très-clair, qui est pour l'*r*, se trouve immédiatement après. Comme il n'y a point de voyelle avant et après le *c*, les angles seront tous égaux et de leur grandeur naturelle ; par la même raison, le bout supérieur du ruban représentant l'*r*, aura ses angles comme les précédens, et la voyelle qui vient après étant un *e*, le second angle du bout inférieur, sera double des autres en hauteur ; la même voyelle étant répétée trois fois, deux triangles seront taillés dans le ruban, comme il est représenté par la figure XIX. La dernière lettre du mot étant la consonne *s*, le ruban couleur gris de souris sera attaché derrière le bout inférieur du vert très-clair. Cette lettre étant la dernière, le ruban aura tous ses angles égaux.

On voit que de cette manière il est possible d'employer plusieurs voyelles de suite, même semblables sur un seul ruban.

Toutes les fois qu'un ruban sera attaché après le ruban bicolor par son extrémité supérieure, laquelle extrémité n'aura pas d'angle, il n'indiquera que les voyelles représentées par les angles de son bout inférieur.

S'il est nécessaire de représenter une autre consonne après une première, on le fera par la couleur à laquelle elle appartiendra, en ayant soin d'attacher le ruban après celui qui est pour la première, et non après la tige ou la fleur. On peut également en représenter une troisième, en attachant un troisième ruban au second, et toujours derrière celui qui précède, pour bien laisser les angles à découvert, comme on vient de le voir, *fig.* xix, dans le participe *créées*.

La cédille (du *ç*) sera représentée par un croissant fait au-dessus des angles, et à la partie moyenne du ruban (*fig.* x). L'apostrophe sera faite par une petite échancrure qui lui ressemblera, sur le côté du bout inférieur du ruban (*fig.* xx). Les accens sur les *é, è, é,* etc., etc., et autres voyelles se figureront par une échancrure de leur forme, immédiatement au-dessus de l'angle qui les requerra (*fig.* xxi et xxii) pour l'accent circonflexe sur l'*u*, et l'accent grave sur l'*a*).

La réunion des fleurs se nommera *Sélam*,

elle ne se fera pas indifféremment ou en masse. Elles seront toutes attachées les unes aux autres par un ruban bicolor (vert et bleu), et sur une seule ligne, de sorte que la fleur qui exprimera le premier mot, précédera toutes les autres; elles se succéderont de même que si on écrivait. Le *Sélam* aura la figure d'un cône, dont le sommet sera formé par la première fleur qui sera sur la ligne. Comme elles se tiendront toutes les unes aux autres par le ruban bicolor, on les tournera en spirale autour de la première, ayant soin de les laisser bien dégagées, avec un peu de feuillage, si on le juge nécessaire à la beauté du Sélam.

Pour correspondre avec une grande facilité, les fleurs et les mots seront numérotés. Pour chaque lettre alphabétique, une petite bande de papier large d'une ligne, sur laquelle il y aura la première lettre du nom de la plante et son numéro, sera roulée autour de la queue, soit d'une fleur, soit d'un rameau, et retenue par une petite fente qu'on aura eu soin de pratiquer.

Comme il serait souvent très-difficile de se procurer les fleurs indiquant les mots qu'on voudrait employer, des substitutions deviennent indispensables. Elles se feront de la manière suivante : on commencera par tracer sur la petite bande de papier destinée à faire connaître ce qu'on veut exprimer, la première lettre du nom et le numéro de la plante qu'on emploie, si elle est connue; dans le cas contraire, on mettra simplement un zéro, qui indiquera que la personne qui a formé le Sélam ne connaît pas cette plante. Ensuite on ajoutera la première lettre et le numéro de celle qu'on ne peut avoir. Ainsi, chaque fois qu'il y aura sur la petite bande de papier roulée autour de la queue d'une fleur, deux lettres et deux numéros, ou un zéro ; une lettre et un numéro, il y aura substitution ; il faudra seulement chercher ce qu'exprime la seconde lettre et le second nombre ; et quand il y aura un zéro, une seule lettre et un seul nombre, on procédera comme si la lettre et le numéro appartenaient à la plante, le zéro n'étant là que pour indiquer qu'il y a substitution.

On voit, d'après ce procédé, que non-seulement aucune connaissance en botanique ne sera nécessaire pour se servir de cet ouvrage, mais encore que ceux qui ne connaissent pas une seule fleur, pourront former un Sélam tout aussi bien que l'auteur.

Les particules ainsi que certains mots composés seulement de peu de lettres, seront représentés par des rubans ; les substantifs, les adjectifs, les adverbes, etc., par les fleurs, par leurs organes, et par des feuilles, si elles peuvent servir à l'ornement.

Des feuilles ou de petites branches feuillues sans fleur, ni fruit, ni bouton, seront destinées entièrement aux verbes qui se conjugueront de la manière suivante :

Les temps, dans un verbe, seront considérés comme numérotés. Une branche de Thuya oriental, arbre qu'on trouve partout , indiquera par le nombre de ses petits rameaux bien distincts les uns des autres , le numéro du temps employé. Une branche seule sans rameau ni ramification , représentera le premier temps du mode indicatif ou le temps présent ; une branche et un rameau, le deuxième temps ou l'imparfait ; une branche et deux rameaux, le troisième temps ou le prétérit défini ; une branche avec trois rameaux, le quatrième , et ainsi de suite. Les personnes des temps seront représentées par des rubans. La première personne du nombre singulier, par la consonne J , c'est-à-dire , par la couleur qui lui correspond ; la deuxième, par la consonne T ; la troisième, par la consonne L ; la première du nombre pluriel par N ; la deuxième par V ; la troisième par S. D'après cette disposition , les verbes pourront se conjuguer entièrement avec la plus grande exactitude. Le ruban employé n'aura pas d'angle à ses extrémités : il servira en même temps à lier la branche de Thuya avec la branche qui indiquera le verbe.

Les verbes seront pris selon le besoin , dans toute l'étendue de leur sens , soit propre , soit figuré. Quand ils seront passifs, le ruban employé se terminera en pointe par un de ses côtés (*fig*. XIV). Quand ils seront pronominaux (réciproques ou réfléchis), les extrémités seront terminées en pointe, laquelle correspondra exactement au milieu de chaque extrémité , et sera formée par une coupure faite à partie égale sur les côtés du ruban (*fig*. XXVIII).

Quand on recevra un Sélam, pour en prendre connaissance, il faudra le dérouler comme il l'est *planche* 2, le mettre sur une seule ligne, et voir le contenu de chaque petite bande de papier; on cherchera le numéro indiqué; on examinera très-attentivement les angles faits aux rubans : on commencera constamment par la fleur qui forme le sommet du sélam.   EXEMPLE :

Voyez *planche* 2, le sélam déroulé. On remarque que le premier mot à indiquer est *aimez*. Aimez est la seconde personne plurielle du mode impératif. Le temps de ce mode étant le onzième du verbe *aimer*, il y aura donc une branche de Thuya de dix ramifications, puisqu'il est convenu que le nombre des ramifications indiquera le temps que le mot requerra. Pour indiquer la personne, comme *aimez* est à la seconde du nombre pluriel, on employera le ruban violet, qui servira en même temps à lier la branche de Myrte avec la branche de Thuya.

Le second mot est *vous serez*, qui fait partie du temps futur simple du verbe *être*. Pour indiquer ce mot, il faudrait une branche de Rosier des quatre saisons. J'ai supposé qu'il était impossible de se la procurer, et pour faire voir la facilité avec laquelle on peut employer indifféremment telle ou telle plante, par le moyen proposé pour les substitutions, j'ai été censé prendre la première plante qui se soit trouvée sous ma main : une feuille de *Lion-dent d'automne* (espèce de Pissenlit). Cette plante se trouve non-seulement partout, mais en outre elle est herbacée, c'est-à-dire ne devenant jamais ligneuse. J'ai supposé encore ne pas connaître son nom. Alors, pour désigner le mot proposé avec cette feuille inconnue, on mettra sur la petite bande de papier d'abord un zéro qui indiquera qu'on ne connaît pas cette plante ; puis un R, qui est la première lettre de la plante qui représente par son feuillage le verbe *être*, et le nombre 162, qui est son numéro. Pour le temps, le futur simple étant le septième, il y aura avec cette fleur une branche de Thuya, de six ramifications. Pour indiquer la deuxième personne du nombre pluriel, on se servira d'un ruban violet, dont les extrémités seront carrées, et qui servira aussi à lier ensemble et la feuille et la tige. Ainsi, pour reconnaître ce mot, on déroulera cette petite bande de papier qui est à l'extrémité inférieure de la feuille. On verra d'abord un zéro : on jugera par là que la personne qui écrit ne connaît pas cette plante ; on verra après un R et le numéro 162 ; comme il n'y a ni fleur, ni fruit, qu'il n'y a qu'une feuille et une branche de Thuya, on décidera, d'après ce léger examen, que c'est un verbe. La recherche du numéro indiquera le verbe *être*. On comptera six ramifications à la branche du Thuya. On se rappellera que le septième temps du verbe *être* est le futur simple. Un ruban violet servant à lier la feuille avec cette branche, comme on sait déjà que le violet est destiné pour la deuxième personne du nombre pluriel, on devinera de suite que les mots exprimés sont : *Vous serez*, deuxième personne du nombre pluriel, temps futur (simple) du mode indicatif, verbe *être*. C'est ainsi que tous les verbes se chercheront.

Ensuite on trouve le mot HEUREUX. On le cherchera dans le second dictionnaire des emblèmes ; on verra que l'Anémone couronnée, rose, fleur simple, lui est assignée. Le numéro de cette fleur étant 215, on mettra sur la petite bande de papier roulée à l'extrémité de la queue de cette fleur, sa première lettre A, et après son numéro 215. Ainsi, pour trouver ce mot d'après l'indication du sélam, on observera qu'il n'y a qu'une seule lettre et qu'un seul numéro, ce qui indiquera constamment qu'il n'y a pas de substitution. On cherchera donc dans la lettre A, du dictionnaire des plantes, le n°. 215 ; on verra qu'il est destiné pour l'Anémone couronnée, rose, fleur simple, laquelle a pour emblême le mot *heureux*, qui fait suite à ceux qu'on a déjà trouvés.

Le pronom *il* vient ensuite ; comme la plupart des pronoms sont composés de peu de lettres, et qu'ils se mettent à la place du nom, aucun emblême ne leur a été donné. On sera obligé de les figurer toujours avec des rubans. Ainsi, pour celui-ci, qui n'est composé que de deux lettres, une voyelle et une consonne, on observera que la voyelle *i* est avant la consonne *l*, et que d'après les règles du Langage de Flore, les voyelles placées avant les consonnes seront toutes figurées sur le bout supérieur du ruban, celles après, sur le bout inférieur. Ainsi la voyelle *i* étant la troisième, l'extrémité supérieure du ruban sera taillée double en hauteur dans son troisième angle : la largeur restera la même. On l'attachera après le ruban bicolor qui sert à tenir les fleurs sur une seule ligne, et suivra l'Anémone couronnée.

Le mot *n'est*, composé de la particule *ne* (dont l'*e* est élidé) et du verbe *être*, sera un exemple pour le placement d'une apostrophe : il ne peut être figuré qu'avec des rubans. On prendra le ruban couleur vert d'algue, belle couleur verte de l'émeraude, qui représentera l'*n*, consonne du mot. Vient ensuite une apostrophe, qu'on figurera par une échancrure qui lui ressemblera, sur le bout inférieur du ruban. Ensuite vient la voyelle *e*, la seconde de l'alphabet ; le second angle du bout inférieur sera donc double des autres en hauteur. Après, se trouve la consonne *s* : le ruban gris souris qui lui est assigné sera donc attaché après le dernier, comme il est indiqué sur la planche, derrière le bout inférieur. Comme c'est un *t* qui suit, et qu'il n'y a plus de voyelle, le ruban blanc sera attaché au gris souris, de la même manière que ce dernier l'est au vert, et tous deux auront les angles de leurs bouts supérieurs et inférieurs de la même grandeur.

(13)

Point est également figuré par des rubans ; il servira non-seulement d'exemple de plusieurs voyelles
sur une même extrémité, mais aussi de voyelles
qui sont placées autrement que dans l'ordre naturel
ou grammatical, *a*, *e*, *i*, *o*, *u*. On commencera
pour le *p* à prendre le ruban bleu-raymond : *o* et *i*
venant après, les troisième et quatrième angles du
bout inférieur seront taillés doubles des autres en
hauteur ; et comme l'*o*, dans ce mot, est avant l'*i*,
pour l'indiquer on fera un petit trou au ruban sur le
quatrième angle qui représente alors la première
voyelle (*o*) du mot, et deux trous sur le troisième
angle, qui représente la seconde (*i*) ; on en ferait
trois s'il y avait une troisième voyelle (*planche* 1re.).
De cet exemple, on déduit que toutefois qu'il n'y
aura pas de trous sur les angles, les voyelles seront
prises dans leur rang conventionnel. L'*n* et le *t* suivant les deux voyelles, le ruban vert d'algue et ensuite le blanc seront attachés après le bleu-raymond,
de même que les rubans gris souris et blancs l'ont
été au vert d'algue précédemment.

La préposition *de* faisant suite, le ruban rose
sera pour la consonne *d*, et le second angle de son
extrémité la plus longue sera double des autres en
hauteur. Tous ces rubans seront attachés par un
nœud ou autrement ; si l'on veut, après le ruban
bicolor, qui les tiendra tous réunis et sur une seule
ligne. On aura bien soin de laisser aux rubans un
bout toujours une fois plus long que l'autre.

On voit que, d'après ce procédé bien simple, on pourra très-facilement se faire un jeu d'écrire tout ce qu'on voudra avec des rubans.

Bonheur étant après, on cherchera dans le second dictionnaire. On verra qu'il a pour emblême l'admirable Rose à cent feuilles des peintres, garnie de boutons, laquelle a pour numéro 174. J'ai supposé qu'on ne pouvait se la procurer : je l'ai remplacée par l'élégant Camélia rouge du Japon ; il répond au numéro 22, à la lettre C, lequel numéro, ainsi que la lettre, seront mis d'abord sur la petite bande de papier, comme il a été indiqué pour la substitution. Après, suivront la lettre et le numéro de la plante, indiquant l'emblême qu'on veut représenter. Ainsi, il y aura sur la petite bande de papier roulée et retenue par une fente à l'extrémité inférieure de la fleur, d'abord la première lettre C, et le numéro 22 de la fleur qui est pour remplacer celle qu'on ne peut se procurer, et après R, n°. 174, première lettre et numéro de cette rose. Pour reconnaître la signification indiquée sur la petite bande de papier, on observera qu'il y a deux lettres et deux numéros ; on en déduira qu'il y a substitution, que la première lettre, ainsi que le premier numéro, ne servent qu'à faire connaître le nom de la fleur substituée ; que la seconde lettre et le second numéro seront seuls significatifs ; en cherchant à la lettre R, n°. 174, on trouvera la Rose à cent feuilles des peintres, garnie de ses boutons, la-quelle a pour emblême *bonheur*.

Ainsi de suite pour toutes les autres parties du sélam. Je laisse ce qui vient après, pour exercer ceux qui feront usage de l'ouvrage.

On voit d'après cette description de la formation et de la recherche des emblêmes d'un sélam, que rien n'est plus facile ; que ce mode de substituer une plante à une autre, est une très-grande ressource pour ceux qui n'ont que peu de fleurs ; qu'elle offre l'avantage de faire employer telle plante qui peut faire plaisir.

L'hiver, il y a très-peu de fleurs : souvent on serait très-embarrassé d'en réunir un certain nombre ; celles artificielles y suppléeront, et s'employeront même avec plus de facilité. L'admirable fabrique du célèbre M. Baton, connu de toute l'Europe pour le dernier degré de perfection que son talent a donné à cet art, pourra contenter dans cette saison les personnes les plus exigeantes (1).

Le sélam formé, on le roulera en spirale, de manière que la première fleur ou feuille indiquant le commencement de la phrase, soit la partie supérieure, et la fin la partie inférieure. On aura soin d'envelopper cette extrémité d'une feuille de papier, pour que le frottement n'enlève pas les petites bandes retenues aux queues des fleurs.

---

(1) M. Baton, plumassier-fleuriste, rue Richelieu, n°. 14.

Pour empêcher de connaître le contenu d'un sélam, rien encore de plus facile. D'abord, au lieu de mettre les numéros indiqués dans les dictionnaires, on peut, par convention de soi à soi, mettre 2, 3, 4 numéros plus haut et plus bas, et alternativement plus haut et plus bas, on pourra prendre également pour la lettre celle qui est avant ou après, ou d'autres, comme on le jugera à propos. Pour écrire avec les rubans, on pourra le faire encore d'une manière plus cachée, s'il est possible, en changeant les couleurs pour les consonnes, et l'ordre des angles pour les voyelles. Par là, on peut avec sûreté confier un sélam contenant des choses secrètes entre des mains étrangères : on n'a rien à craindre. Les conventions sont simples, et tous les signes peuvent être variés sans beaucoup de peine. Cet exposé est court : je l'ai restreint autant qu'il m'a été possible.

Heureux si par mes efforts je puis contribuer davantage à répandre le goût des fleurs, et de la science qui s'en occupe !

aimes
vous serez
heureux
bonheur
amour
premier
bien
coeur
pur
sensible
il n'est pas de
de notre est un
doux
et

TABLE ALPHABÉTIQUE

DES PLANTES

EMPLOYÉES DANS LE LANGAGE DE FLORE.

1	Abama des marais.	Nord.
2	Abricotier commun.	Dessert. *V*. Desservir.
3	— noir.	Souhaitable.
4	— une branche avec ses fruits.	Souhaits.
5	Acanthe sans épines.	Sculpteur. *V*. Sculpter.
6	— épineuse.	Sculpture.
7	Ache persil.	Autrefois.
8	Ache odorant.	Verdoyant.
9	Achillée à feuille de camomille.	Millionnaire.
10	— porte dent.	Dent. *V*. Mâcher.
11	— sétacé.	Sentier.
12	— odor. ou musquée.	Odeur. *V*. Concerner.
13	— ageratum.	Coups. *V*. Frapper.
14	— cotonneuse.	Centre. *V*. Concourir.
15	— herba rota.	Irritation.
16	— sternutatoire.	Irritable. *V*. Irriter.
17	— à grande feuille.	Groupe. *V*. Grouper.
18	— naine.	Guéable.
19	— à écailles noires.	Irritant.
20	— à feuilles de tanaisie.	Grotesque.
21	— compacte.	Grossièreté.
22	— mille-feuille.	Guérison. *V*. Guérir.
23	— à feuille de livêche.	Guet.

24 Achillée noble   Irritabilité.
25 Aconit tue loup.   Terrible. *V.* Fuir.
26 —   des Pyrénées.   Terreur. *V.* S'écrier.
27 —   anthora.   Epouvante.
28 —   napel.   Epouvantable.
29 —   en panicule.   Charme. *V.* Enchanter.
30 Acore odorant.   Navigable.
31 Acrostic à petite feuille.   Roulant.
32 Actée en épi.   Saint.
33 Adénocarpe à petite feuille.   Observable. *V.* Observer.
34 Adianthe capillaire.   Chevelure.
35 —   odorant.   Chèveux.
36 Adonide annuelle.   Sang.
37 —   printanière.   Sanguin.
38 —   d'automne.   Sanglant.
39 Adoxe moscatelline.   Octroi. *V.* Octroyer.
40 Agapanthe en ombelle.   Attendrissement.
41 Agavé d'Amérique.   Botanique. *V.* Botaniser.
42 Agripaume cardiaque.   Cordial.
43 —   faux marrube.   Contredit. *V.* Contredire.
44 Agrostis paradoxale.   Abaissement.
45 —   ventrue.   Délibération.
46 —   jouet des vents.   Jouet. *V.* Aller.
47 —   interrompue.   Dépit. *V.* Déparer.
48 —   faux millet.   Conséquence.
49 —   rouge.   Calcul. *V.* Calculer.
50 —   des chiens.   Abois. *V.* Aboyer.
51 —   filiforme.   Haine.
52 —   des Alpes.   Haineux.
53 —   des rochers.   Haïssable.
54 —   douteuse.   Imaginable. *V.* Imaginer.
55 —   étalée.   Irruption. *V.* Sortir.
56 —   naine.   Fabuleux.

57 Agrostis vulgaire.	Genre. *V.* Généraliser.
58 — blanc.	Maigre.
59 — traçante.	Maigrement.
60 — piquante.	Joueur. *V.* Jouer.
61 — maritime.	Maigreur.
62 Aigremoine eupatoire.	Humain. *V.* Humaniser.
63 — odorante.	Incompréhensible.
64 Ail poireau.	Potage.
65 — faux poireau.	Posture. *V.* Poser.
66 — cultivé.	Ragoût.
67 — rocambole.	Carême.
68 — en carène.	Croissant. *V.* Croître.
69 — à longues spathes.	Enveloppe. *V.* Envelopper.
70 — douteux.	Condition.
71 — à fleurs ciliées.	Ligne.
72 — velu.	Velu.
73 — rose.	Volontiers.
74 — anguleux.	Aigle.
75 — dénudé.	Dénudé.
76 — triangulaire.	Triangle.
77 — à grandes feuilles.	Complet.
78 — noir.	Noirceur.
79 — victorial.	Glorieux. *V.* Dépasser.
80 — moly.	Sot.
81 — faux moly.	Déguisement. *V.* Déguiser.
82 — des ours.	Désagrément.
83 — oignon.	Décadence.
84 — des lieux cultivés.	D'autant.
85 — musqué.	Musc.
86 — jaune.	Mépris.
87 — pàle.	Pàleur.
88 — en panicule.	Quantité.

89	Ail civette.	Bagatelle.
90	— ciboule.	Exécution.
91	— blanc.	Blanc.
92	— à tête ronde.	Mouchard.
93	— des vignes.	Pourvoyeur.
94	Airelle vaccinium.	Léger. *V*. Alléger.
95	— myrtille.	Légèrement.
96	— fangeuse.	Vol. *V*. Dilapider.
97	— rouge.	Volage. *V*. Sauter.
98	— canneberge.	Décence.
99	— élégante.	Légèreté. *V*. Voler.
100	Ajonc d'Europe.	Épineux. *V*. Piquer.
101	—d'Europe, très-épineux.	Épine.
102	— nain.	Dard.
103	Alchimille commun.	Système. *V*. Régulariser.
104	— des Alpes.	Systématique.
105	— à cinq feuilles.	Systématiquement.
106	— des champs.	Tacite. *V*. Abrutir.
107	Aldrovande à vessies.	Navigateur. *V*. Naviguer.
108	Aliboufier officinal.	Onguent. *V*. Coller.
109	Alisier anti-dyssentérique.	Exprès. *V*. Expédier.
110	— à larges feuilles.	Expressif.
111	— allouchier.	Expression.
112	— faux nèflier.	Expressément. *V*. Recommander.
113	— amelouchier.	Exprimable. *V*. Exprimer.
114	— nain.	Plan.
115	Alsine intermédiaire.	Écrit.
116	— en ombelle.	Domicile.
117	Alysson maritime.	Confus.
118	— épineux.	Confusion. *V*. Confondre.
119	— à feuilles d'haline.	Décharge. *V*. Décharger.

120	Alysson argenté.	Créance. *V*. Payer.
121	— blanchâtre.	Chapelle. *V*. Prier.
122	— des montagnes.	Corbeille. *V*. Offrir.
123	— calicinal.	Combien.
124	— des campagnes.	Campagne.
125	— en bouclier.	Boussole.
126	Amandier commun.	Doux.
127	— — à fleurs doubles.	Doucement. *V*. Adoucir.
128	— nain.	Nature.
129	Amaranthe blette.	Natif.
130	— couleur de sang.	Sanguinaire.
131	— à long épi couleur pourpre.	Danse. *V*. Danser.
132	— — couleur rouge.	Contredanse.
133	— en panicule.	Danseur.
134	— verte.	Débonnaire.
135	— jaune.	Compromis.
136	— tricolore.	Singulier.
137	Amaryllis jaune.	Hésitation.
138	— Lys St.-Jacques.	Sainteté.
139	— de la Reine.	Reine. *V*. Régner.
140	— dorée.	Brillant. *V*. Briller.
141	— de Broussonet.	Prérogative.
142	— ondulée.	Onde. *V*. Onduler.
143	— belladone.	Agrément. *V*. Complaire.
144	Ambroisie maritime.	Ambroisie. *V*. Délecter.
145	Ammi à larges feuilles.	Sagacité.
146	— à feuilles glauques.	Nétoyemens.
147	— visnage.	Netteté. *V*. Nétoyer.
148	Anacycle de Valence.	Epars. *V*. Eparpiller.
149	— dorée.	Disséminé. *V*. Disséminer.
150	Anagyris fétide.	Infect. *V*. Infecter.

151 Ananas cultivé.   Gourmet. *V*. Déguster.
152 Anarrhine paquerette.   Part.
153 Ancolie commune, fleur
        bleue.   Triste.
154 —   — fleurs blanches.   Tribulation.
155 —   — fleurs roses.   Tristement.
156 —   — fleurs rouges.   Tristesse.
157 —   — fleurs violettes. Pénible. *V*. Attrister.
158 —   visqueuse.   Mélancolique.
159 —   à fl. roses et blanch. Péniblement.
160 —   des Alpes.   Pénitencier.
161 —   panachée.   Pénitent.
162 —   à fl. viol. et blanch. Pénitence.
163 —   à fl. bleues et blanch. Mélancolique.
164 Andromède du Maryland. Déférence. *V*. Déférer.
165 —   polyfolia.   Pourvu que.
166 —   axillaire.   Poëme.
167 —   marginé.   Poésie.
168 —   articulé.   Poète. *V*. Pouvoir.
169 —   à feuilles de Polium. Poétique.
170 —   acuminé.   Poétiquement.
171 Androsace pubescente. Pacte. *V*. Contracter.
172 —   des Pyrénées.   Convenance.
173 —   cylindrique.   Sérieusement. *V*. Converser.
174 —   imbriquée.   Sérieux.
175 —   faux bry.   Indispensable.
176 —   des Alpes.   Indispensablement. *V*. In-
                                   duire.
177 —   ciliée.   Indissoluble.
178 —   velue.   Honoraire.
179 —   carnée.   Reposoir.
180 —   lactée.   Repose. *V*. Reposer.

181 Androsace trompeuse.   Reposée.

182 — septentrionale.   Voyage.

183 — à grand calice.   Voyageur.

184 Androsème officinal.   Sain. *V.* Assimiler.

185 Andryale à feuille entière. Notion.

186 — découpée.   Notice.

187 — de Nismes.   Notification. *V.* Notifier.

188 Anémone printanière.   Politesse.

189 — de Haller.   Poliment.

190 — pulsatille.   Nuisible.

191 — des prés.   Pastoral.

192 — des Alpes.   Pâtre.

193 — des jardins, fl. viol. Compliment.

194 — des jardins, fl. rose. Pompe.

195 — des jardins, fl. roug. Pompeux.

196 — — fl. blanchâtre. Perfection.

197 — — à gr. fleurs jaunes au centre, vert-roses à la circonfér.e Impression. *V.* Imprimer.

198 — des jardins, à gr. fleurs roses et blanches à la circonférence et rouge au centre. Vœu.

199 — des jardins, blanche et pourpre. Présage.

200 — des jardins, à larges feuilles; fleurs vertes, blanchâtres, panachée de rouge foncé et noir au milieu. Coupable.

201 — des jardins, à petites feuilles; fleurs verdâ-tres et comme asper-

gée de goutte de sang. Blessure.

202 Anémone des jardins, pavot major, à feuilles étroites. Perversité.

203 — — —à feuill. simples. Abattement. *V.* Accabler.

204 — — —cramoisi. Châtiment.

205 — — —violet, double. Perversion.

206 — — —panaché de blanc et de pourpre. Pervers.

207 — couronnée, fleur double, rouge pourp. Poli.

208 — couronnée, fleur double, rouge. Honnête.

209 — — — rose. Hommage.

210 — — — violette. Honnêtement.

211 — — — verdâtre. Honnêteté.

212 — — — blanchâtre. Honneur.

213 Anémone couronnée, fl. simple, rouge pourp. Honorable.

214 — — — rouge. Honorablement.

215 — — — rose. Heureux.

216 — — — violette. Heureusement.

217 — — — verdâtre. Espoir. *V.* Espérer.

218 — — — blanchâtre. Cour.

219 Anémone couronnée, fl. double, blanche et rose au milieu. Hasard.

— — — blanche et violette au milieu. Harmonique.

220 — — — bleue, panachée de blanc. Harmonieux.

— — — rouge et bleue au milieu. Harmonie.

221	Anémone du mont Baldo.	Enchanteur.
222	— sauvage.	Endurant.
223	— à trois feuilles.	Troisième.
224	— à fleurs de Narcisse.	Enchantement.
225	Aneth fenouil.	Avis. *V.* Aviser.
226	Angélique archangélique.	Angélique.
227	Angélique de Rasoubs.	Ange.
228	— à feuille d'Ancolie.	Médiocre.
229	— Livêche.	Médiocrité.
230	Anserine bon Henri.	Bon.
231	— des villages.	Perceptibilité. *V.* Percevoir.
232	— rougeâtre.	Perception.
233	— des murs.	Perceptible.
234	— à graine lisse.	Echéance. *V.* Echoir.
235	— à feuilles de figuier.	Distinct.
236	— bâtarde.	Distance.
237	— botride.	Flagornerie.
238	— ambroisie.	Flatterie. *V.* Flatter.
239	— glauque.	Flagorneur. *V.* Flagorner.
240	— fétide.	Flasque.
241	— polysperme.	Flatteur.
242	— à balais.	Acquisition. *V.* Acquérir.
243	— maritime.	Affidé.
244	— ligneuse.	Airain.
245	— hérissée.	Agresseur.
246	Anthyllide à 4 folioles.	Remarque. *V.* Remarquer.
247	— vulnéraire.	Vulnéraire.
248	— de montagne.	Espace. *V.* Escarper.
249	— de Gérard.	Etat.
250	— barbe de Jupiter.	Redoutable. *V.* Redouter.
251	— faux Cytise.	Redoute.
252	— hermannia.	A reculons. *V.* Reculer.
253	— hérissonnée.	Furibond.

254	Arabette enfilée.	Enigmatique.
255	— des roches.	Cahot.
256	— des Alpes.	Chambre. *V*. Habiter.
257	— tourelle.	Cabinet.
258	— velue.	Clause.
259	— paquerette.	Collection. *V*. Masser.
260	— rude.	Commotion. *V*. Ebranler.
261	— roide.	Consultation. *V*. Consulter.
262	— de Thalius.	Cupidité.
263	Arabette de Serpolet.	Culbute. *V*. Culbuter.
264	— bleue.	Extraction.
265	— des pierres.	Fautive. *V*. Facétie.
266	— de Haller.	Extrait.
267	Arbousier unédo.	Abnégation.
268	— des Alpes.	Abolition. *V*. Abolir.
269	— Busserole.	Ours.
270	— andrachné.	Abject.
271	Arctione laineuse.	Moins.
272	Argoussier faux Nerprun.	Enseigne. *V*. Enseigner.
273	— du Canada.	Enseignement.
274	Aristoloche ronde.	Médical.
275	— longue.	Médicament.
276	— crénelée.	Mécompte.
277	— clématite.	Médicinal. *V*. Méditer.
278	Armarinte à fruits lisses.	Quelconque.
279	Armoise absynthe.	Amer.
280	— en arbre.	Abord. *V*. Aborder.
281	— en corimbe.	Abus. *V*. Abuser.
282	— des glaciers.	Acclamations. *V*. Applaudir.
283	— des rochers.	Acte. *V*. Formaliser.
284	— en épi.	Affaire. *V*. Etudier.
285	— du pont.	Affinité.
286	— Tanaisie.	Aisément.

287 — camomille.	Apparition. *V.* Apparaître.
288 — champêtre.	Champêtre.
289 — estragon.	Bagage.
290 — bleuâtre.	Autre.
291 — commune.	Besace.
292 — palmée.	Autorité. *V.* Autoriser.
293 — maritime.	Bateau.
294 — de France.	Barre. *V.* Barrer.
295 — du Vallais.	Bravade.
296 — aurone.	Bout.
297 — en panicule.	Cabale. *V.* Cabaler.
298 Arnique de Montagne.	Favorable.
299 — doronic.	Favorablement.
300 — à racine noueuse.	Fantasque.
301 — paquerette.	Fillette. *V.* Friper.
302 Arroche halime.	Maintenant.
303 — pourpier.	Main d'œuvre. *V.* Maintenir.
304 — glauque.	Maint.
305 — pédonculée.	Maintenu.
306 — à rosette.	Fangeux. *V.* Embourber.
307 — découpée.	Fantaisie.
308 — en fer de lance.	Hardi. *V.* Oser.
309 — couchée.	Hardiesse.
310 — labiée.	Hardiment.
311 — des rives.	Fange.
312 — des jardins.	Démarche.
313 Artichaut cardon.	Alentour.
314 — commun.	Aliment. *V.* Alimenter.
315 Asaret d'Europe.	Cabaret. *V.* Boire.
316 Asclépiade dompte venin.	Etonnement.
317 — noir commun.	Etonnant.
318 — incarnate.	Surprenant.

319 Asclépiade de Syrie. Etonnement. *V*. Etonner.
320 — rose. Surprise. *V*. Surprendre.
321 Asperge officinale. Délicatesse. *V*. Délier.
322 — à feuilles menues. Délicat.
323 — à feuilles aiguës. Conférence. *V*. Conférer.
324 Aspérule à l'esquinancie. Esquisse. *V*. Esquisser.
325 — lisse. Essai. *V*. Essayer.
326 — des champs. Champs.
327 — hérissée. Capable.
328 — à six feuilles. Chronologie.
329 — odorante. Clinquant.
330 — de Turin. Chemise.
331 — des teinturiers. Coalition. *V*. Coaliser.
332 Asphodèle jaune, une fl. Persuasif.
333 — jaune, plusieurs fl. Persuasion. *V*. Persuader.
334 — fistuleux, une fleur. Etoile.
335 — — plusieurs fleurs. Etoile. *V*. Scintiller.
336 — rameux. Croyance. *V*. Croire.
337 — blanc. Inséparable.
338 Aspidium fragile. Percussion. *V*. Résonner.
339 — de montagne. Perclu. *V*. Paralyser.
340 Astragale d'Autriche. Généreusement. *V*. Gratifier.
341 — en étoile. Généreux.
342 — sésame. Générosité.
343 — vésiculeux. Prodigalité. *V*. Prodiguer.
344 — à cinq gousses. Prodigieux.
345 — pourpre. Prodige.
346 — hypoylotte. Prodigieusement.
347 — de Lentbourg. Prodigalement.
348 — espariette. Dépense. *V*. Dépenser.
349 — déprimé. Dépréciation. *V*. Déprécier.

350 Astragale en hameçon.   Fauteur.
351 — reglisse.   Traînant.
352 — épiglotte.   Traînasse.
353 — pois-ciche.   Nourriture.
354 — queue de renard.   Nourricier.
355 — de Narbonne.   Nourrisson.
356 — de Marseille.   Ressort.
357 — à longues dents.   Ressortissant. *V*. Ressortir.
358 — sans tige.   Résultat.
359 — blanc.   Ressource.
360 — de Montpellier.   Résultant. *V*. Résulter.
361 Aster des Alpes.   Privation. *V*. Priver.
362 — amellus, une fleur.   OEil.
363 — — deux fleurs.   Yeux. *V*. Voir.
364 — trifolium.   Onéreux. *V*. Surcharger.
365 — âcre.   Pruderie.
366 — des Pyrénées.   Temps.
367 — annuelle.   Prude. *V*. Enjoler.
368 — de Chine, simple,
    fleur blanche.   Séparable.
369 — — simple, rose.   Séparation.
370 — — — rouge.   Sage.
371 — — — violette.   Sagement.
372 — — — panaché.   Prudence.
373 — double, fl. blanche.   Sagesse.
374 — — — rose.   Satisfaction.
375 — — — rouge.   Prudent.
376 — — — violette.   Satisfaisant.
377 — — — panachée.   Prudemment. *V*. Séparer.
378 Astrance épipactis.   Narrateur. *V*. Raconter.
379 — à grandes feuilles.   Narration.
380 — à petites feuilles.   Conte. *V*. Conter.

381 Athamanthe libanotide.   Embarras. *V*. Embarrasser.
382 — de Crète.   Embarrassant.
383 — de Matthiole.   Gêne. *V*. Gêner.
384 Athyrium, fougère fem.   Parmi.
385 — des fontaines.   Fontaine.
386 Atractylis grillée.   Prison. *V*. Emprisonner.
387 — naine.   Prisonnier.
388 Atragénée des Alpes.   Préoccupation. *V*. Préoccuper.
389 Atropa belladone.   Sombre. *V*. Embellir.
390 — tige couverte de fr.   Malfaisant.
391 Aucuba du Japon.   Dévouement. *V*. Dévouer.
392 Aulne glutineux.   Dénégation. *V*. Dépraver.
393 — blanchâtre.   Déportation. *V*. Déporter.
394 — vert.   Département.
395 Avoine cultivée.   Austère.
396 — nue.   Austérité.
397 — follette.   Aérien.
398 — toujours verte.   Air.
399 — pubescente.   Brute.
400 — bigarrée.   Anathême. *V*. Lancer.
401 — améthyste.   Aguet.
402 — en alène.   Chaque.
403 — canche.   Comptabilité.
404 — des prés.   Compatible.
405 — fragile.   Fragile. *V*. Casser.
406 — de Lœfling.   Roche.
407 — grêle.   Grêle.
408 — rude.   Rudesse. *V*. Rudoyer.
409 — jaunâtre.   Ruine.
410 — argentée.   Rural.
411 — élevée.   Rencontre.

412 Avoine laineuse.   Renfort. *V*. Renforcer.
413 — molle.   Fragilité.
414 — odorante.   Relief.
415 Azalée pontique.   Méfiance.
416 — à fleurs nues.   Méfiant.
417 — à fleurs roses.   Mortalité. *V*. Mourir.
418 Azédarac bipenné.   Oriental. *V*. Orienter.

B.

1 Bacchantes à feuilles d'Iva.   Débauche.
2 — à feuilles de Laurose.   Indécent.
3 — de Virginie, en fleurs.   Indécence.
4 — — en fruits.   Indécemment. *V*. Débaucher.
5 Baguenaudier arbrisseau.   Vent. *V*. Venter.
6 — d'Alep.   Zéphyr. *V*. Effleurer.
7 — d'Orient.   Volant.
8 Ballote fétide.   Fétide.
9 Balsamite commune.   Maîtrise. *V*. Maîtriser.
10 — annuelle.   Directeur.
11 — effilée.   Direction. *V*. Diriger.
12 Barbon grillon.   Fourniment. *V*. Fournir.
13 — pied de poule.   Poule. *V*. Pondre.
14 — de Provence.   Poulette.
15 — double épi.   Fourniture.
16 — hérissé.   Fourrages.
17 — d'Allioni.   Fourrageur.
18 Bardane à têtes cotonn.   Miséricorde.
19 — à petites têtes.   Miséricordieux.
20 — à grosses têtes.   Miséricordieusement.
21 Barckhausie des Alpes.   Plaisamment.
22 — rouge.   Plaisant. *V*. Absorber.

23	Barckhausie fétide.	Païen. *V.* Abhorrer.
24	— feuille de Pissenlit.	Paganisme.
25	— hérissée.	Plaisanterie.
26	— lion dent.	Plaisance.
27	Bartsie des Alpes.	Préparant.
28	— en épi.	Préparatif.
29	— trixago.	Préparation.
30	— bigarrée.	Préparateur. *V.* Préparer.
31	— visqueuse.	Préparatoire.
32	Basilic commun.	Bienheureux.
33	— crépu.	Bienfait.
34	— nain.	Minauderie.
35	Benoite commune.	Bienfaisance.
36	— des ruisseaux.	Stries.
37	— des Pyrénées.	Structure. *V.* Construire.
38	— des montagnes.	Bienfaiteur.
39	— traçante.	Trace. *V.* Tracer.
40	Berce Branc-ursine.	Maréchal.
41	— des Pyrénées.	Mascarade.
42	— des Alpes.	Masque.
43	Berce naine.	Mercenaire.
44	Berle à larges feuilles.	Susceptible.
45	— à feuilles étroites.	Etroit.
46	— à ombelles sessiles.	Etroitement.
47	— rampante.	Rétrécissement. *V.* Rétrécir.
48	— chervi.	Retrait. *V.* Retraire.
49	— faucille.	Retraite.
50	— verticillée.	Raccourcissement. *V.* Raccourcir.
51	— intermédiaire.	Intermédiaire.
52	— inondée.	Intermède.
53	— des blés.	Oscillation. *V.* Osciller.

54	Berle amome.	Oscillatoire.
55	Bétoine officinale.	Respect. *V*. Respecter.
56	— roide.	Respectable.
57	— hérissée.	Respectif.
58	— d'Orient.	Respectueux.
59	— queue de renard.	Respectueusement.
60	Bette maritime.	Succulent.
61	— commune.	Sucre.
62	— — feuilles rouges.	*V*. Suffire.
63	— — feuilles blanches.	*V*. Sucrer.
64	Bident partagé.	Partage. *V*. Partager.
65	— penché.	Denté.
66	Biserrule pelécine.	Calendrier.
67	Blasie naine.	Rouleau. *V*. Rouvrir.
68	Blechnum en épi.	Roulage. *V*. Transférer.
69	Blite effilée.	Rebelle. *V*. Soulever.
70	— en tête.	Rebellion. *V*. Rompre.
71	Bolet. Comestible.	Insalubre.
72	Botryche en croissant.	Roulement.
73	Boucage saxifrage.	Public.
74	— à grandes feuilles.	Publication. *V*. Afficher.
75	— découpé.	Publicité.
76	— dioïque.	Publiquement. *V*. Publier.
77	Bouleau blanc.	Forêt.
78	— pleureur.	Pleurant. *V*. Attendrir.
79	— pubescent.	Poilu. *V*. Garer.
80	— élevé.	Bois. *V*. Elever.
81	— nain.	Provocation. *V*. Provoquer.
82	Bourrache officinale.	Brusque.
83	— fleurs passées ou sans pétales.	Brusquerie. *V*. Brusquer.
84	Brise à gros épillets.	Tremblement.

85	Brise vulgaire.	Tremblant.
86	— verdâtre.	Trembleur. *V*. S'efforcer.
87	Brome seigle.	Décès. *V*. Trépasser.
88	— épais.	Action. *V*. Agir.
89	— mollet.	Allusion. *V*. Simuler.
90	— multiflore.	Captieux. *V*. Capter.
91	— rude.	Cloison.
92	— droit.	Caution. *V*. Cautionner.
93	— des champs.	Adversité.
94	— des prés.	Compte.
95	— élancé.	Comptant.
96	— stérile.	Confiscation. *V*. Confisquer.
97	— des toits.	Commentaire. *V*. Commenter.
98	— de Madrid.	Consigne. *V*. Consigner.
99	— rougissant.	Corne.
100	Broussonet à papier.	Papier. *V*. Ecrire.
101	— des teinturiers.	Teint.
102	Brunelle commune.	Faussement.
103	— découpée.	Fausseté.
104	— à grandes fleurs.	Risquable. *V*. Risquer.
105	— feuilles d'Hysope.	Risque.
106	Bruyère cendrée.	Chant.
107	— à quatre faces.	Chantre.
108	— en arbre.	Chaumière.
109	— de Corse.	Chanson. *V*. Chanter.
110	— ciliée.	Contentement. *V* Contenter.
111	— à balais.	Renvoi. *V*. Renvoyer.
112	— vagabonde.	Vagabond.
113	— à fleurs herbacées.	Critique. *V*. Critiquer.
114	Bryone dioïque.	Coureur. *V*. Courir.
115	Bubon de Macédoine.	Recueil.

116	Budleia à globules.	Stérile. *V*. Annuller.
117	— à feuilles de Sauge.	Stérilité.
118	Buffonie annuelle.	Savant. *V*. Inventer.
119	— vivace.	Savamment. *V*. Savoir.
120	Bugle rampante.	Vieillard. *V*. Courber.
121	— des Alpes.	Vieillesse. *V*. Prévoir.
122	— pyramidale.	Ancêtre.
123	— de Genève.	Vieil.
124	— faux pin.	Vieux. *V*. Résumer.
125	— musquée.	Ancien. *V*. Veiller.
126	Buglosse d'Italie.	Dur. *V*. Durer.
127	— à feuilles étroites.	Dureté.
128	— de Barrelier.	Rusticité.
129	— ondulée.	Rustiquement.
130	— toujours verte.	Rustique. *V*. Endurcir.
131	Buis toujours vert.	Long-temps. *V*. Vieillir.
132	— nain, ou buis de bordure.	Entourage. *V*. Entourer.
133	Bulbocode printanière.	Priorité. *V*. Prévenir.
134	Bulliarde de Vaillant.	Rédacteur. *V*. Rédiger.
135	Bunias fausse roquette.	Servil. *V*. Démériter.
136	— en panicule.	Servilement. *V*. Déraisonner.
137	— faux cranson.	Graisse. *V*. Oindre.
138	Buphtalme épineux.	Révolte. *V*. Révolter.
139	— aquatique.	Court.
140	— maritime.	Contre. *V*. Obvier.
141	— à feuilles de Saule.	Désolant. *V*. Désoler.
142	Buplèvre ligneux.	Requérable. *V*. Requérir.
143	— à feuilles arrondies.	Requérant.
144	— à longue feuille.	Requête.
145	— étoilé.	Requis.
146	— des Pyrénées.	Requise.

147 Buplèvre en faulx.   Réquisition.
148 —   à feuilles de Gra-
         men.   Réquisitoire.
149 —   renoncule.   Retard.
150 —   à feuille de Carex.   Retardement. *V*. Retarder.
151 —   roide.   Roide. *V*. Roidir.
152 —   odontalgique.   Odieux.
153 —   demi-composées.   Composition. *V*. Composer.
154 —   menu.   Menu.
155 —   de Gérard.   Compositeur.
156 —   effilé.   Mince. *V*. Amincir.
157 Butome en ombelle.   Fleuriste. *V*. Fleurir.

C.

1 Cacalie des Alpes.   Fanatisme. *V*. Fanatiser.
2 —   pétasite.   Fanatique.
3 —   à feuilles blanches.   Bulletin.
4 —   sarrasine.   Burlesque.
5 Calamagrostis des Sables.   Imputation. *V*. Imputer.
6 —   argenté.   Impardonnable.
7 —   roseau.   Imparfait.
8 —   coloré.   Imparfaitement.
9 —   lancéolé.   Impartial.
10 Calycium de Caroline.   Décidément.
11 —   nain.   Décision. *V*. Décider.
12 —   du Japon.   Déclin. *V*. Décliner.
13 Calla des marais.   Incertitude.
14 Callitriche à fruit sessile. Impartialité.
15 —   à fruit pédonculé.   Impéritie.
16 Callune bruyère.   Vain.
17 Camara piquant.   Langage.
18 —   à feuilles de Mélisse. Voix. *V*. Articuler.

19	Camara à collerette.	Entendement.
20	Camarine à fruits noirs.	Impiété. *V*. Blasphémer.
21	Camélée à trois coques.	Incompatible. *V*.Disconvenir.
22	Camélia du Japon, fl. rose.	Maman.
23	— — fleur blanche.	Ressemblance. *V*. Ressembler.
24	Caméline cultivée.	Semblable.
25	— de roche.	Semblablement.
26	Camomille élevée.	Ravissant. *V*. Ravir.
27	— maritime.	Ravissement.
28	— à deux pointes.	Réalisation. *V*. Réaliser.
29	— mixte.	Réciprocité. *V*. Rivaliser.
30	— des Alpes.	Réciproque.
31	— romaine.	Santé.
32	— des champs.	Réciproquement.
33	— cotule.	Sommation. *V*. Sommer.
34	— d'Autriche.	Songe. *V*. Songer.
35	— de montagne.	Songeur.
36	— Pyrèthre.	Salive. *V*. Saliver.
37	— de Valence.	Soumission. *V*. Soumettre.
38	— des teinturiers.	Impuni.
39	— flosculeuse.	Impunité. *V*. Récidiver.
40	Camphrée de Montpellier.	Inappréciable.
41	Campanule du mont Cenis.	Imprudemment.
42	— à feuilles de lierre.	Muet.
43	— à feuilles rondes.	Imprudence.
44	— naine.	Imprudent.
45	— à feuille de lin.	Ingénieur. *V*. Mesurer.
46	— des Vaudois.	Ingénieusement. *V*. Spiritualiser.
47	— raiponce.	Incapable.
48	— à feuilles de Pêcher.	Incapacité.

49 Campanule pyramidale. Rêve.
50 — rhomboïdale. Manière.
51 — à larges feuilles. Maniement. *V*. Manier.
52 — à feuille d'Ortie. Manie.
53 — fausse raiponce. Maniéré.
54 — gantelée. Messager. *V*. Envoyer.
55 — agglomérée. Métal.
56 — étalée. Inclination. *V*. Incliner.
57 — en tête. Incontestable. *V*. Admettre.
58 — en thyrse. Lucratif. *V*. Gagner.
59 — fausse élatine. Lucide.
60 — érine. Libéralement.
61 — pygmée. Libéral.
62 — d'allioni. Libéralité.
63 — barbue. Mincur.
64 — carillon. Inconsidéré.
65 — spécieuse. Libérateur.
66 — en épi. Mission. *V*. Préconiser.
67 Canche en gazon. Tapis. *V*. Tapisser.
68 — flexueuse. Missionnaire. *V*. Prêcher.
69 — cariophyllée. Modulation.
70 — blanchâtre. Missive.
71 — précoce. Précoce. *V*. Primer.
72 Canne à sucre cylindrique. Précieux.
73 — de Ravenne. Précieusement. *V*. Bonifier.
74 Caprier épineux. Réparable. *V*. Réparer.
75 — panaché. Réparateur.
76 — ovale. Réparation.
77 Capucine à large feuille. Grace. *V*. Admirer.
78 — double. Eperdûment. *V*. Raffoler.
79 Caquillier maritime. Naïvement.
80 — vivace. Naïveté.

81	Caquillier ridé.	Franc.
82	— enfilé.	véridique.
83	Cardamine des Alpes.	Séance.
84	— Réséda.	Sédentaire. *V*. Demeurer.
85	— pigamon.	Semonce.
86	— asaret.	Servant.
87	— à trois folioles.	Indécis.
88	— granulée.	Indécision.
89	— de Grèce.	Propice.
90	— à larges feuilles.	Inespéré.
91	— amère.	Indigence.
92	— des prés.	Indigent.
93	— velue.	Propos. *V*. Discourir.
94	— à petites fleurs.	Serviable.
95	— impatiente.	Réussite.
96	Cardères à larges fleurs.	Badinage. *V*. Badiner.
97	— sauvage.	Ignoramment.
98	— à foulon.	Ignorance. *V*. Ignorer.
99	— découpé.	Ignorant.
100	— velu.	Imbécille.
101	Cardoncelle de Montpel- lier.	Entreprenant.
102	— doux.	Entreprise.
103	Carline à courte tige.	Cause. *V*. Causer.
104	— à feuille d'Acanthe.	Disgrace. *V*. Disgracier.
105	— vulgaire.	Dissolu.
106	— laineuse.	Continuation. *V*. Continuer.
107	— en corimbe.	Continuel.
108	Carmentine en arbre.	Contemplation. *V*. Contem- pler.
109	Carotte commune.	Restaurant.
110	— hérissée.	Restauration.

111	Carotte porte-gomme.	Restaurateur. *V*. Restaurer.
112	— maritime.	Restant. *V*. Rester.
113	Caroubier à longues gousses.	Accordable. *V*. Accorder.
114	Carpésie penché.	Ruineux. *V*. Ruiner.
115	Carthame des teinturiers.	Transformation. *V*. Transformer.
116	Catalpa à feuilles en cœur.	Cœur. *V*. Attendrir.
117	Caucalide à grandes fleurs.	Propriétaire.
118	— large fruit.	Caractère. *V*. Caractériser.
119	— maritime.	Devant.
120	— feuille de Carotte.	Devancier. *V*. Devancer.
121	— à petites fleurs.	Galerie.
122	— des champs.	Comparable. *V*. Comparer.
123	— anthrisque.	Futilité.
124	— à fleurs latérales.	Différemment.
125	— à feuilles de Cerfeuil.	Différence. *V*. Différer.
126	— noueuse.	Bourreau. *V*. Egorger.
127	Caulinie de l'Océan.	Vaste.
128	Celsie d'Orient.	Reconnaissant. *V*. Reconnaître.
129	Centaurée commune.	Fréquemment.
130	— des Alpes.	Ebauche. *V*. Ebaucher.
131	— chondrille.	Insouciance.
132	— brillante.	Riant. *V*. Rire.
133	— amère.	Infirmerie.
134	— jacée.	Magicien.
135	— noire.	Magie.
136	— flosculeuse.	Plausible.
137	— plumeuse.	Garniture. *V*. Garnir.
138	— uniflore.	Aumône.

139	Centaurée en dents de peigne.	Insouciant.
140	— demi-deuil.	Comment.
141	— de montagne.	Fréquent. *V*. Fréquenter.
142	— Bluet, coul. rouge.	Simplement.
143	— — bleu.	Simple.
144	— — blanc.	Simplicité. *V*. Simplifier.
145	— cendrée.	Délaissement. *V*. Délaisser.
146	— tachée.	Magique.
147	— en panicule.	Délai. *V*. Remettre.
148	— Scabieuse.	Moyen.
149	— à feuill. de Chicorée.	Moyennant.
150	— rude.	Roc.
151	— à feuilles de Prénanthe.	Larcin.
152	— à feuill. de Laitron.	Lapidation. *V*. Lapider.
153	— Chausse-trappe.	Tisane.
154	— fausse chausse-trap.	Déroute. *V*. S'enfuir.
155	— à dents de moule.	Endosseur. *V*. Endosser.
156	— hybride.	Factieux.
157	— Chardon béni.	Ferveur.
158	— laineuse.	Fraude. *V*. Frauder.
159	— du solstice.	Frauduleux.
160	— de la Pouille.	Fraudeur.
161	— de Malte.	Service.
162	— des collines.	Frauduleusement.
163	— à larges découpures.	Esclandre.
164	— de Salamanque.	Science.
165	Centenille naine.	Dégradation. *V*. Dégrader.
166	Centranthe rouge.	Essence.
167	— à feuilles étroites.	Essentiel.
168	Céraiste commun.	Distillation. *V*. Distiller.

169	Céraiste visqueux.	Gluant. *V.* Poisser.
170	— à courts pétales.	A contre-cœur.
171	— à cinq anthères.	Occasion.
172	— cotonneux.	Occasionnel.
173	— à larges feuilles.	Perspective.
174	— laineux.	Toison.
175	— des champs.	Concession. *V.* Céder.
176	— des Alpes.	Reversible.
177	— roide.	Rigide.
178	— à souche dure.	Rigidité.
179	— aquatique.	Concevable.
180	Cercis gainier.	Riche. *V.* Enrichir.
181	Cerfeuil sauvage.	Scrupule.
182	— des Alpes.	Scrupuleux.
183	— doré.	Richement.
184	— hérissé.	Colère.
185	— odorant.	Odorat.
186	— penché.	Scrupuleusement.
187	— cultivé.	Assaisonnement. *V.* Assaisonner.
188	Cerisier à grappes.	Spectateur. *V.* Envisager.
189	— Mahaleb.	Spectacle. *V.* Décorer.
190	— tardif.	Tardif.
191	— griottier.	Rafraîchissant.
192	— — fleurs doubles.	Rafraîchissement. *V.* Rafraîchir.
193	— guignier.	Sensualité.
194	— laurier cerise.	Sentence.
195	— merisier.	Spiritueux.
196	— bigarreautier.	Sensuel.
197	— à feuilles de tabac.	Sensuellement. *V.* Se méprendre.

198	Cétérach des boutiques.	Puits.
199	— de Maranta.	Puisard. *V*. Puiser.
200	— des Alpes.	Chance.
201	Chalef à feuilles étroites.	Neutre. *V*. Neutraliser.
202	Chamagrostis exiguë.	Agréablement.
203	Chamérops humble.	Humble.
204	Chanvre cultivé.	Fil. *V*. Filer.
205	Charagne vulgaire.	Déluge. *V*. Inonder.
206	— cotonneuse.	Naval.
207	— hérissée.	Naufrage.
208	— capillaire.	Nautique.
209	— flexible.	Naufragé.
210	— batra chosperme.	Navigateur.
211	— à fruits agrégés.	Navire.
212	Chardon marie.	Idiot. *V*. Abréger.
213	— à taches blanches.	Idiotisme.
214	— à brochets.	Imbécillité.
215	— à feuilles d'Acanthe.	Niais.
216	— penché.	Ane.
217	— à pédoncule épineux.	Paresse.
218	— crépu.	Paresseux.
219	— terne.	Nigaud.
220	— intermédiaire.	Sottement.
221	— à feuilles de Carline.	Sottise.
222	— argémone.	Impertinence.
223	— fausse Bardame.	Impertinent.
224	Charme commun.	Radical.
225	— Houblon.	Radicalement. *V*. Commencer.
226	Chataignier ordinaire.	Substitution. *V*. Substituer.
227	— nain.	Substitut.

228 Chélidoine Eclaire.   Lumière.
229 —   glauque.   Eclat. *V*. Eclater.
230 —   cornue.   Eclaircissement. *V*.Eclaircir.
231 —   hybride.   Eclatant.
232 Chêne à grappes.   Puissamment. *V*. Forcer.
233 —   sessile.   Puissant.
234 —   cerris.   Puissance. *V*. S'arroger.
235 —   égilops.   Fièrement. *V*. Menacer.
236 —   nain.   Fier.
237 —   pyramidale.   Ostentation.
238 Chêne yeuse.   Liberté. *V*. Libérer.
239 —   Liège.   Surface. *V*. Surnager.
240 —   au Kermès.   Fierté.
241 Cherlérie faux Sédum.   Fomentation. *V*. Fomenter.
242 Chèvre-feuille des jardins.   Déclaration. *V*.Rechercher.
243 —   semper virens.   Décoration.
244 —   gracieux.   Gracieux.
245 —   tartali.   Gracieusement.
246 —   alpigène.   Gaucherie.
247 —   périclymen.   Crédule.
248 —   à fruits noirs.   Danger.
249 —   xylosteon.   Gendre.
250 —   des Pyrénées.   Frivole.
251 —   des Alpes.   Frivolité.
252 —   à fruits bleus.   Fleurette.
253 Chicorée sauvage.   Purification. *V*. Purifier.
254 —   en dive.   Salaire. *V*. Salarier.
255 —   Chicot de Canada.   Sifflement.
256 Chironie centaurée.   Inspirateur.
257 —   élégante.   Inspiration. *V*. Inspirer.
258 —   maritime.   Juge. *V*. Juger.
259 —   en épi.   Jugement.

260	Chlore enfilé.	Energumène.
261	Choin noirâtre.	Fidèle.
262	— ferrugineux.	Reconnaissable.
263	— blanc.	Fidèlement.
264	— brun.	Attache. *V.* Attenter.
265	— marisque.	Invariable.
266	— à longues pointes.	Invariablement.
267	— Chondrille effilée.	Assassin.
268	— des murs.	Assassinat. *V.* Tuer.
269	Chou perce-feuille.	Modérateur. *V.* Manger.
270	Chou des champs.	Modération. *V.* Modérer.
271	— des Alpes.	Modérément.
272	— potager.	Cuisine.
273	— à feuilles rudes.	Moderne.
274	— richer.	Décrépitude.
275	— roquette.	Mets.
276	— fausse roquette.	Définitivement. *V.* Définir.
277	— giroflée.	Défloration. *V.* Déflorer.
278	— de montagne.	Dehors.
279	— Chrysanthème leu- canthème.	Confiance.
280	— à grande fleur.	Confidence. *V.* Confier.
281	— à feuille de gramen.	Complaisance.
282	— ceratophylle.	Complaisant.
283	— de Montpellier.	Bienveillant.
284	— de Mycon.	Compassion.
285	— des blés.	Compliment.
286	— couronnée.	Bienveillance.
287	Chrysocome à feuilles de lin.	Remontrance. *V.* Remontrer.
288	Ciche tête de bélier.	Café.
289	Cicutaire aquatique.	Vraiment.

290 Cierge raquette. — Flegmatique.
291 Ciguë commune. — Poison. *V*. Empoisonner.
292 Cinéraire de Sibérie. — Laquais.
293 — des marais. — Irremédiable.
294 — des champs. — Irréparable. *V*. Désinté-resser.
295 — orangée. — Irrésistible.
296 — à feuilles entières. — Intendance.
297 — à longues feuilles. — Intendant.
298 — à feuilles en cœur. — Infraction.
299 — maritime. — Inconvenant. *V*. Désorganiser.
300 Circée de Paris. — Sorcier. *V*. Deviner.
301 — des Alpes. — Sortilège.
302 Cirier de Pensylvanie. — Eclair. *V*. Eclairer.
303 Cirse des marais. — Ruisseau.
304 — lancéolé. — Philanthrope.
305 — acarna. — Philantropie.
306 — de Montpellier. — Romancier.
307 — des Pyrénées. — Romanesque. *V*. Exhaler.
308 — des prés. — Roman.
309 — très-épineux. — Epingle.
310 — des lieux cultivés. — Romance.
311 — de Tartarie. — Romantique.
312 — roussâtre. — Roux.
313 — jaunâtre. — Exagérateur.
314 — à feuille de roquette. — Exagération. *V*. Exagérer.
315 — à trois têtes. — Extravagant. *V*. Extravaguer.
316 — ambigu. — Extravagance.
317 — variable. — Variation.
318 — bulbeux. — Variant.

3r9 Cirse d'Angleterre.   Variable.
32o — nain.   Inexact.
32r — des champs.   Vacillation.
322 — laineux.   Inexpérience. *V*. Végéter.
323 — féroce.   Inexorable.
324 — de Casabona.   Inexactitude.
325 — étoilé.   Indéterminé.
326 — des Alpes.   Vacillant. *V*. Vaciller.
327 Ciste crépu.   Imitable. *V*. Imiter.
328 — blanchâtre.   Imitateur.
329 — cotonneux.   Imitation. *V*. Imbiber.
33o — à feuille de sauge.   Pareil. *V*. Se ressouvenir.
33r — à longue feuille.   Pareillement.
332 — à feuilles de laurier. Ressemblant.
333 — lédon.   Semblant.
334 — de Montpellier.   Concordance.
335 Citronnier commun.   Correspondance. *V*.Prôner.
336 — oranger, à fleur
        simple.   Promesse. *V*. Promettre.
337 — — à fleur double.   Incomparable.
338 Clavier à feuille de Frêne. Piano. *V*. Toucher.
339 Clématite des haies.   Méprisable. *V*. Mépriser.
34o — flamule.   Méprisant.
34r — droite.   Mensonge.
342 — maritime.   Méprise.
343 — des Alpes.   Mensonger.
344 — orientale.   Sentiment.
345 Cléonie de Portugal.   Ouragan.
346 Clinopode commune.   Presbytère.
347 Clypéole jonc thlaspi.   Origine.
348 Colchique d'automne.   Automne.
349 — des Alpes.   Dernièrement.

350 Colchique des montagnes. Dernier.
351 Comaret des marais. Invariabilité. *V*. Fixer.
352 Concombre melon. Indigestion. *V*. Indisposer.
353 — cultivée. Refroidissement.
354 Consoude officinale,
    fleur blanche. Jonction. *V*. Rapprocher.
355 — — fleur bleue. Rapprochement.
356 — tubéreuse. Resserrement. *V*. Resserrer.
357 Conyse rude. Attraction.
358 — de Sicile. Détracteur.
359 — de roche. Détriment. *V*. Détracter.
360 — sordide. Sordide.
361 Coqueret alkékenge, les
    fleurs. Ordinaire.
362 — — les fruits. Ordinairement.
363 Coriandre cultivée. Avantage. *V*. Avantager.
364 — à deux bosses. Avantageux.
365 Coris de Montpellier. Embrassade. *V*. Embrasser.
366 Corisperme à feuilles
    d'Hysope. Préexistence. *V*. Préexister.
367 Corne de cerf commun. Préjugé. *V*. Préjuger.
368 Cornifle nageant. Nacelle.
369 — submergé. Submersion. *V*. Submerger.
370 Cornouillier mâle. Présent.
371 — sanguin. Sacrifice. *V*. Sacrifier.
372 — blanc, la fleur. Don.
373 — — le fruit. Perle.
374 — alterne. Donnant. *V*. Donner.
375 Coronille émérus. Bâtard.
376 — branches de jonc. Survenant. *V*. Survenir.
377 — à grandes stipules. Survivance. *V*. Survivre.
378 — glauque. Survivant.

379 Coronille couronnée.   Surnuméraire. *V*. Attendre.
380 — naine.   Subalterne.
381 — bigarrée.   Bigoterie.
382 Corrigéole des rives.   Pressentiment. *V*. Pressentir.
383 Corroyère à feuilles de
      Myrte.   Malgré.
384 Cortuse de Mathiole.   Méthodique.
385 Corydalis tubéreuse.   Résistance. *V*. Résister.
386 — bulbeuse.   Rigoureux.
387 — jaune.   Rigueur. *V*. Maltraiter.
388 — à vrilles.   Rigoureusement.
389 Coudrier noisettier.   Pliant. *V*. Plier.
390 — de Byzance.   Pliable.
391 Gourge callebasse, la fleur. Débile. *V*. Débiliter.
392 — — le fruit.   Débilité.
393 Gourge poitiron, la fleur.   Lâche. *V*. Lâcher.
394 — — le fruit.   Lâchement.
395 — pépon.   Affaiblissement. *V*. Affaiblir.
396 — Melon, la fleur.   Froid.
397 — — le fruit.   Froideur.
398 — Coloquinte.   Vomissement. *V*. Vomir.
399 — pastique.   Lâcheté.
400 Crambé maritime.   Marine.
401 Cranson officinal.   Sauveur. *V*. Sauver.
402 — de Danemarck.   Sauvegarde.
403 — de Bretagne.   Fortifiant.
404 — à feuilles de Pastel.   Fort. *V*. Fortifier.
405 — drave, de Paris.   Fortement.
406 Crapaudine de Rome.   Forfait.
407 — de montagne.   Hideux.
408 — enfilée.   Crême.
409 — blanchâtre.   Horreur.

4

410 Crapaudine à f. d'hysope. Horrible.
411 — faux Scordium. Horriblement.
412 Crassule rougeâtre. Réplétion. *V.* Remplir.
413 Crépide bisannuelle. Solidaire.
414 — des toits. Solidairement.
415 — verdâtre. Solide.
416 — de Dioscoride. Solidement.
417 — ambiguë. Solidité. *V.* Consolider.
418 Cresse de crête. Loi.
419 Crithme maritime. Passe-partout. *V.* Entrer.
420 Crucianelle à feuilles
    étroites. Croix. *V.* Crucifier.
421 — à feuilles larges. Catholique.
422 — de Montpellier. Chrétien. *V.* Baptiser.
423 — maritime. Charité.
424 Cucubale porte baie. Grave. *V.* Aggraver.
425 Cunile faux Thym. Prélude. *V.* Préluder.
426 Cupidone bleue. Cupidon.
427 — jaune. Aveugle. *V.* Aveugler.
428 Cuscute à grandes fleurs. Rampant. *V.* Ramper.
429 — à petite fleur. Parasite.
430 Cyclamen d'Europe, rose. Extase.
431 — — blanchâtre. Extatique. *V.* S'extasier.
432 — à feuilles linéaires. Volontaire.
433 Cymbidie corail. Corail.
434 Cynanque de Montpellier. Gorge.
435 Cynoglosse officinale. Calin. *V.* Caresser.
436 — de montagne. Chien.
437 — à fleur rayée. Souple.
438 — à feuilles de giroflée. Souplement.
439 — de l'Apennin. Souplesse.
440 — ombiliquée. Obéissance.

(51)

441 Cynoglosse à feuill. de Lin. Obéissant. *V*. Obéir.
442 Cynosure à crête. Incorrect.
443 — hérissé. Incorrectement.
444 Cytinet parante. Délateur. *V*. Dénoncer.
445 Cytise aubour. Trahison. *V*. Trahir.
446 — noirâtre. Lugubre.
447 — à feuilles sessiles. Triple. *V*. Tripler.
448 — à feuilles pliées. Logeable.
449 — épineux. Logeur. *V*. Loger.
450 — laineux. Logement.
451 — blanchâtre. Lueur.
452 — à feuilles de lin. Logis.
453 — à fleurs ternées. Location.
454 — en tête. Local.
455 — argenté. Locataire.
456 Cyprès ordinaire. Inconsolable.
457 — à feuille de Thuya. Funérailles.
458 — à rameaux penchés. Urne.
459 — à rameaux pendans. Sépulcre. *V*. Enterrer.
460 — dystique. Funéraire. *V*. Ensevelir.

D.

1 Dalhia rouge-pourpre. Adorable. *V*. Idolâtrer.
2 — rose. Elégant.
3 — jaune. Trompeur.
4 — safrané. Elégance.
5 — violet simple. Adorateur.
6 — — double. Charmant.
7 Danaa à feuille d'Ancolie. Maison.
8 Daphne-mezereum, fleurs
    rouges. Amabilité.
9 — — fleurs blanches. Amant. *V*. Accepter.

10	Daphne thymelé.	Angoisse.
11	— velu.	Bourru.
12	— lauréole.	Buisson.
13	— odorant.	Cadeau.
14	— des Alpes.	Amorce.
15	— argenté.	Argument. *V.* Argumenter.
16	— tarton-raire.	Ailleurs.
17	— Garou.	Mal. *V.* Souffrir.
18	Datura stramoine.	Stupéfait.
19	— à fleur double.	Stupeur.
20	— — à tige violette.	Stupide.
21	— tatula des jardins, à fleurs violettes et simples.	Stupidement.
22	— — à fleurs doubles.	Stupidité. *V.* Stupéfier.
23	Dauphinelle consoude.	Ressentiment. *V.* Ressentir.
24	— d'Ajax, couleur rose, fleurs simples.	Affection.
25	— — fleurs doubles.	Affectation.
26	— — rouge, fleurs simples.	Idolâtrie.
27	— — — fl. doubles.	Image.
28	— — couleur violette, fleurs simples.	Aveu.
29	— — — fl. doubles.	Avance.
30	— — couleur blanche, fleurs simples.	Aimable.
31	— — — fl. doubles.	Aimant.
32	— — couleur bleue, fleurs simples.	Souvenir. *V.* Se souvenir.
33	— — — fl. doubles.	Regret.
34	— voyageuse.	Fatigue. *V.* Voyager.

35	Dauphinelle élevée.	Fatigant. *V.* Fatiguer.
36	— staphysaigre.	Dévastateur. *V.* Dévaster.
37	Dentaire digitée.	Mangeable.
38	— pennée.	Mangeant.
39	— porte-bulbes.	Vraisemblance.
40	Dentelaire européenne.	Feston. *V.* Festonner.
41	Dictame blanc.	Flambeau.
42	— rouge.	Flamme. *V.* Flamber.
43	Digitale pourpre.	Trésor. *V.* Ralentir.
44	— à feuilles de Molène.	Inconcevable.
45	— à grandes fleurs.	Empoisonnement.
46	— à petite fleur.	Empoisonneur.
47	— rouillée.	Lent.
48	— à fleurs blanches.	Lentement.
49	Diotis cotonneuse.	Renom.
50	Dorine à feuilles opposées.	Population.
51	— à feuilles alternes.	Populace.
52	Doronic mort aux pan-thères.	Délivrance. *V.* Délivrer.
53	— à racine noueuse.	Librement.
54	— à feuilles de Plantain.	Libération.
55	Dorycnium ligneux.	Immédiat.
56	— herbacé.	Immédiatement.
57	Drucocéphale d'Autriche.	Vénal.
58	— de Ruisch.	Vénalement.
59	Drave faux Aizon.	Etourderie. *V.* Etourdir.
60	— ciliée.	Etourdi.
61	— des Pyrénées.	Etourdissant.
62	— printanière.	Etourneau.
63	— étoilée.	Inconstance. *V.* Divaguer.
64	— des neiges.	Inconstamment.
65	— blanchâtre.	Inconstant.

66	Drépanie barbue.	Molécules. *V.* Disparaître.
67	Dryade à huit pétales.	Sylphe. *V.* Gémir.

E.

1	Echinope à tête ronde.	Vraisemblable .*V.*Conduire.
2	— ritro.	Vraisemblablement.
3	Echinophore épineuse.	Théorie. *V.* Discuter.
4	Egilope ovoïde.	Tant.
5	— allongée.	Tantôt. *V.* Tarder.
6	Egopode des goutteux.	Goutte.
7	Elatine, poivre d'eau.	Politique. *V.* Gouverner.
8	— faux Alsine.	Politiquement.
9	Elychryse des frimas.	Eternel. *V.* Créer.
10	— perlée.	Eternellement.
11	— Stæchas.	Eternité. *V.* Dominer.
12	— des sables.	Durant.
13	— à grandes bractées.	Toujours.
14	Elyme des sables.	Effectif.
15	— d'Europe.	Effectivement.
16	Epervière dorée.	Meurtre.
17	— rongée.	Meurtrier.
18	— orangée.	Meurtrissure. *V.* Meurtrir.
19	— des Alpes.	Assaillant. *V.* Assaillir.
20	— de Haller.	Assassin. *V.* Repaître.
21	— de Schrader.	Assassinat.
22	— velue.	Brigade. *V.* Parcourir.
23	— ériophore.	Brigand. *V.* Dévaliser.
24	— laineuse.	Brigandage. *V.* Brigander.
25	— fausse Andryale.	Méchamment. *V.* Noircir.
26	— des rochers.	Méchanceté. *V.* Repousser.
27	— Piloselle.	Méchant.
28	— auriculaire.	Mal intentionné.

29 Epervière à bouquet.   Diable. *V*. Emporter.
3o —   faux Piloselle.   Malfaiteur. *V*. Spolier.
31 —   à feuilles de Statice.   Malveillance.
32 —   à feuilles de Poireau.   Malveillant.
33 —   glauque.   Malversation.
34 —   à feuilles de Mélinet.   Mal avisé.
35 —   faux Prénanthe.   Manœuvre.
36 —   fausse Lampsane.   Malheureusement.
37 —   à feuilles de Succise.   Tragique.
38 —   de montagne.   Tragiquement.
39 —   des murs.   Traître.
4o —   des bois.   Ombrageux. *V*. Ombrager.
41 —   de Savoie.   Ombrageusement.
42 —   en ombelle.   Outrance.
43 —   embrassante.   Exécrable.
44 —   blanchâtre.   Exécrablement.
45 —   tubuleuse.   Exécration. *V*. Exécrer.
46 —   à grandes fleurs.   Abominable.
47 —   fausse Blattaire.   Abomination.
48 —   des marais.   Terreur.
49 —   à feuilles de Brunelle.   Impitoyable.
5o —   fausse Chondrille.   Implacable.
51 Ephémérine de Virginie.   Ephémère.
52 —   rose.   Instantané.
53 —   bicolore.   Instant.
54 Ephédra double épi.   Double. *V*. Doubler.
55 Epiaire des bois.   Duègne. *V*. Epier.
56 —   des Alpes.   Argus.
57 —   d'Allemagne.   Surveillant. *V*. Surveiller.
58 —   visqueuse.   Surveillance.
59 —   maritime.   Espion. *V*. Espionner.
6o —   hérissée.   Garde. *V*. Garder.

61	Epiaire crapaudine.	Gardien.
62	— annuelle.	Vexation. *V*. Vexer.
63	— des champs.	Velouté.
64	Epilobe à épi.	Tentation. *V*. Dompter.
65	— à feuilles de Romarin.	Immonde.
66	— hérissé.	Immodération.
67	— mollet.	Immodérément.
68	— tétragone.	Immondice.
69	— rose.	Malpropre.
70	— de montagne.	Cochon.
71	— à feuilles d'Origan.	Cloaque.
72	— des Alpes.	Malpropreté.
73	Epimède des Alpes.	Milieu.
74	Epinard cornu.	Cuisinier.
75	— sans corne.	Gourmand. *V*. Goûter.
76	Epipactis des marais.	Fond.
77	— à larges feuilles.	Fondamental. *V*. Fonder.
78	— en glaive.	Fondateur.
79	— en lance.	Fondation. *V*. Etablir.
80	— rouge.	Fondement.
81	— à nid d'oiseau.	Fonderie. *V*. Fondre.
82	— ovale.	Fondeur.
83	— en cœur.	Fonds. *V*. Rapporter.
84	Erable, faux Sycomore.	Solennel.
85	— à sucre.	Solennellement. *V*. Solenniser.
86	— plane.	Solennisation.
87	— à feuilles d'Obier.	Successeur. *V*. Succéder.
88	— jaspé.	Successif.
89	— champêtre.	Succession.
90	— de Montpellier.	Solennité.
91	— à feuilles de Frêne.	Successivement.

92	Erable de Tartarie.	Site. *V*. Emouvoir.
93	Erine des Alpes.	Soyeux.
94	Erodium des rochers.	Téméraire. *V*. Affronter.
95	— glanduleux.	Organe. *V*. Organiser.
96	— à feuilles de Cigüe.	Résignation. *V*. Résigner.
97	— musquée.	Exactitude. *V*. Régler.
98	— à bec de cicogne.	Sobriété. *V*. S'abstenir.
99	— à bec de grue.	Niaisement. *V*. Bêtiser.
100	— fausse Mauve.	Contre-sens.
101	— de Corse.	Témérité.
102	— maritime.	Témérairement.
103	— des rivages.	Résignant.
104	— Chamœdrix.	Egard.
105	Ers à quatre graines.	Charrue. *V*. Labourer.
106	— velu.	Labourable.
107	— aux Lentilles.	Labourage.
108	Erythrone, dent de chien.	Morsure. *V*. Mordre.
109	Espariette cultivée.	Prévoyance.
110	— de montagne.	Prévoyant. *V*. Approvisionner.
111	— couchée.	Provisionnellement.
112	— de roche.	Alternatif.
113	— tête de coq.	Provisionnel.
114	— crête de coq.	Provision.
115	Eteignoir.	Eteignoir.
116	Ethruse, hache des chiens.	Méconnaissable. *V*. Méconnaître.
117	— Bunius.	Méconnaissant.
118	Eupatoire à f. de Chanvre.	Prétexte. *V*. Prétexter.
119	Euphraise officinale.	Pharmacien.
120	— naine.	Diligent. *V*. Diligenter.
121	— des Alpes.	Hausse. *V*. Hausser.

122 Euphraise à larges feuilles.	Diligence.
123 — dentée.	Oisif.
124 — jaune.	Oisivement.
125 — à feuilles de Lin.	Oisiveté.
126 — visqueuse.	Doléance. *V*. Plaindre.
127 Euphorbe monnoyer.	Monnaie. *V*. Monnoyer.
128 — Péplis.	La plupart.
129 — Peplus.	Plutôt.
130 — en faulx.	Plagiaire. *V*. Compiler.
131 — fluet.	Fluet. *V*. Diminuer.
132 — à feuilles menues.	Plagiat.
133 — épurge.	Moribond.
134 — de Terracine.	Plaidant.
135 — Sapinette.	Plaideur. *V*. Perdre.
136 — maritime.	Plaidoirie. *V*. Plaider.
137 — des blés.	Plaidoyer.
138 — réveille matin.	Matinal. *V*. Réveiller.
139 — denté en scie.	Matin.
140 — à feuille de Pin.	Matinée.
141 — Cyprès.	Morne. *V*. Punir.
142 — ésule.	Morose.
143 — de Gérard.	Maxime.
144 — de Nice.	Même.
145 — à feuilles de Myrte.	Médiocrement.
146 — des bois.	Médisance. *V*. Médire.
147 — arbrisseau.	Insulte. *V*. Insulter.
148 — des vallons.	Insultant.
149 — poilu.	Médisant.
150 — doux.	Introduction. *V*. Introduire.
151 — pourpré.	Intrigant. *V*. Intriguer.
152 — piquant.	Insupportable.
153 — de Carniole.	Intrigue.

154 Euphorbe à verrues.   Maladie. *V.* Soulager.
155 — à large feuille.   Maladif.
156 — pubescent.   Reniable. *V.* Renier.
157 — d'Irlande.   Reniement.
158 — des marais.   Malade.
159 Exacum filiforme.   Remède. *V.* Remédier.
160 — nain.   Panacé.

F.

1 Fidia, corne d'abondance.   Abondance. *V.* Regorger.
2 Férule commune.   Correction. *V.* Corriger.
3 — verticillée.   Punissable.
4 Fétuque bleue.   Un. *V.* Enumérer.
5 — tardive.   Deux.
6 — maritime.   Trois.
7 — dorée.   Quatre.
8 — des bois.   Cinq.
9 — fausse Ivraie.   Six.
10 — élevée.   Sept.
11 — roseau.   Huit.
12 — sans arête.   Neuf.
13 — des brebis.   Dix. *V.* Décimer.
14 — rougeâtre.   Vingt.
15 — dure.   Trente.
16 — cendrée.   Quarante.
17 — glauque.   Cinquante.
18 — hétérophille.   Soixante.
19 — eskia.   Soixante-dix.
20 — de Suisse.   Quatre-vingts.
21 — de Haler.   Quatre-vingt-dix.
22 — velue.   Cent.
23 — phléole.   Mille.
24 — queue de rat.   Million.

25 Fétuque ciliée. Demi. *V*. Partager.
26 — brome. Quart.
27 — univalve. Tiers.
28 Fève commune. Epoque. *V*. Honorer.
29 Févier à trois pointes. Barbare. *V*. Ensanglanter.
30 — féroce. Barbarie.
31 Ficaire Renoncule. Pupille.
32 Figuier commun. Savoureux. *V*. Savourer.
33 Filarin à larges feuilles. Providence. *V*. Vivifier.
34 — moyen. Prospère.
35 — à feuilles étroites. Prospérité. *V*. Prospérer.
36 Flouve odorante. Maximum.
37 Fluteau étoilé. Musique.
38 — Plantain d'eau. Domptable.
39 — Parnassie. Musical.
40 — nageant. Musicalement.
41 — Renoncule. Musicien.
42 Fontinale. Fidélité.
43 Fragon piquant. Difficulté.
44 — à languette. Difficilement.
45 Fraisier de table, la fleur. Demande. *V*. Demander.
46 — le fruit. Réponse.
47 — Ananas. Friand. *V*. Répondre.
48 Frunkinia lisse. Electricité.
49 — hérissé. Electrique. *V*. Electriser.
50 — pulvérulent. Tonnerre. *V*. Foudroyer.
51 Frêne élevé. Grand. *V*. Grandir.
52 — à fleurs. Favori. *V*. Favoriser.
53 — pleureur. Pleureur. *V*. Pleurer.
54 — à feuille ronde. Historique.
55 Fritillaire pintade. Carré.
56 — de Perse. Assemblée. *V*. Assembler.
57 — des Pyrénées, la fleur. Energique.

58 Fritillaire des Pyrén. en gr. Energiquement.
59 — impériale, la fleur. Empire. *V*. Asservir.
60 — — en graine. Energie.
61 Froment cultivé, un épi. Reconnaissance.
62 — — un épi sans grain. Ingratitude.
63 — à épi rameux. Pain.
64 — épeautre. Tribut.
65 — locular. Tributaire.
66 — des haies. Lisière.
67 — rampant, un épi. Vil.
68 — — deux épis. Vilain.
69 — à feuilles de jonc. Frugalement.
70 — penné. Frugalité.
71 — grèle. Morgue.
72 — des bois. Frugal.
73 — cilié. Restriction.
74 — à feuilles de Dattier. Restrictif.
75 — faux Paturin. Travers.
76 — fausse Rottbolle. Traverse. *V*. Traverser.
77 — fausse Fétuque. Travesti.
78 — faux Nard. Travestissement. *V*. Travestir.

79 Fuchsia magellanique. Anticipation. *V*. Anticiper.
80 Fumeterre grimpante. Epuisable. *V*. Epuiser.
81 — officinale. Dépuration. *V*. Dépurer.
82 — à petites fleurs. Ténuité.
83 — en épi. Epuisement.
84 Fusain commun. Pitoyable.
85 — à large feuille. Pitoyablement. *V*. Compatir.

G.

1 Gaillet jaune. Calamité.
2 — à gros fruit. Calomnié.

3	Gaillet croisette.	Calomniateur. *V*. Calomnier.
4	— du Piémont.	Injure.
5	— rouge.	Injurieux. *V*. Injurier.
6	— pourpre.	Injuste.
7	— des bois.	Injustement.
8	— à feuille de Lin.	Injustice.
9	— glauque.	Désastre.
10	— à feuille de Garance.	Désastreux.
11	— des marais.	Désavantage.
12	— mollugène.	Désavantageux.
13	— droit.	Désobéissance. *V*. Désobéir.
14	— acéré.	Désobligeant. *V*. Désobliger.
15	— cendré.	Désordre.
16	— à feuilles menues.	Désorganisation.
17	— lisse.	Désuétude.
18	— de Boccone.	Désunion. *V*. Désunir.
19	— à pointe.	Dévastation.
20	— d'Angleterre.	Echec.
21	— divergent.	Emporté. *V*. S'irriter.
22	— Fangeux.	Emportement.
23	— couché.	Equipée.
24	— des Pyrénées.	Escroc. *V*. Escroquer.
25	— nain.	Exaspération. *V*. Exaspérer.
26	— des rochers.	Exigeant.
27	— du Hartz.	Exigeance. *V*. Exiger.
28	— bâtard.	Exil. *V*. Exiler.
29	— trois cornes.	Exigible.
30	— anis sucré.	Expiation.
31	— Gratteron.	Expiatoire. *V*. Expier.
32	— de Vaillant.	Extorsion. *V*. Extorquer.
33	— litige.	Môle.
34	— des murs.	Molasse. *V*. Mollir.

35	Gaillet maritime.	Mollement. *V*. Amollir.
36	— boréal.	Mollesse.
37	— à feuilles rondes.	Mou.
38	Gainier d'Europe.	Fourreau. *V*. Renfermer.
39	Galactite cotonneuse.	Hargneux. *V*. Agacer.
40	Galantine Perce-neige.	Galanterie. *V*. Courtiser.
41	Galéga officinale.	Officinal.
42	Galéobdolon jaune.	Héréditaire.
43	Galéopsis à fleurs jaunes.	Misantrope. *V*. Détester.
44	— Ladane.	Misantropie.
45	— à petite fleur.	Instigateur. *V*. Exciter.
46	— Tétrahit.	Instigation.
47	— bigarré.	Hagard.
48	Garance des teinturiers.	Rouge. *V*. Rougir.
49	— voyageuse.	Rougeâtre.
50	— luisante.	Rougeur.
51	Garidelle nigelle.	Murmure. *V*. Murmurer.
52	Gatilier, agneau chaste.	Menteur. *V*. Mentir.
53	Genet monosperme.	Uniquement.
54	— purgatif.	Maintien. *V*. Tenir.
55	— cendré.	Malheur.
56	— branche de jonc.	Sincère.
57	— des teinturiers.	Teinture. *V*. Teindre.
58	— à fleur velue.	Parent.
59	— couché.	Couche. *V*. Coucher.
60	— en gazon.	Paisible. *V*. Tranquilliser.
61	— à tige ailée.	Aile. *V*. Accourir.
62	— triangulaire.	Paisiblement.
63	— à balais.	Nécessaire. *V*. Balayer.
64	— à épine fleurie.	Repentant. *V*. Se repentir.
65	— d'Angleterre.	Renonce. *V*. Renoncer.
66	— d'Allemagne.	Renonciation.

67	Genet d'Espagne.	Sincérité.
68	— de lobel.	Repaire.
69	— très-épineux.	Arme. *V*. Armer.
70	Genevrier commun.	Perpétuel. *V*. Perpétuer.
71	— Oxycèdre.	Perpétuité.
72	— Sabine.	Infanticide. *V*. Assassiner.
73	— de Phœnicie.	Perpétuellement.
74	Gentiane jaune.	Ton. *V*. Stimuler.
75	— bâtarde.	Habitude. *V*. Habituer.
76	— purpurine.	Tonique.
77	— de Hongrie.	Habituel.
78	— ponctuée.	Habitué.
79	— à deux lobes.	Habituellement.
80	— Croisette.	Usage. *V*. User.
81	— Asclépiade.	Uniforme.
82	— Pneumonanthe.	Uniformément.
83	— ciliée.	Uniformité.
84	— à tige courte.	Uniment.
85	— printanière.	Printanier.
86	— de Bavière.	Similitude. *V*. Assimiler.
87	— Perce neige.	Premier. *V*. Précéder.
88	— à calice enflé.	Grossesse. *V*. Féconder.
89	— des Pyrénées.	Grondeur. *V*. Gronder.
90	— d'Allemagne.	Brutal. *V*. Brutaliser.
91	— des champs.	Véritablement.
92	— des glaciers.	Engourdissement. *V*. Engourdir.
93	Géranium sanguin.	Indolence.
94	— à longues racines.	Indolent.
95	— livide.	Livide.
96	— réfléchi.	Flexion. *V*. Dresser.
97	— noueux.	Impassibilité.

98	Géranium des bois.	Impassible.
99	— des marais.	Immobile.
100	— à feuilles d'Aconit.	Immobilité.
101	— des prés.	Lenteur.
102	— argenté.	Nonchalamment.
103	— cendré.	Nonchalant.
104	— luisant.	Stabilité.
105	— mollet.	Stable.
106	— colombin.	Nomade.
107	— disséqué.	Ecolier.
108	— à feuilles rondes.	Stagnation.
109	— fluet.	Stagnant.
110	— herbe à Robert.	Repentance.
111	Géropogon glabre.	Expert.
112	Germandrée ligneuse.	Humiliant.
113	— botride.	Humiliation. *V*. Humilier.
114	— fausse Ivette.	Humilité.
115	— Marum.	Servage.
116	— Sauge des bois.	Servant.
117	— renversée.	Servilité.
118	— Scordium.	Inconsidération.
119	— petit Chêne.	Inconsidérément.
120	— luisante.	Serviteur.
121	— jaune.	Servitude.
122	— de Provence.	Ironie. *V*. Se moquer.
123	— des Pyrénées.	Ironique.
124	— de montagne.	Ironiquement.
125	— polium.	Avilissement.
126	— à tête jaune.	Esclavage.
127	— en tête.	Esclave.
128	Gesse Aphaca.	Cachet. *V*. Cacheter.
129	— de Missole.	Invisibilité.

130 Gesse à fleur pâle.   Invisiblement.
131 —   articulée.   Dissimulation. *V*. Dissimu-
                                 ler.
132 —   cultivée.   Plaintif.
133 —   ciliée.   Gémissant.
134 —   anguleuse.   Plaintivement.
135 —   sphérique.   Gémissement.
136 —   à fines feuilles.   Plaignant.
137 —   annuelle.   Humanité. *V*. Humaniser.
138 —   odorante.   Plainte.
139 —   hérissée.   Châtiment. *V*. Châtier.
140 —   tubéreuse.   Boudeur.
141 —   des prés.   Lamentable.
142 —   sauvage.   Lamentablement.
143 —   à large feuille.   Lamentation. *V*. Se lamenter.
144 —   à feuilles variables.   Humainement.
145 —   des marais.   Humblement.
146 Gestrum parqué.   Variable. *V*. Varier.
147 Giroflée à trois pointes.   Hypocrite.
148 —   triste.   Hypocrisie. *V*. Se défier.
149 —   de rivage.   Joliment.
150 —   annuelle, couleur
        rouge.   Justifiant.
151 — — couleur blanche.   Justification. *V*. Justifier.
152 —   violier, blanchâtre.   Offrande.
153 — — rouge.   Colère. *V*. S'emporter.
154 — — — panaché.   Humeur.
155 — — violet.   Anxiété.
156 — — — panaché.   Inimitié.
157 —   sinuée.   Justificatif.
158 —   jaune (ou de mu-
        raille), fl. simple.   Partout.

159 Giroflée jaune (ou de mu-
        raille) panachée.   Luxe.
160 — — — double, ou
        Bouton d'or.   Fadeur.
161 — — — panachée
        double.   Offre. *V*. Orner.
162 — de Méad.   Année. *V*. Expérimenter.
163 Glaux maritime.   Lac.
164 Glayeul commun.   Glaive. *V*. Pourfendre.
165 — de Mérian.   Ornement.
166 — couleur de chair.   Colombe. *V*. Roucouler.
167 — cardinal.   Chef. *V*. Elire.
168 Glechome lierre terrestre.   Terrestre.
169 — à grande fleur.   Terre. *V*. Produire.
170 Globulaire turbite.   Contrainte. *V*. Contraindre.
171 — à tige nue.   Contraire. *V*. Contrarier.
172 — commune.   Contrariété.
173 — à feuilles en cœur.   Contradiction.
174 — naine.   Contraste. *V*. Contraster.
175 Glycine arbrisseau.   Menterie.
176 Gnaphalle jaunâtre.   Immuable.
177 — basse.   Inaltérable.
178 — des bois.   Constamment. *V*. Persévé-
                                  rer.
179 — des marais.   Indestructibilité.
180 — d'Allemagne.   Constant.
181 — des champs.   Constance.
182 — de France.   Immortalité.
183 — de montagne.   Immortel.
184 — naine.   Persévéramment.
185 — dioïque.   Impérissable.
186 — des Alpes.   Incorruptibilité.

187 Gnaphalle pied de lion. Indestructible.
188 Gnavelle vivace, Cendré.
189 — annuelle. Brûlement. *V.* Embrâser.
190 Gouet serpentaire. Libertinage.
191 — commun. Libertin. *V.* Corrompre.
192 — d'Italie. Sensément.
193 — à capuchon. Libidineux. *V.* Scandaliser.
194 — à feuilles étroites. Lascivement.
195 — Calla d'Ethiopie. Sensé.
196 Grassette vulgaire. Cosmétique. *V.* Enjoliver.
197 — à grande fleur. Officieux.
198 — des Alpes. Officieusement.
199 Gratiole officinale. Pauvre. *V.* Appauvrir.
200 Grémil officinal. Chétif.
201 — des champs. Chemin. *V.* Cheminer.
202 — de la Pouille. Inspecteur. *V.* Inspecter.
203 — violet. Violet.
204 — des teinturiers. Chimiste. *V.* Analyser.
205 — ligneux. Réitération. *V.* Réitérer.
206 Grenadier rouge simple,
　　une seule fleur. Intrépidité.
207 — — — fl. et bouton. Intrépidement.
208 — — double, une
　　seule fleur. Intrépide.
209 — — — fleur et
　　bouton. Déterminé.
210 — blanc. Détermination. *V.* Déter-
　　miner.
211 Grenadille bleue. Souffrance.
212 — imarnate. Douleur.
213 — jaune. Tourment.
214 — quadrangulaire. Peine.

215 Grenadille à feuilles de
    laurier.   Souffrant.
216 —   bleue, les boutons. Douloureusement.
217 —   jaune, les fleurs. Tourmente. *V.* Tourmenter.
218 Greuvrier occidental.   Trouble. *V.* Troubler.
219 Groseiller rouge.   Aprement. *V.* Arracher.
220 —   de roche.   Rude. *V.* Heurter.
221 —   des Alpes.   Rudement. *V.* Choquer.
222 —   noir.   Aride.
223 —   piquant.   Apre.
224 Guimauve passe rose.   Utile.
225 —   officinale.   Utilité.
226 —   de Narbonne.   Onctueux. *V.* Graisser.
227 —   à f. de Chanvre.   Utilement.
228 —   hérissée.   Emollient.
229 Guy à fruits blancs.   Dépendance. *V.* Dépendre.
230 —   de loxycèdre.   Déperdition.
231 Gypsophile nivelée.   Plâtrière.
232 —   rampante.   Mur. *V.* Murer.
233 —   des murs.   Muraille.
234 —   saxifrage.   Plâtre. *V.* Plâtrer.

H.

1 Haricot commun.   Recours. *V.* Recourir.
2 —   à bouquets.   Ambitieux.
3 —   nain.   Venteux.
4 Hélianthe annuel, fleur
    épanouie.   Soleil. *V.* Rayonner.
5 —   — la fleur commen-
    çant à s'épanouir.   Astre.
6 —   tubéreux, une seule
    fleur.   Orgueil.

7	Hélianthe tubéreux, fleur et bouton.	Orgueilleux.
8	— — bouton seulement.	Orgueilleusement. *V*. S'énorgueillir.
9	— multiflore simple.	Divin.
10	— — double.	Divinité.
11	— — commençant à s'épanouir.	Divinement. *V*. Adorer.
12	— noir pourpré, une seule fleur.	Tyrannie.
13	— — fleur et bouton.	Tyran.
14	— — — bouton seulement.	Tyranniquement. *V*. Tyranniser.
15	— élevé, une seule fl.	Hautain.
16	— — fleur et bouton.	Hautement.
17	Hélianthème à ombelles.	Journal. *V*. Propager.
18	— grêle.	Clair.
19	— fumana.	Journalier.
20	— à lunule.	Journée.
21	— d'OEland.	Journellement.
22	— à feuilles de Marum.	Clarté.
23	— faux Alysson.	Vital.
24	— tubéraire.	Bien-être.
25	— taché.	Carrière.
26	— à feuilles de Lédon.	Vivant. *V*. Vivre.
27	— à feuilles de Saule.	Vivifiant.
28	— à feuilles de Lavande.	Vivification.
29	— glutineux.	Vivace.
30	— commun.	Vivacité.
31	— à grande fleur.	Jour.

32	Hélianthème hérissé.	Vîte. *V*. Dépêcher.
33	— rose.	Vîtesse. *V*. Hâter.
34	— à feuilles de Po- lium.	Lumineux. *V*. Luire.
35	— poilu.	Visible.
36	— poudreux.	Visiblement.
37	— de l'Apennin.	Luisant. *V*. Resplendir.
38	Héliotrope du Pérou.	Bien-aimé. *V*. Chérir.
39	— européen.	Bientôt.
40	— couché.	Bacchante. *V*. Etreindre.
41	Hellébore fétide.	Griffe. *V*. Griffer.
42	— livide.	Grief.
43	— à racine noire.	Gravement.
44	— à fleurs vertes.	Déplorable. *V*. Déplorer.
45	— d'hiver.	Hiver. *V*. Hiverner.
46	— Pigamon.	Désespoir. *V*. Désespérer.
47	Helminthie viperine.	Vermisseau.
48	— épineuse.	Vermifuge.
49	Hémérocale fauve.	Projet. *V*. Projeter.
50	— bleue.	Bleu.
51	— jaune.	Valée.
52	— fleur de Lys.	Soutien. *V*. Soutenir.
53	— du Japon.	Houri. *V*. Béatifier.
54	Hépatique à trois lobes, fl. simple, bleu foncée.	Réservé.
55	— — — bleu clair.	Réserve. *V*. Réserver.
56	— — — rouge.	Circonspect.
57	— — — violette.	Circonspection.
58	— — — blanche.	Précaution. *V*. Se précau- tionner.
59	— — fleur double, bleu foncé.	Réticence.

60 Hépatique à trois lobes, fl.
    double, bleu clair.   Retenue.
61 — — — rouge.   Attention.
62 — — — violette.   Réservoir.
63 — — — blanche.   Préservatif.
64 Herniaire glabre.   Impossibilité.
65 — velue.   Imposteur. *V.* Imposer.
66 — des Alpes.   Impossible.
67 — fausse Renouée.   Imposture.
68 Hêtre des forêts.   Huile. *V.* Huiler.
69 Hortensia à feuille d'Obier. Boudoir. *V.* Bouder.
70 Hibisque de Syrie.   Proverbe.
71 — des marais.   Proverbial.
72 — vésiculeux.   Proverbialement.
73 Hippocrépis à fruits soli-
    taires.   Chaussure.
74 — à plusieurs gousses. Souliers. *V.* Chausser.
75 — en ombelle.   Pied. *V.* Piétiner.
76 Hottone aquatique.   Puisque.
77 Houblon grimpant.   Bière. *V.* Engraisser.
78 Houque d'Alep.   Précurseur. *V.* Indiquer.
79 Houx commun.   Inabordable.
80 — panaché.   Inaccessible.
81 Hydrangée de Virginie.   Vengeance.
82 — blanche.   Vie. *V.* Vénérer.
83 — à feuille de Chêne.   Véhémence.
84 Hydrocharis morrène.   Naïade. *V.* Nager.
85 Hydrocotyle.   Verre. *V.* Verser.
86 Hyoséride rayonnante.   Repoussant. *V.* Repousser.
87 — rude.   Repoussement.
88 — dormeuse.   Rebut. *V.* Rebuter.
89 — Rhagadiole.   Rebutant.

90 Hyoséride de Crète.   Détestablement.
91 Hypécoüm couché.   Son.
92 —   pendant.   Bruit. *V*. Ebruiter.
93 Hysope officinal.   Pectoral. *V*. Consacrer.

I.

1 Ibéride de tous les mois.   Cajolerie. *V*. Cajoler.
2 —   toujours verte.   Familiarité. *V*. Faciliter.
3 —   des rochers.   Fallacieux.
4 —   amère.   Fallacieusement.
5 —   pennatifide.   Cajoleur.
6 —   intermédiaire.   Familièrement.
7 —   en ombelle.   Familier. *V*. Familiariser.
8 —   à feuilles de lin.   Facile.
9 —   en spatule.   Facilité. *V*. Persister.
10 —   naine.   Facilement.
11 If commun.   Funèbre. *V*. Regretter.
12 Immortelle annuelle.   Talent.
13 —   fermée jaune.   Patrie.
14 — —   jaune et rose.   France.   } *V*. Immortaliser.
15 Impatiente , Balsamine
    simple.   Inpatient.
16 — —   double.   Impatience.
17 — —   simple panaché.   Impatiemment.
18 —   n'y touchez pas, une
    seule fleur.   Craintif.
19 — —   plusieurs fleurs.   Crainte. *V*. Craindre.
20 Impératoire ostruthium.   Commandant. *V*. Comman-
                                der.
21 —   sauvage.   Arbitraire. *V*. Prescrire.
22 —   verticillée.   Commandement.
23 —   Nodiflore.   Ordre. *V*. Ordonner.

24 Inule aulnée.   Equitable.
25 —   odorante.   Entier.
26 —   OEil de Christ.   Nation.
27 —   britannique.   National.
28 —   dyssentérique.   Périlleusement.
29 —   Pulicaire.   Disponible. *V.* Disposer.
30 —   roide.   Oppresseur. *V.* Opprimer.
31 —   d'Allemagne.   Oppression. *V.* Oppresser.
32 —   feuille de Saule.   Entièrement.
33 —   hérissée.   Ecueil. *V.* Echouer.
34 —   de Vaillant.   Entresol.
35 —   en glaive.   Offenseur.
36 —   visqueuse.   Opprobre.
37 —   tubéreuse.   Offensant.
38 —   de roche.   Offensive.
39 —   Perce-pierre.   Offensif. *V.* Offenser.
40 —   de montagne.   Nécessité. *V.* Nécessiter.
41 —   changeante.   Offense.
42 Iris germanique.   Céleste.
43 —   de Swert.   Ciel.
44 —   agréable.   Aide.
45 —   naine, fleur bleue.   Petitesse. *V.* Rapetisser.
46 —   à odeur de Sureau.   Agent.
47 —   jaunâtre.   Sabre. *V.* Sabrer.
48 —   naine, fleur violette.   Diminution.
49 — — fleur jaunâtre.   Diffamation. *V.* Diffamer.
50 —   panachée.   Difficile.
51 —   fausse Açore.   Infamie. *V.* Déshonorer.
52 —   bâtarde.   Naturel. *V.* Naturaliser.
53 —   fétide.   Dégoût. *V.* Dégoûter.
54 —   jaune blanche.   Concubine.
55 —   faux Xyphium.   Amas.

56	Iris des sables.	Aride.
57	— graminée.	Perdition.
58	— sale.	Impropre.
59	— pâle.	Oubli. *V*. Oublier.
60	— des prés.	Pré.
61	— frangée.	Frange.
62	— Scorpionne.	Venin. *V*. Envenimer.
63	Isnarde des marais.	Vaseux. *V*. Engloutir.
64	Ixia bulbocode.	Seul. *V*. Affectionner.
65	— tricolor.	Tricolor.
66	— safranée.	Jardinier.
67	— à grande fleur.	Jardin. *V*. Jardiner.

J.

1	Jacinthe améthyste.	Deuil.
2	— d'Orient, blanche, fleur simple.	Sensibilité.
3	— — rose simple.	Sensible.
4	— — — double.	Sensation.
5	— — blanche double.	Sentiment. *V*. Sentir.
6	— tardive.	Sensiblement.
7	— des bois.	Sentimental.
8	Jasione de montagne.	Immanquable. *V*. Réussir.
9	— vivace.	Immanquablement.
10	Jasmin d'Arabie.	Absurdité.
11	— Jonquille.	Ame. *V*. Animer.
12	— commun (jaune).	Envieux. *V*. Envier.
13	— d'Espagne.	Rare.
14	— des Açores.	Rarement *V*. Raréfier.
15	— de Virginie.	Envie.
16	Jonc maritime.	Pore.
17	— aigü.	Poreux.

18	Jonc aggloméré.	Porosité.
19	— épars.	Fluide.
20	— courbé.	Fluidité.
21	— filiforme.	Liquide.
22	— des Landes.	Liquidité.
23	— à trois pointes.	Limpide. *V*. Clarifier.
24	— rude.	Limpidité.
25	— septentrional.	Pluie *V*. Pleuvoir.
26	— de Jacquin.	Pluvial.
27	— à trois bractées.	Pluvieux.
28	— bulbeux.	Riverain.
29	— inondé.	Mouillage.
30	— des crapauds.	Rive.
31	— pygmé.	Fabuleusement.
32	— humble.	Eau. *V*. Flotter.
33	— flottant.	Natation.
34	— articulé.	Aquatique.
35	— des bois.	Mare.
36	— des Alpes.	Marécage.
37	Joubarbe des toits.	Sécheresse. *V*. Dessécher.
38	— de montagne.	Sèchement.
39	— à toile d'araignée.	Embûche. *V*. Attirer.
40	— à globules.	Toit.
41	— hérissée.	Sec.
42	Jujubier commun.	Adoucissant.
43	Julienne alliaire.	Soir.
44	— des dames, simple.	Femme.
45	— — double.	Dame. *V*. Charmer.
46	— découpée.	Ennuyant. *V*. Ennuyer.
47	— d'Afrique.	Ennuyeux. *V*. S'impatienter.
48	— printanière.	Enumération.
49	— maritime.	Badinage. *V*. Amuser.

5o	Julienne à petite fleur.	Soirée.
51	Jusquiame noire.	Fol. *V*. Folâtrer.
52	— blanche.	Follement.
53	— dorée.	Folâtre. *V*. Raffoler.

K.

1	Kalmia à large feuille.	Agile.
2	— — à fleur blanchâtre.	Agilité.
3	— à feuilles étroites.	Agitation. *V*. Agiter.
4	Kolreuléria paniculé.	Comble. *V*. Combler.
5	Ketmie de Syrie.	Renaissance. *V*. Renaître.
6	— rose de Chine.	Rendez-vous. *V*. Trouver.
7	— à fleur changeante.	Souvent.

L.

1	Lagurier ovale.	Fantastique.
2	Laitue cultivée.	Salade. *V*. Pourvoir.
3	— sauvage.	Inattendu.
4	— vireuse.	Vireux.
5	— à feuilles de Saule.	Impulsion. *V*. Pousser.
6	— vivace.	Mal-entendu.
7	— délicate.	Insipide.
8	— de Suze.	Insipidité.
9	Laitron maritime.	Caveau.
10	— des champs.	Creux. *V*. Creuser.
11	— des marais.	Cavité.
12	— des Alpes.	Haletant.
13	— de Plumier.	Vide. *V*. Vider.
14	Lamarckie dorée.	Sincèrement.
15	Lamier napolitain.	Mécontent.
16	— blanc.	Innocemment.
17	— taché.	Désagréablement.

18 Lamier lisse.   Maussade.
19 — velu.   Mécontentement. *V*. Mé-
                     contenter.
20 — pourpre.   Simplification.
21 — bâtard.   Déplaisance.
22 — embrassant.   Maussadement.
23 Lampourde glouteron. Glouton. *V*. Avaler.
24 — épineuse.   Blondin. *V*. Blondir.
25 Lampsane fluette.   Violation. *V*. Violer.
26 — fétide.   Attentat.
27 — commune.   Parjure. *V*. Fausser.
28 Laser, à larges feuilles. Fétidité.
29 — de France.   Nausée.
30 — de Prusse.   Répugnance. *V*. Répugner.
31 — siler.   Répugnant.
32 — velu.   Dégoûtant.
33 — simple.   Puanteur. *V*. Puer.
34 Lathrée clandestine. Clandestinement.
35 — écailleuse.   Cachette.
36 Laurier d'Apollon, feuilles
     ondulées.   Mérite. *V*. Mériter.
37 — — à feuilles étroites. Méritoire.
38 — — à larges feuilles. Guerrier.
39 — — à fleurs doubles. Illustre.
40 — royal.   Roi.
41 — Bourbon.   Génie. *V*. Triompher.
42 — de Madère.   Gloire.
43 — de Benjoin.   Content.
44 — Sassafras.   Cher.
45 — géniculé.   Invincible.
46 — Camphrier.   Illustration.
47 Lavande aspic.   Toilette. *V*. Parer.

48	Lavande flœchas.	Toile.
49	Lavatère de Hyères.	Physionomie. *V.* Dévoiler.
50	— à trois lobes.	Philosophique.
51	— maritime.	Philosophiquement.
52	— en arbre.	Physionomiste. *V.* Scruter.
53	— de Thuringe.	Philosophe. *V.* Philosopher.
54	— ponctuée.	Philosophie.
55	Ledon des marais.	Marécageux. *V.* Mouiller.
56	— à larges feuilles.	Mutation.
57	Leuzée conifère.	Conique.
58	Lichen.	Phthisique.
59	Lierre grimpant.	Attachement. *V.* Attacher.
60	Lilas commun, pourpre.	Secret.
61	— bleu.	Secrètement.
62	— blanc.	Récompense. *V.* Récompenser.
63	— de Perse.	Prix.
64	Lemodon avortée.	Frémissement. *V.* Frémir.
65	— fibreuse.	Famine. *V.* Dépérir.
66	Limoselle aquatique.	Boue. *V.* Crotter.
67	Lin de France.	Adoucissement.
68	— maritime.	Fabricant.
69	— en cloche.	Fabricateur. *V.* Fabriquer.
70	— roide.	Lisse.
71	— commun.	Linge.
72	— de Narbonne.	Tissure. *V.* Tisser.
73	— des Alpes.	Uni. *V.* Aplanir.
74	— à feuilles étroites.	Fabrication.
75	— à feuilles menues.	Fabrique.
76	— hérissé.	Lingerie.
77	— purgatif.	Usuel.
78	— radiola.	Usuellement.

79 Linaigrette à plusieurs épis. Dupe. *V*. Duper.
80 — à feuilles étroites. Duperie.
81 — grêle. Duplicité.
82 — engainé. Avare. *V*. Economiser.
83 — en tête. Avarice.
84 — des Alpes. Sordidement. *V*. Mésestimer.
85 Linaire cymbalaire. Cymbale.
86 — poilue. Terme. *V*. Circonscrire.
87 — élatine. Terminaison. *V*. Terminer.
88 — bâtarde. Finalement.
89 — réfléchie. Extrême. *V*. Excéder.
90 — ternée. Défavorable.
91 — bigarrée. Défavorablement. *V*. Nuire.
92 — rayée. Rayure. *V*. Rayer.
93 — à feuille de Thym. Cordeau. *V*. Alligner.
94 — des Pyrénées. Extrêmement. *V*. Outrepasser.
95 — couchée. Final *V*. Aboutir.
96 — des champs. Limites. *V*. Limiter.
97 — simple. Borne. *V*. Borner.
98 — de Chalep. Fin. *V*. Finir.
99 — de Pelissier. Corde.
100 — des rochers. Direct. *V*. Conseiller.
101 — des Alpes. Extrémité.
102 — à feuille d'Origan. Défaut. *V*. Manquer.
103 — naine. Directement.
104 — à feuilles de Genet. Trait.
105 — commune. Linéaire.
106 Lindernie pyxidaire. Edit.
107 Linné boréale. Boréale. *V*. Glacer.
108 Lion-Dent d'automne. Lion. *V*. Respecter.
109 — écailleux. Fureur. *V*. Rugir.

110 Lion-Dent de montagne.	Furie. *V.* Déchaîner.
111 — en fer de lance.	Furieux. *V.* Exterminer.
112 — hérissé.	Furieusement.
113 — blanchâtre.	Frayeur. *V.* Effrayer.
114 Liseron des haies.	Coquetterie. *V.* Feindre.
115 — des champs.	Prairie. *V.* Reverdir.
116 — de Sicile.	Sonnette. *V.* Tinter.
117 — à feuilles d'Althea.	Incorrigible.
118 — Soldanelle.	Incorruptibilité.
119 — tricolor.	Coquette. *V.* Enflammer.
120 — rayé.	Inconséquence.
121 — de Biscaye.	Inconséquent.
122 — argenté.	Influence. *V.* Influer.
123 Littorelle des étangs.	Rivage.
124 Livèche du Péloponèse.	Délicatement. *V.* Agréer.
125 — d'Autriche.	Fastidieusement. *V.* Lasser.
126 — à feuille de Persil.	Recherche. *V.* Poursuivre.
127 — férule.	Fastidieux.
128 — des Pyrénées.	Ostensible. *V.* Montrer.
129 — à feuilles menues.	Preste. *V.* S'empresser.
130 — Mutelline.	Prestement.
131 — Méum.	Prestesse.
132 Lobélie de Dortmann.	Proéminence.
133 — brûlante.	Brûlant. *V.* Brûler.
134 — naine.	Dégénérescence. *V.* Dégénérer.
135 — syphilitique.	Vénérien. *V.* Ulcérer.
136 Lotier siliqueux.	Selon.
137 — à gousse carrée.	Soumissionnaire.
138 — conjugal.	Conjugal. *V.* Conjoindre.
139 — comestible.	Comestible. *V.* Consommer.

140 Lotier Pied-d'oiseau.	Transport. *V*. Transporter.
141 — faux Cytise.	Situation. *V*. Situer.
142 — à petites cornes.	Inconsidérément. *V*. Révé-
ler.
143 — poilu.	Sapeur. *V*. Saper.
144 — hérissé.	Hémorragie. *V*. Saigner.
145 — droit.	Sanction. *V*. Sanctionner.
146 Lunaire annuelle.	Blancheur. *V*. Blanchir.
147 — vivace.	Lune.
148 Lunetière à oreillettes.	Lorgnette. *V*. Lorgner.
149 — lisse.	Instrument.
150 — des rochers.	Solaire.
151 — corne de cerf.	Instrumental.
152 Lupin bigarré.	Carnassier *V*. Dévorer.
153 — blanc.	Monstre. *V*. Rejeter.
154 — à feuilles étroites.	Monstruosité.
155 — jaune.	Monstrueux.
156 — hérissé.	Carnivore. *V*. Epouvanter.
157 Luserne cultivée.	Estime. *V*. Estimer.
158 — en faucille.	Estimateur. *V*. Apprécier.
159 — agglomérée.	Estimation.
160 — à souche ligneuse.	Mention. *V*. Mentionner.
161 — Houblon.	Rente. *V*. Recevoir.
162 — rayonnante.	Estimable.
163 — bouclée.	Rentrant. *V*. Boucler.
164 — orbiculaire.	Bidet. *V*. Caracoler.
165 — écusson.	Cheval. *V*. Galopper.
166 — barillet.	Rentrée. *V*. Rentrer.
167 — toupie.	Machinal. *V*. Niaiser.
168 — tuberculeuse.	Rentier.
169 — roide.	Machiniste. *V*. Machiner.
170 — velue.	Poil. *V*. Revêtir.

171	Luserne naine.	Machine.
172	— maritime.	Harangue. *V*. Haranguer.
173	— entremêlée.	Mécanisme.
174	— Hérisson.	Machination.
175	— déchiquetée.	Squelette. *V*. Disséquer.
176	— hérissée.	Machinateur.
177	— tachée.	Tache. *V*. Tacher.
178	— à petites pointes.	Mécaniquement.
179	— dentelée.	Mécanique.
180	— couronnée.	Mécanicien.
181	— Tarière.	Enfoncement. *V*. Enfouir.
182	— en arbre.	Machinalement.
183	Luzule, blanc de neige.	Instance. *V*. Presser.
184	— blanchâtre.	Religion. *V*. Sanctifier.
185	— jaune.	Religieux.
186	— maron.	Instamment.
187	— printanière.	Religionnaire.
188	— à large feuille.	Religieusement.
189	— des champs.	Relique. *V*. Conserver.
190	— en épi.	Reliquaire.
191	— en grappe.	Inséparablement.
192	Lychnide visqueuse.	Voiture. *V*. Voiturer.
193	— de Chalcédoine.	Destination. *V*. Destiner.
194	— fleur de Coucou.	Marâtre. *V*. Haïr.
195	— des Alpes.	Moraliseur. *V*. Moraliser.
196	— dioïque.	Moralité.
197	— des bois.	Moralement.
198	— Coquelourde, fleur simple.	Moral.
199	— — fleur double.	Juste.
200	— fleur de Jupiter.	Destin. *V*. Régir.
201	— Rose du ciel.	Vénus. *V*. Idolâtrer.

202 Lychnide Nielle.   Destinée. *V*. S'abandonner.
203 Lyciet d'Europe.   Aventure. *V*. Hasarder.
204 — de Barbarie.   Aventurier. *V*. Subtiliser.
205 Lycope européen.   Loup.
206 — élevé.   Ravisseur. *V*. Spolier.
207 Lycopside des champs.   Ingénuement. *V*. Avouer.
208 Lys blanc, une seule
       fleur ouverte.   Pureté. *V*. Purifier.
209 — — tige fleurie et
       boutons.   Candeur.
210 — bulbifère.   Pur.
211 — maritime, blanc.   Affabilité. *V*. Contenter.
212 — ponpon.   Phénomène. *V*. Emerveiller.
213 — des Pyrénées, une
       seule fleur.   Noble. *V*. Annoblir.
214 — — bouton et fleur.   Admirable.
215 — martagon, une seule
       fleur.   Noblesse.
216 — — bouton et fleur.   Admiration.
217 — de Chalcédoine.   Droit. *V*. Légitimer.
218 — à fleur pendante ou
       du Canada.   Mère. *V*. Illustrer.
219 — de Chine.   Droiture.
220 — nain.   Légitime.
221 Lysimaque commune.   Chasse. *V*. Chasser.
222 — en bouquet.   Amical.
223 — ponctuée.   Amicalement. *V*. Obliger.
224 — nummulaire.   Intimité.
225 — des bois.   Intimement.
226 — lin étoilé.   Intime. *V*. Epancher.

M.

1 Maceron commun. Myrrhe. *V*. Encenser.
2 Mache cultivée. Salade.
3 — dentée. Passible.
4 — vésiculaire. Poche.
5 — couronnée. Négatif. *V*. Nier.
6 — hérissée. Pécore. *V*. Invectiver.
7 — naine. Panique. *V*. Décourager.
8 Macre flottante. Pilote. *V*. Guider.
9 Magnolier à grandes fleurs. Age. *V*. Agrandir.
10 — parasol. Couvert. *V*. Couvrir.
11 — à feuilles pointues. Pendant. *V*. Pendre.
12 — glauque. Perforation. *V*. Perforer.
13 — bicolore. Agacerie. *V*. Diversifier.
14 Maïs cultivé, épi mâle. Bien.
15 — — épi femelle. Barbe. *V*. Raser.
16 Maloxis de Lœsel. Pensant. *V*. Réfléchir.
17 Malope, fausse Mauve. Pataraffe. *V*. Parafer.
18 Mandragore officinale. Assoupissant. *V*. Assoupir.
19 Maronnier d'Inde, fleuri. Inutile.
20 — — en bouton. Inutilement.
21 — — défleuri. Inutilité. *V*. Laisser.
22 Marrube commun. Perturbateur. *V*. Boulever-
ser.
23 — couché. Perturbation. *V*. Renverser.
24 Massette à larges feuilles. Massue. *V*. Assommer.
25 — à feuille étroite. Masser *V*. Peser.
26 — naine. Massacre. *V*. Massacrer.
27 Matricaire Camomille. Présomption. *V*. Conjectu-
rer.
28 — odorante. Présomptueux.

29	Mauve à petite fleur.	Prétendant. *V*. Prétendre.
30	— de Nice.	Prouesse. *V*. Signaler.
31	— à feuille ronde.	Prétendu. *V*. Supposer.
32	— sauvage.	Extensible. *V*. Etendre.
33	— crépue.	Prétention.
34	— Alcée.	Nébuleux. *V*. Obscurcir.
35	— musquée.	Masque. *V*. Masquer.
36	— de Tournefort.	Extension. *V*. Allonger.
37	Mayanthême à deux feuil.	Quand. *V*. Vouloir.
38	Mélampyre des champs.	Queue. *V*. Suivre.
39	— à crêtes.	Visionnaire. *V*. Illuminer.
40	— des forêts.	Vision. *V*. Ridiculiser.
41	— des prés.	Regard. *V*. Regarder.
42	— des bois.	Région.
43	Mélaleuque à fl. de Myrte.	Sort. *V*. Assortir.
44	Mélèze d'Europe.	Conciliation. *V*. Concilier.
45	Mélilot officinal.	Salutaire.
46	— d'Italie.	Suppôt. *V*. Suborner.
47	— à petite fleur.	Salutairement.
48	— sillonné.	Sillon. *V*. Sillonner.
49	— de Messine.	Rubrique. *V*. Ruser.
50	Mélinet rude.	Spécial.
51	— glabre.	Spécialité.
52	— à petites fleurs.	Spécialement.
53	Mélique uniflore.	Pertinemment. *V*. Vérifier.
54	— de montagne.	Scabreux. *V*. Arrêter.
55	— rameuse.	Sicaire. *V*. Acharner.
56	— ciliée.	Pertinent. *V*. Appartenir.
57	— de Bauhin.	Divulgation. *V*. Divulguer.
58	Mélisse officinale.	Mielleux. *V*. Emmieller.
59	— des Pyrénées.	Abeille. *V*. Travailler.
60	Mélitte à feuille de Mélisse.	Soutenable. *V*. Endurer.

61	Menthe sauvage.	Benin. *V*. Amadouer.
62	— à feuilles rondes.	Entremise. *V*. Employer.
63	— verte.	Entremetteur. *V*. S'entre-mettre.
64	— poivrée.	Réfrigérent.
65	— hérissée.	Événement. *V*. Advenir.
66	— cultivée.	Baume. *V*. Extraire.
67	— des champs.	Blâme. *V*. Blâmer.
68	— apparentée.	Niable. *V*. Contester.
69	— rouge.	Préjudice. *V*. Préjudicier.
70	— pouliot.	Pourtour. *V*. Contourner.
71	— des cerfs.	Préjudiciable.
72	Ményanthe Trèfle d'eau.	Mois. *V*. S'écouler.
73	Mercuriale vivace.	Reprise. *V*. Reprendre.
74	— annuelle.	Réprimande. *V*. Réprimander.
75	— cotonneuse.	Repressif. *V*. Réprimer.
76	Mérendère bulbocode.	Bienséance.
77	Métrosidéros changeant.	Abandon. *V*. Abandonner.
78	— à panache rouge.	Epoux. *V*. Epouser.
79	— à feuilles de Saule.	Epreuve. *V*. Eprouver.
80	— anomale.	Plumet.
81	Micaucoulier austral.	Improbation. *V*. Improuver.
82	— d'Occident.	Illimité.
83	— à feuilles éparses.	Insoumis. *V*. Refuser.
84	— de Tournefort.	Larcin. *V*. Dérober.
85	Micrope pygmée.	Pygmée.
86	— droit.	Avorton. *V*. Avorter.
87	— couché.	Rabougri. *V*. Empêcher.
88	Millepertuis tétragone.	Trou. *V*. Trouer.
89	— douteux.	Trouée. *V*. Transpercer.
90	— perforé.	Pertuis. *V*. Percer.

91	Millepertuis couché.	Crible. *V*. Cribler.
92	— crépu.	Réseau.
93	— frangé.	Subdivision. *V*. Subdiviser.
94	— de montagne.	Gaze. *V*. Gazer.
95	— élégant.	Tamis. *V*. Tamiser.
96	— velu.	Treillage.
97	— cotonneux.	Cotonneux. *V*. Tramer.
98	— des marais.	Clair-voie. *V*. Apercevoir.
99	— pyramidal.	Diaphane. *V*. Transfigurer.
100	— nummulaire.	Soupirail. *V*. Aérer.
101	— à feuilles de Coris.	Persienne.
102	Molène bouillon blanc.	Soulagement.
103	— faux bouillon blanc.	Puéril.
104	— à feuille épaisse.	Puérilement.
105	— phlomide.	Puérilité.
106	— Lychnis.	Infructueux.
107	— poudreuse.	Poudre. *V*. Poudrer.
108	— mélangée.	Pacification. *V*. Pacifier.
109	— noire.	Noirâtre. *V*. Dénigrer.
110	— à queue de renard.	Canne. *V*. Appuyer.
111	— purpurine.	Pacifique.
112	— Blattaire.	Poussière. *V*. Pulvériser.
113	— fausse Blattaire.	Hameau.
114	— de Chaix.	Pacificateur.
115	— sinuée.	Pacifiquement.
116	Molucelle ligneuse.	Effervescence. *V*. Dégager.
117	Momordique élastique.	Elasticité.
118	Monotrope sucepin.	Tournant.
119	Montie des fontaines.	Source. *V*. Jaillir.
120	Morée négligée.	Négligé. *V*. Négliger.
121	Morelle douce amère, la fleur.	Traînée.

122	Morelle, le fruit.	Traîneur. *V*. Traîner.
123	— noire.	Effroi. *V*. Effarer.
124	— velue.	Patient. *V*. Patienter.
125	— Tubéreuse.	Ressource.
126	— pomme d'Amour, la fleur.	Tentant.
127	— — le fruit.	Tentateur. *V*. Tenter.
128	— Mélongène, la fleur.	Fécondation.
129	— — le fruit.	OEuf. *V*. Germer.
130	Mouron bleu.	Tendrement.
131	— rouge.	Egalité. *V*. Egaliser.
132	— de Monelli.	Recoin. *V*. Eluder.
133	— délicat.	Tendre.
134	— à feuille épaisse.	Roitelet.
135	Moutarde noire.	Effroyable. *V*. Frissonner.
136	— fausse Roquette.	Dommage. *V*. Endommager.
137	— des champs.	Stimulant. *V*. Aiguillonner.
138	— d'Orient.	Effrayant.
139	— blanche.	Affluence. *V*. Affluer.
140	— blanchâtre.	Effraction. *V*. Briser.
141	Muflier à grande fleur.	Personne. *V*. Personnifier.
142	— rubicond.	Personnage. *V*. Représenter.
143	— toujours vert.	Personnel. *V*. Affecter.
144	— faux Asaret.	Personnalité. *V*. Personnaliser.
145	Muguet verticillé.	Méditatif.
146	— anguleux.	Médiateur. *V*. Interposer.
147	— à large feuille.	Médiation. *V*. Intercéder.
148	— multiflore.	Méditation. *V*. Rêver.
149	— de mai, fl. simple.	Edifiant. *V*. Edifier.
150	— — à fl. double.	Edification.
151	Murier noir.	Nourrissant. *V*. Vêtir.

152	Murier blanc.	Nourriture. *V*. Nourrir.
153	Muscari odorant.	Odoriférant.
154	— en grappe.	Grappe.
155	— botride.	Futile.
156	— à toupet.	Séparément. *V*. Disjoindre.
157	Myosote annuelle.	Oreille. *V*. Entendre.
158	— vivace.	Ecoute. *V*. Ecouter.
159	— naine.	Empressé.
160	— à f. de Bardane.	Empressement.
161	Myrica galé.	Revanche. *V*.Récommencer.
162	Myrte horizontal.	Hémisphère.
163	— commun, à fleur simple.	Amour. *V*. S'entr'aimer.
164	— — fleur double.	Amoureux.
165	— Oranger, fleur.	Changeant.
166	— — fleur et fruit.	Changement. *V*. Changer.
167	— — panaché.	Amourette. *V*. Divertir.

N.

1	Narcisse des poëtes, fleurs simples.	Egoïste. *V*. Aliéner.
2	— — fleurs doubles.	Egoïsme.
3	— faux Narcisse.	Prévention.
4	— bulbocode.	Préférable. *V*. Préférer.
5	— tazette.	Préférablement.
6	— deux fleurs.	Propre.
7	— douteux.	Proprement. *V*. Approprier.
8	— Jonquille.	Propreté.
9	— nain.	Préférence.
10	— joyeux.	Joyeux. *V*. Egayer.
11	— intermédiaire.	Joyeusement.

12 Nard serré.	Concentration. *V*. Concentrer.
13 — barbu.	Réunion. *V*. Réunir.
14 Nayade vulgaire.	Elément. *V*. Participer.
15 — fluette.	Embarcation.
16 Nèflier lustré.	Lustre. *V*. Lustrer.
17 — à fleur rare.	Exhortation. *V*. Exhorter.
18 — Aubépine, fl. simple.	Chaste.
19 — — fleur double.	Chasteté.
20 — du Japon.	Transfuge. *V*. Emigrer.
21 — — rouge.	Vallée.
22 — laineux.	Laineux.
23 — élégant.	Coutume. *V*. Accoutumer.
24 — pied de coq.	Vindicatif. *V*. Venger.
25 — azérolier.	Vocation. *V*. Vouer.
26 — Buisson ardent.	Indéfiniment.
27 — à large feuille.	Indéfini.
28 — à feuilles d'Erable.	Indéfinissable.
29 — d'Allemagne.	Défense. *V*. Défendre.
30 — à feuilles de Cornouillier.	Haie. *V*. Garder.
31 — Cotonnier.	Laine.
32 — tomenteux.	Décadence. *V*. Déchoir.
33 Nénuphar bleu.	Nymphe.
34 — blanc.	Impuissant.
35 — jaune.	Impuissance.
36 Néottie spirale.	Spirale. *V*. Tourner.
37 — d'été.	Autour. *V*. Environner.
38 — rampante.	Tournoiement. *V*. Tournoyer.
39 Népéta chataire.	Reproche. *V*. Reprocher.
40 — lancéolée.	Reprochable.

41 Népéta à fleurs lâches.   Interrogatif. *V*. Informer.
42 — nue.   Interrogation.
43 — à large feuille.   Interrogatoire. *V*. Interro-
                                    ger.

44 Nérion laurier rose, fleur
       (blanche).   Mortellement.
45 — — fleur rose,
       simple.   Mort.
46 — — — double.   Mortel. *V*. Se méfier.
47 Nerprun purgatif.   Purgatif. *V*. Purger.
48 — des teinturiers.   Purgation.
49 — des rochers.   Pierre. *V*. Bâtir.
5o — à feuilles d'Olivier.   Malhonnête. *V*. Econduire.
51 — alaterne.   Malhonnêtement.
52 — bourdaine.   Représaille. *V*. Ressaisir.
53 — des Alpes.   Malhonnêteté.
54 — nain.   Broussaille.
55 Nivéole printanière.   Nouveauté. *V*. Annoncer.
56 — d'été.   Renouvellement. *V*. Renou-
                                    veler.

57 — d'automne.   Nouveau.
58 Nicotiane tabac.   Fuite. *V*. Eloigner.
59 — rustique.   Fugitif. *V*. Dessécher.
6o — ondulé.   Fuyard. *V*. Maigrir.
61 Nigelle à feuille de Fenouil. Inflictif. *V*. Infliger.
62 — de Damas.   Punition. *V*. Punir.
63 — des champs.   Infliction.
64 Nonée violette.   Rétribution.
65 Noyer commun.   Considération. *V*. Considé-
                                    rer.

66 Nyctage faux Jalap, fl. rose. Inconduite.
67 — fleur jaune.   Infidelle.

68 Nyctage fleur panachée.	Infidélité. *V*. Maudire.
69 — à longue fleur.	Merveille. *V*. Etonner.

O.

1 OEillet barbu.	Esprit. *V*. Prédominer.
2 — des collines.	Galamment.
3 — des Chartreux.	Bouquet. *V*. Correspondre.
4 — noirâtre.	Aversion. *V*. Déplaire.
5 — ferrugineux.	Authenticité. *V*. Connaître.
6 — Arméria.	Enjoué.
7 — prolifère.	Fécond. *V*. Multiplier.
8 — Giroflée.	Galant.
9 — sauvage.	Inculte. *V*. Défricher.
10 — aminci.	Mesquin.
11 — hérissé.	Conspiration. *V*. Conspirer.
12 — fourchu.	Galantin.
13 — virginal.	Virginité. *V*. Désirer.
14 — deltoïde.	Fictif. *V*. Tromper.
15 — superbe (ou des jar-
dins), fleur blanche.	Demoiselle.
16 — — fleur rouge.	Courage. *V*. Encourager.
17 — — fleur rose.	Tendresse.
18 — — fleur panachée.	Vainqueur. *V*. Vaincre.
19 — — fleur jaune.	Raillerie. *V*. Railler.
20 — — blanc à raies rou-
ges, linéaires.	Marque.
21 — de Montpellier.	Enjouement.
22 — Mignardise.	Parure.
23 — bleuâtre.	Enjoliveur.
24 — des Alpes.	Frontière. *V*. Confiner.
25 OEnanthe Phellandre.	Question. *V*. Questionner.
26 — fistuleuse.	Irrévocable. *V*. Affermir.

27	OEnanthe globuleuse.	Irrévocablement.
28	— Peucédane.	Incontesté.
29	— Pimprenelle.	Questionneur.
30	— à suc jaune.	Information. *V*. Avertir.
31	Olivier d'Europe.	Paix. *V*. Apaiser.
32	— pleureur.	Consolation.
33	— odorant.	Consolateur. *V*. Consoler.
34	Ombilic à fleurs pen- dantes.	Nombril.
35	— à fleurs droites.	Viable. *V*. Exister.
36	Onagre bisannuelle.	Suite.
37	Ononis des anciens.	Arrestation. *V*. Saisir.
38	— des champs.	Arrêt. *V*. Résoudre.
39	— élevée.	Arrêté.
40	— à petite fleur.	Empêchement. *V*. Retenir.
41	— naine.	Saisie. *V*. Prendre.
42	— striée.	Saisissement.
43	— panachée.	Sang-froid.
44	— renversée.	Voici.
45	— du Mont-Cenis.	Sans.
46	— de Cherler.	Cessation. *V*. Cesser.
47	— rameuse.	Prenable. *V*. S'emparer.
48	— visqueuse.	Voie.
49	— Natrix.	Privatif.
50	— arbrisseau.	Prise. *V*. Priser.
51	— à feuilles rondes.	Preneur.
52	Onopordon Acanthe.	Impudeur.
53	— de Dalmatie.	Impudicité. *V*. Souiller.
54	— naine.	Impudique.
55	Ophrys à un tubercule.	Sourcil. *V*. Sourciller.
56	— des Alpes.	Montagnard. *V*. Grimper.
57	— homme pendu.	Criminel. *V*. Accrocher.

58 Ophrys mouche.   Mouche. *V*. Bourdonner.
59 — araignée.   Désolation. *V*. Dévaster.
60 Orcanette vipérinne.   Rubicond. *V*. Colorier.
61 Orchis à deux feuilles. Testicule. *V*. Engendrer.
62 — globuleux.   Globuleux. *V*. Arrondir.
63 — pyramidal.   Pyramidal.
64 — punais.   Infester.
65 — bouffon.   Bouffon. *V*. Plaisanter.
66 — mâle.   Mâle.
67 — à fleurs lâches.   Frèle.
68 — brûlé.   Cendre. *V*. Réduire.
69 — militaire.   Militaire. *V*. Braver.
70 — panaché.   Panaché. *V*. Panacher.
71 — en casque.   Casque. *V*. Recouvrir.
72 — singe.   Singerie. *V*. Singer.
73 — papillon.   Papillon. *V*. Voltiger.
74 — pâle.   Pâle. *V*. Pâlir.
75 — à odeur de bouc.   Infection. *V*. Empester.
76 — Sureau.   Echange. *V*. Echanger.
77 — à larges feuilles.   Remarquable.
78 — taché.   Malheur.
79 — odorant.   Odorant.
80 — à long éperon.   Ridicule.
81 — blanchâtre.   Blanchâtre.
82 Orge commun, épi avec
      du grain.   Gain.
83 — — épis sans grains.   Paille. *V*. Empailler.
84 — à six rangs.   Substantiel.
85 — pyramidale.   Substantiellement.
86 — queue de souris.   Inusité.
87 — faux Seigle.   Pâturage.
88 — maritime.   Pâture. *V*. Pâturer.

89	Origan commun.	Récréation. *V*. Récréer.
90	— de Crète.	Récréatif.
91	— fausse Marjolaine.	Amusement.
92	Orme des champs.	Vigueur.
93	— à petites feuilles.	Vigoureusement.
94	— à côte de liège.	Vigoureux. *V*. Border.
95	Ornithogale fistuleux.	Fistuleux. *V*. Pénétrer.
96	— doré.	Bizarre.
97	— des Pyrénées.	Histoire. *V*. Apprendre.
98	— blanc de lait.	Blond.
99	— de Narbonne.	Tenacité. *V*. Enraciner.
100	— en thyrse.	Omission. *V*. Omettre.
101	— d'Arabie.	Loin.
102	— à grande bractée.	Lointain.
103	— en ombelle.	Régulier. *V*. Régulariser.
104	— jaune.	Petitement.
105	— naine.	Petit. *V*. Restreindre.
106	— penchée.	Penchement. *V*. Pencher.
107	Ornithope dur.	Saut. *V*. Elancer.
108	— comprimé.	Scène. *V*. Disputer.
109	— délicat.	Bondissant. *V*. Bondir.
110	— queue de scorpion.	Bond. *V*. Rebondir.
111	Orobanche majeure.	Rigorisme. *V*. Epurer.
112	— vulgaire.	Vulgaire. *V*. Répandre.
113	— à petite fleur.	Rigoriste. *V*. Exalter.
114	— élancée.	Sévère.
115	— Serpolet.	Sévèrement.
116	— bleuâtre.	Sévérité. *V*. Intimider.
117	— rameuse.	Exactement. *V*. Coordonner.
118	Orobe des bois.	Bœuf. *V*. Ruminer.
119	— noirâtre.	Persécution. *V*. Martyriser.

120 Orobe jaune. — Persécuteur.
121 — printanier. — Laborieux. *V.* Occuper.
122 — tubéreux. — Laborieusement. *V.* Accoucher.
123 — grèle. — Manège. *V.* Dresser.
124 — blanchâtre. — Joug. *V.* Secouer.
125 — des rochers. — Rocher.
126 Ortégie dichotome. — Fourche. *V.* Enfourcher.
127 Ortie dioïque. — Remords. *V.* Bourreler.
128 — brûlante. — Cuisant. *V.* Cuire.
129 — à pilules. — Affreux.
130 Orvale, faux Lamier. — Falsification. *V.* Falsifier.
131 Osyris blanc. — Ministre. *V.* Administrer.
132 Oxalide oseille. — Acidule. *V.* Aciduler.
133 — cornue. — Acidité.
134 — droite. — Agaçant.
135 Oxytropis de montagne. — Ouverture. *V.* Ouvrir.
136 — d'oural. — Ouvrable.
137 — des campagnes. — Ouvreur.
138 — fétide. — Hélas.
139 — velue. — Ouvrier. *V.* Harasser.

P.

1 Paliure piquant. — Chapeau. *V.* Coiffer.
2 Panais cultivé. — Légume.
3 — opopanax. — Légumineux.
4 Pancrace à tige penchée. — Dieu. *V.* Révérer.
5 — maritime. — Devoir. *V.* Devoir.
6 — odorant. — Distinction. *V.* Distinguer.
7 Panic verticillé. — Enfance. *V.* Naître.
8 — vert. — Enfant. *V.* Développer.
9 — glauque. — Entrefaites. *V.* Circonstancier.

10	Panic d'Italie.	Disproportion.
11	— ondulé.	Onde.
12	— pied de coq.	Effrontément.
13	— millet.	Enchère. V. Renchérir.
14	— capillaire.	Organisation.
15	Panicaut maritime.	Piqueur.
16	— des champs.	Roulade. V. Rouler.
17	— de Bourgat.	Rouage. V. Engrener.
18	— épine blanche.	Piqûre.
19	— des Alpes.	Piquet. V. Placer.
20	— plane.	Planche.
21	Paquerette vivace, à fleur simple, couleur bl.	Vérité. V. Emailler.
22	— — — rouge.	Vrai.
23	— — à fleur double, blanche.	Accompli.
24	— — — rouge.	Véritable.
25	— — simple panaché.	Variété.
26	— — double —	Vanité.
27	— mère gigogne.	Beaucoup. V. Fourmiller.
28	— annuelle.	Imprévoyance.
29	Paquerolle, fausse Paquerette.	Démenti. V. Démentir.
30	Pariétaire officinale.	Foudre. V. Tonner.
31	— de Judée.	Foudroyant. V. Fulminer.
32	Parisette à quatre feuilles.	Egal. V. Quadrupler.
33	Parnassie des marais.	Parnasse. V. Perpétuer.
34	Paronyque en cîme.	Affectueux.
35	— hérissée.	Rugosité. V. Ecorcher.
36	— verticillée.	Encan. V. Crier.
37	— à feuilles de Renouée.	Suborneur.
38	— pubescente.	Surabondance. V. Surabonder.

39 Paronyque serpolet.	Hôte. *V.* Héberger.
40 — argentée.	Hôtel.
41 — en tête.	Piste. *V.* Guetter.
42 Parvie jaune.	Fripon. *V.* Friponner.
43 — rouge.	Friponnerie.
44 Paspale sanguin.	Procession. *V.* Marcher.
45 — douteux.	Processionnel.
46 — pied de poule.	Suivant. *V.* Proportionner.
47 Passerage à larges feuilles.	Disparition. *V.* Retirer.
48 — ibéride.	Ecaille. *V.* Abriter.
49 — des Alpes.	Disparate. *V.* Ecarter.
50 — des rocailles.	Rousseur. *V.* Tacheter.
51 — couché.	Rage.
52 — à feuilles rondes.	Hydrophobe. *V.* Enrager.
53 Passerine dioïque.	Passant.
54 — des neiges.	Passage. *V.* Passer.
55 — à calice.	Passade.
56 — cotonneuse.	Passager. *V.* Embarquer.
57 Pastel des teinturiers.	Fin. *V.* Anéantir.
58 — des Alpes.	Pastel. *V.* Bleuir.
59 Paturin à longs épillets.	Commisération.
60 — amourette.	Enjoleur. *V.* Amorcer.
61 — flottant.	Manne.
62 — maritime.	Foison.
63 — écarté.	Faulx. *V.* Trancher.
64 — aquatique.	Raisonnable.
65 — à trois nervures.	Foule. *V.* Fouler.
66 — rougeâtre.	Infaisable.
67 — annuel.	Foin.
68 — rude.	Rectitude. *V.* Rectifier.
69 — des marais.	Entassement. *V.* Entasser.
70 — des prés.	Plaine.

71 Paturin à feuilles étroites. Lieue.
72 — des bois. Compression. *V*. Comprimer.
73 — bulbeux. Inconsidération.
74 — des Alpes. Montueux. *V*. Gravir.
75 — élégant. Eminemment.
76 — molineri. Lieu.
77 — à deux rangées. Concluant. *V*. Conclure.
78 — des rivages. Conclusion. *V*. Déduire.
79 — Millet. Consécutif.
80 — canche. Bétail. *V*. Brouter.
81 — en crête. Considérable. *V*. Accumuler.
82 — divergent. Diversion. *V*. Détourner.
83 — roide. Roideur.
84 — dur. Contact. *V*. Approcher.
85 Pavot hybride. Etrange.
86 — argemoné. Etrangement.
87 — pavot des Alpes. Inconnu.
88 — Coquelicot simple, rose. Sommeil. *V*. Sommeiller.
89 — — — rouge. Calme. *V*. Calmer.
90 — — — bordé d'une raie blanche. Soporeux.
91 — — — blanc. Chaîne. *V*. Enlacer.
92 — — — panaché. Captif.
93 — — double blanc. Joie.
94 — — — rose. Désir.
95 — — — rouge. Emotion.
96 — — — panaché. Désirable.
97 — douteux, une seule fl. Douteux.
98 — — fleur et bouton. Doute. *V*. Suspendre.

99 Pavot somnifère, fleur
    simple, rouge.   Profond. *V*. Dormir.
100 — — — blanc.   Digne.
101 — — — rose.   Discret.
102 — — double, fl. rouge. Endormeur. *V*. Endormir.
103 — — — fleur rose.   Discrétion.
104 — — — fl. panachée. Soporifique.
105 — — — fl. dentelée. Soporatif.
106 — du pays de Galles. Etranger.
107 Pêcher commun.   Célèbre.
108 — à fleurs doubles. Célébrité. *V*. Célébrer.
109 — (le fruit.)   Excellent.
110 — à fruit lisse.   Vigilant.
111 Pédiculaire des marais. Susceptible. *V*. Gratter.
112 — des bois.   Susceptibilité. *V*. Fâcher.
113 — tronquée.   Superstitieux.
114 — incarnatte.   Surlendemain. *V*. Ajourner.
115 — verticillée.   Superstition. *V*. Hébêter.
116 — à long bec.   Simultané. *V*. Coïncider.
117 — arquée.   Excursion. *V*. Ravager.
118 — en faisceau.   Evolution. *V*. Manœuvrer.
119 — rose.   Propension. *V*. Tendre.
120 — tachée.   Supercherie. *V*. Attraper.
121 — tubéreuse.   Simultanément.
122 — à toupet.   Iniquité. *V*. Prévariquer.
123 — à épi feuillé.   Succinct. *V*. Retrancher.
124 Pélargonium , couleur
    de feu.   Embrâsement.
125 — écarlate.   Signe. *V*. Signifier.
126 — rose.   Proposition. *V*. Exposer.
127 — hybride.   Rôle. *V*. Parodier.
128 — à zône.   Réconciliation. *V*. Récon-
         cilier.

129 Pélargonium en éventail. Tolérance. *V*. Tolérer.
130 — panaché. Egarement.
131 — acide. Effort.
132 — glauque. Réconciliable.
133 — à feuilles variables. Incertitude.
134 — à feuilles blanches. Importance. *V*. Importer.
135 — en bouclier. Rempart.
136 — à grandes fleurs. Soupirant. *V*. Soupirer.
137 — à fleurs brunes. Pensif.
138 — sanguin. Saignant.
139 — velu. Butor. *V*. Bourrer.
140 — hérissé. Indomptable.
141 — à crochet. Crispation. *V*. Crisper.
142 — tétragone. Important.
143 — réniforme. Effusion.
144 — papilionacé. Rubis.
145 — austral. Frimas.
146 — à feuille de Vigne. Proposable. *V*. Proposer.
147 — à feuille d'Erable. Précision. *V*. Préciser.
148 — moucheté. Impénétrable.
149 — beaufort. Somptueux.
150 — capuchon. Incroyable.
151 — à feuilles de Ribes. Fervent.
152 — drapé. Invocation. *V*. Invoquer.
153 — à feuille dure. Insensible.
154 — à feuille en cœur. Futur.
155 — Blattaire. Travail. *V*. Désennuyer.
156 — tricolore. Diversité.
157 — à f. de Bouleau. Pardon. *V*. Pardonner.
158 — élégant. Choix. *V*. Choisir.
159 — à fleur en tête. Parterre.
160 — à feuille de Jatropa. Présentation. *V*. Présenter.

161 Pélargonium glutineux.	Inventeur. *V*. Chercher.
162 — à feuille de Chêne.	Présentable.
163 — térébenthinacé.	Réputation. *V*. Réputer.
164 — radula.	Pardonnable.
165 — rude.	Insensibilité.
166 — à trois pointes.	Incommode. *V*. Incommoder.
167 — bicolore.	Original. *V*. Particulariser.
168 — à cinq taches.	Division. *V*. Diviser.
169 — charnu.	Garçon.
170 — gibbeux.	Ensuite. *V*. S'ensuivre.
171 — à feuilles cornues.	Rupture.
172 — sans stipules.	Entretien. *V*. Entretenir.
173 — crépu.	Nuage. *V*. Amonceler.
174 — fragile.	Départ. *V*. Départir.
175 — trilobé.	Engagement.
176 — trifide.	Ensemble. *V*. Associer.
177 — adultérin.	Adultère. *V*. Répudier.
178 — incisé.	Soin. *V*. Soigner.
179 — à longs pédoncules.	Soigneux. *V*. Arranger.
180 — à f. d'Alchimille.	Distraction. *V*. Distraire.
181 — odorant.	Procédé. *V*. Procéder.
182 — à f. d'Astragale.	Silence. *V*. Taire.
183 — à tiges nombreuses.	Rival. *V*. Quereller.
184 — à f. de Coriandre.	Rivalité.
185 — Rave.	Invitation. *V*. Inviter.
186 — lacéré.	Pourquoi.
187 — à feuilles de Myrris.	Tolérable.
188 — à f. de Groseiller.	Encens.
189 — à f. de Bétoine.	Renseignement.
190 — à petites fleurs.	Soigneusement.
191 — lobé.	Réfléchi.

192 Pélargonium fleur brune. Irrésolution.
193 — à feuille de Carotte. Ouvrage.
194 — à feuille d'Aurone. Monsieur.
195 — à feuilles menues. Passable. *V*. Satisfaire.
196 Pergane harmale. Remplissage.
197 Peltaire à odeur d'Ail. Sursaut. *V*. Eveiller.
198 Péplide pourpier. Porte. *V*. Fermer.
199 Périploque de Grèce. Pudique. *V*. Effaroucher.
200 — à feuilles étroites. Piège. *V*. S'embusquer.
201 Pervenche à petites fl.
    fleurs blanches. Cadre.
202 — — fleur bleue. Adhésion. *V*. Adhérer.
203 — à grande fleur,
    fleur blanche. Caduc. *V*. Chanceler.
204 — — fleur bleue. Absence.
205 — — fleur violette. Cage.
206 — cultivée, rouge. Connaissance.
207 — — blanche. Conquête. *V*. Conquérir.
208 Pesse commune. Relatif. *V*. Ramener.
209 Peucédan de Paris. Ponctualité. *V*. Ponctuer.
210 — officinal. Exact. *V*. Ranger.
211 — silaüs. Ponctuel.
212 — d'Alsace. Evident.
213 Peuplier blanc. Peur. *V*. Attérer.
214 — grisâtre. Peureux.
215 — Tremble. Tremblement.
216 — faux Tremble. Trembleur.
217 — noir. Faute. *V*. Inculper.
218 — pyramidal. Peuple. *V*. Peupler.
219 — baumier. Peuplade.
220 Phalangère bicolore. Tarrentule. *V*. Mortifier.
221 — rameuse. Vénéneux.

222 Phalangère à fleur de Lys. Phalange. *V*. Combattre.
223 — tardive. Antidote. *V*. Préserver.
224 Phalaris des sables. Cagot. *V*. Farder.
225 — pubescente. Cafard. *V*. Fourber.
226 — Phléole. Bavard. *V*. Bavarder.
227 — des Alpes. Bavardage.
228 — des Canaries. Matière. *V*. Former.
229 — à vessie. Louche. *V*. Loucher.
230 — paradoxale. Inhumain.
231 — cylindrique. Avidité.
232 Phaque des Alpes. Plat. *V*. Applatir.
233 — des pays froids. Plateau.
234 — glabre. Platement.
235 — du midi. Plaque. *V*. Plaquer.
236 — Astragale. Préambule.
237 Philaria à larges feuilles. Ruse.
238 — à feuille étroite. Rusé.
239 Phléole des prés. Repeuplement. *V*. Repeupler.
240 — noueuse. Reproductible. *V*. Procréer.
241 — rude. Reproductibilité.
242 — des Alpes. Reproduction. *V*. Reproduire.
243 — de Girard. Considérablement. *V*. Augmenter.
244 Phlomide frutescente. Ardemment. *V*. Echauffer.
245 — pourpre. Ardent.
246 — d'Italie. Chaleur. *V*. Réchauffer.
247 — Lichnite. Impétuosité.
248 — queue de lion. Impétueux.
249 Phitolaca à dix étamines. Couleur. *V*. Colorer.
250 Pieride épervière. Prescriptible.

251	Pieride Pauciflore.	Prescription.
252	Picridium commun.	Matériaux.
253	— blanchâtre.	Matériel.
254	Pigamon des Alpes.	Remuant.
255	— tubéreux.	Remuement. *V*. Remuer.
256	— fétide.	Régie.
257	— mineur.	Régime.
258	— penché.	Régisseur. *V*. Gérer.
259	— élevé.	Registre. *V*. Enregistrer.
260	— à feuilles étroites.	Règle.
261	— simple.	Réglement.
262	— jaunâtre.	Vérification.
263	— élégant.	Verdure.
264	— à feuilles d'Ancolie.	Plume.
265	— — un bouquet de fl.	Plumage. *V*. Plumer.
266	Pilobole cristallin, (champignon.)	Cristal. *V*. Cristalliser.
267	Pilulaire à globules.	Pilule. *V*. Avaler.
268	Piment annuel.	Poivre.
269	Pimprenelle épineuse.	Doublement. *V*. Redoubler.
270	— bâtarde.	Serrement. *V*. Serrer.
271	— sanguisorbe.	Saigné. *V*. Etancher.
272	Pin sauvage.	Magnificence.
273	— rouge.	Résine. *V*. Enduire.
274	— mugho.	Supériorité. *V*. Exceller.
275	— maritime.	Supérieurement.
276	— pinier.	Affermissement.
277	— d'Alep.	Majestueusement.
278	— larico.	Supérieur.
279	— cimbro.	Majestueux.
280	— Cèdre du Liban.	Majesté.
281	Pissenlit dent de lion.	Révolution. *V*. Révolutionner.

282 Pissenlit des marais.   Révolutionnaire. *V.* Réta-blir.

283 Pistachier commun.   Vert. *V.* Verdir.

284 — Térébinthe.   Territoire. *V.* Enclaver.

285 — lentisque.   Tactique.

286 Pivoine mâle rose, fleur simple.   Honte.

287 — — pourpre, fleur simple.   Honteux.

288 — femelle rose, fleur simple.   Honteusement.

289 — — pourpre. — Illégal.

290 — — fl. rosée — Illégalement.

291 — — fleur double pourpre.   Illégitime.

292 — — — rose.   Illicite. *V.* Proscrire.

293 — — — fl. rosée.   Erreur.

294 — — — blanche.   Inestimable.

295 Plantain à grandes feuilles. Assertion. *V.* Affirmer.

296 — à petite feuille.   Frondeur. *V.* Fronder.

297 — moyen.   Gradation.

298 — lancéolé.   Espiègle.

299 — pied de lièvre.   Emancipation. *V.* Emanci-per.

300 — de montagne.   Dénuement. *V.* Dénuer.

301 — du mont Victoire.   Graduation. *V.* Graduer.

302 — argenté.   Correct.

303 — blanchâtre.   Démonstratif. *V.* Démontrer.

304 — hérissé.   Emissaire.

305 — maritime.   Vaguement.

306 — Gramen.   Usufruit.

307 — des Alpes.   Errant. *V.* Errer.

308 Plantain grisâtre.	Evaluation. *V.* Evaluer.
309 — à petite tête.	Entêtement. *V.* Entêter.
310 — serpentin.	Escalier. *V.* Monter.
311 — en alène.	Excoriation. *V.* Excorier.
312 — des chiens.	Epithète.
313 — de Genève.	Sournois.
314 — des sables.	Sable. *V.* Sabler.
315 — corne de bœuf.	Infidèlement.
316 Plaqueminier, faux Lotier.	Issue. *V.* Parvenir.
317 — de Virginie.	Ebène.
318 Platane d'Amérique.	Géographie. *V.* Décrire.
319 — d'orient, à feuille d'Erable.	Dépouille. *V.* Dépouiller.
320 — — — profondément palmée.	Palme.
321 Podosperme en alène.	Sperme. *V.* Enfoncer.
322 — à feuilles de Réséda.	Emission. *V.* Darder.
323 — découpé.	Conception. *V.* Concevoir.
324 Platilobe élégant.	Suppliant. *V.* Implorer.
325 — à feuilles de Scolopendre.	Supplication. *V.* Supplier.
326 Poirier à feuilles de Saule.	Acharnement.
327 — du mont Sinaï.	Béatitude.
328 — des neiges.	Insolent.
329 — commun.	Aisance.
330 — Coignassier.	Coin. *V.* Se réfugier.
331 — à boisson.	Boisson. *V.* Désaltérer.
332 Pois cultivé.	Liaison. *V.* Communiquer.
333 — des champs.	Chute. *V.* Tomber.
334 — maritime.	Nutritif. *V.* Réconforter.
335 Polémoine bleu.	Avenir. *V.* Prophétiser.
336 — blanc.	Auspice. *V.* Augurer.

337 Polyanthe tubéreuse, à petite fleur.	Passif. *V*. Supporter.
338 — — panaché.	Passivement.
339 — — fleur simple.	Passion. *V*. Passionner.
340 — — double.	Passionnément.
341 Polycarpe quaterné.	Plusieurs. *V*. Rassembler.
342 Polycnême des champs.	Bride. *V*. Brider.
343 Poligala commun.	Lait. *V*. Teter.
344 — amer.	Laiterie.
345 — de Montpellier.	Laitier. *V*. Traire.
346 — des rochers.	Incrédule. *V*. Opiniâtrer.
347 — faux Buis.	Incrédulité. *V*. Obstiner.
348 Polypogon de Montpellier.	Causeur. *V*. Parler.
349 Pommier toujours vert.	Pomme. *V*. Décerner.
350 — odorant.	Rond.
351 — baccifère.	Rondement.
352 — hybride.	Rondeur.
353 — à bouquet.	Paradis. *V*. Déifier.
354 — dioïque.	Infécond.
355 — commun.	Nutrition. *V*. Déjeûner.
356 — à cidre.	Cidre.
357 Populage des marais, les fleurs.	Humide.
358 — — les boutons.	Humidité.
359 Porcelle tachée.	Cochon. *V*. Salir.
360 — uniflore.	Soies. *V*. Tisser.
361 — à longues racines.	Précaire.
362 — glabre.	Cependant.
363 Potamot nageant.	Nageur.
364 — flottant.	Fleuve. *V*. Fertiliser.
365 — intermédiaire.	Flot. *V*. Ondoyer.
366 — Gramen.	Ravin. *V*. Entraîner.

367	Potamot luisant.	Baignoir. *V*. Baigner.
368	— embrassant.	Plongeon. *V*. Foncer.
369	— serré.	Plongeur. *V*. Plonger.
370	— crépu.	Flottant.
371	— à feuilles opposées.	Rivière. *V*. Arroser.
372	— comprimé.	Flotte. *V*. Voguer.
373	— à dent de peigne.	Bain. *V*. Assouplir.
374	— marin.	Poisson. *V*. Frire.
375	— fluet.	Langoureux.
376	Potentille arbrisseau.	Commencement.
377	— argentine.	Certitude. *V*. Certifier.
378	— couchée.	Pose. *V*. Mettre.
379	— découpée.	Posé.
380	— droite.	Positif. *V*. Assurer.
381	— hérissée.	Tapageur. *V*. Bretailler.
382	— intermédiaire.	Commençant.
383	— de Savoie.	Montagneux. *V*. Ramoner.
384	— des Pyrénées.	Montant.
385	— doré.	Prévenance.
386	— printanière.	Prévenant.
387	— opaque.	Position.
388	— cendrée.	Pulvérisation.
389	— rampante.	Condescendance. *V*. Condescendre.
390	— argentée.	Coloris.
391	— inclinée.	Pause. *V*. Pauser.
392	— couleur de neige.	Jeunesse.
393	— des frimas.	Languissant.
394	— à courte tige.	Presque.
395	— à grande fleur.	Apparence.
396	— des rochers.	Ainsi.
397	— ascendante.	Probable.

398. Potentille de Valdério.   Probabilité.
399 — des neiges.   Langueur. *V*. Faiblir.
400 — Alchimille.   Brief. *V*. S'évanouir.
401 — blanche.   Briéveté.
402 — brillante.   Compagnie. *V*. Accompagner.
403 — luisante.   Surtout.
404 — Fraisier.   Comparaison.
405 — à petite fleur.   Surplus.
406 Pourpier cultivé.   Portière.
407 Prêle d'hiver.   Pirate. *V*. Pirater.
408 — des marais.   Palette. *V*. Délayer.
409 — des bois.   Piratterie. *V*. Capturer.
410 — des champs.   Occurrence. *V*. Rencontrer.
411 Prénanthe pourpre.   Excepté.
412 — à feuilles menues.   Exception. *V*. Excepter.
413 — Osier.   Flexibilité. *V*. Fléchir.
414 — élégant.   Flexible. *V*. Ployer.
415 — bulbeux.   Faisable. *V*. Faire.
416 Primevère à grande fleur simple, rouge.   Tranquille.
417 — — fleur double, rouge.   Tranquillement.
418 — — fleur simple, blanche.   Tranquillité.
419 — — fleur double, blanche.   Sérénité.
420 — — fleur bleue, simple.   Légalisation. *V*. Légaliser.
421 — élevée.   Sentinelle. *V*. Poster.
422 — officinale.   Efficace. *V*. Effectuer.
423 — farineuse.   Sûreté. *V*. Nantir.

424 Primevère à longue fleur. Portrait. *V*. Figurer.
425 — auricule. Raisonnement. *V* Raisonner.
426 — crénelée. Répréhensible.
427 — visqueuse. Prématuré. *V*. Précipiter.
428 — hérissée. Pénétration. *V*. Approfon-
dir.
429 — à feuille entière. Pénétrabilité. *V*. Insinuer.
430 — fausse Joubarbe. Pénétrable. *V*. Entr'ouvrir.
431 Prismatocarpe, miroir
de Vénus. Miroir. *V*. Mirer.
432 — bâtarde. Conviction. *V*. Convaincre.
433 Prunier épineux. Fièvre. *V*. Alarmer.
434 — de Briançon. Fièvreux. *V*. Abattre.
435 — domestique. Malsain. *V*. Désapprouver.
436 — — branche avec
ses fruits. Saveur.
437 — pyramidal. Mauvais.
438 — de la Chine, à fleur
double. Infertile.
439 Psoralier bitumineux. Gale.
440 Ptéléa à feuilles ternées. Accessoire. *V*. Accomplir.
441 Pulmonaire officinale. Poitrinaire. *V*. Languir.
442 — à feuilles étroites. Poitrine. *V*. Respirer.
443 Pyrèthre d'Haller. Significatif. *V*. Indiquer.
444 — des Alpes. Signification. *V*. Noter.
445 — en corymbe. Salivation. *V*. Cracher.
446 — matricaire. Evacuation. *V*. Evacuer.
447 — inodore. Excitation.
448 Pyrole à feuilles rondes. Monotone.
449 — à style court. Monotonie.
450 — unie, latérale. Modique. *V*. Rogner.
451 — à une fleur. Modiquement.

R.

1	Radis, cultivé.	Altérable. *V*. Altérer.
2	— sauvage.	Acariâtre. *V*. Récalcitrer.
3	Raiponce à petite tête.	Compréhensible. *V*. Comprendre.
4	— hémisphérique.	Finesse. *V*. Echapper.
5	— à collet.	Compréhension.
6	— orbiculaire.	Aussitôt.
7	— de Scheuchzer.	Involontaire.
8	— de Micheli.	Equivoque. *V*. Embrouiller.
9	— de Charmeil.	Finement.
10	— à feuilles de Bétoine.	Espèce. *V*. Spécifier.
11	— à f. de Scorzonère.	Hospitalité. *V*. Accueillir.
12	— en épi.	Comme.
13	— de Haller.	Involontairement.
14	Ramondie des Pyrénées.	Moindre.
15	Rapette couchée.	Raboteux. *V*. Raboter.
16	Ratoncule naine.	Inévitable. *V*. Succomber.
17	Réglisse glabre.	Propagation.
18	Renoncule des Pyrénées.	Prestige. *V*. Eblouir.
19	— d'Allemagne.	Interdit. *V*. Interdire.
20	— embrassante.	Dédain.
21	— Parnassie.	Dédaigneux. *V*. Dédaigner.
22	— Aconit.	Argent. *V*. Argenter.
23	— déchirée.	Déchirure. *V*. Déchirer.
24	— d'Asie, rose.	Mystère. *V*. Voiler.
25	— — rouge.	Mystérieux.
26	— — pourpre.	Invisible.
27	— — jaune.	Outrage. *V*. Offusquer.
28	— — — panaché de rose.	Outrageant.

(114)

29 Renoncule d'Asie , brun
      noirâtre.   Mourant.
30 — — blanche.   Naïf.
31 — — blanche et rose.   Approbation. *V*. Consentir.
32 — — blanche , rose et
      verte.   Ardeur.
33 — — rouge panaché
      de jaune.   Artifice.
34 — — — — de jaune
      et de blanc.   Artificieux.
35 — des glaciers.   Glace. *V*. Congeler.
36 — des Alpes.   Illusion. *V*. Frustrer.
37 — de Séguier.   Condamnable. *V*. Condam-
                                ner.
38 — à feuilles de Rue.   Condamnation.
39 — à feuilles de Lierre.   Raccommodement. *V*. Rac-
                                commoder.
40 — aquatique.   Chagrin. *V*. Chagriner.
41 — de montagne.   Convulsion.
42 — de Villars.   Invective.
43 — de Gouan.   Querelleur.
44 — scélérate.   Scélératesse.
45 — tête d'or.   Dangereux. *V*. Eviter.
46 — en épi.   Querelle.
47 — rampante.   Ulcère. *V*. S'invétérer.
48 — âcre.   Or.
49 — — variété blanche.   Richesse.
50 — de Montpellier.   Fable.
51 — Cerfeuil.   Tromperie.
52 — en faucille.   Fâcheux. *V*. Importuner.
53 — bulbeuse.   Ignoble.
54 — des mares.   Ignominie. *V*. Réprouver.

55	Renoncule à petite fleur.	Ignominieusement.
56	— hérissée.	Interdiction. *V.* Exclure.
57	— des champs.	Certain. *V.* Confirmer.
58	— granuleuse.	Aridité.
59	— Thora.	Insensé.
60	— nodiflore.	Insçu.
61	— graminée.	Insidieux. *V.* Aveugler.
62	— d'Illyrie.	Illusoire.
63	— langue.	Langue. *V.* Parler.
64	— flammète.	Dévorant.
65	— radicante.	Racine. *V.* Déraciner.
66	Renouée bistorte.	Bossu.
67	— vivipare.	Serpent.
68	— amphibie.	Adulateur.
69	— poivre d'eau.	Acre. *V.* Poivrer.
70	— fluette.	Adulation. *V.* Adoniser.
71	— persicaire.	Tors. *V.* Tordre.
72	— blanchâtre.	Possible.
73	— à f. de Patience.	Tortu.
74	— d'Orient.	Hauteur.
75	— maritime.	Négligence.
76	— des petits oiseaux.	Négligent.
77	— Bellardi.	Tortueux. *V.* Tortiller.
78	— des Alpes.	Bosse.
79	— Sarrazin.	Fructueux. *V.* Fructifier.
80	— Liseron.	Genou.
81	— des buissons.	Courbe.
82	Réséda, herbe à jaunir.	Jaune. *V.* Jaunir.
83	— glauque.	Ondulatoire.
84	— faux Sésame.	Ondoyant.
85	— blanc.	Conduite. *V.* Expliquer.
86	— ondulé.	Ondulation.

87 Réséda jaune.   Commun.
88 — Raiponce.   Quiproquo.
89 — odorant.   Agréable. *V*. Tutoyer.
90 — réticulaire.   Réticulaire.
91 Rhagadiole étoilé.   Gerçure. *V*. Gercer.
92 — comestible.   Fente. *V*. Fendre.
93 Rhinanthe glabre.   Nez.
94 — velue.   Nazal.
95 Rhubarbe palmée.   Médecin. *V*. Revivre.
96 — rhapontic.   Médecine.
97 Ricin commun.   Christ.
98 Robinier faux Acacia.   Ambition. *V*. Ambitionner.
99 — visqueux.   Louable.
100 — Hispide rose.   Serment. *V*. Prêter.
101 — Curagan.   Affront. *V*. Essuyer.
102 — féroce.   Féroce.
103 — chamlagu.   Férocité.
104 — Halodendron.   Courroux. *V*. Courroucer.
105 — arbre de soie.   Soie. *V*. Habiller.
106 Ronce des rochers.   Désert. *V*. Affamer.
107 — à fruit bleuâtre.   Inhabitable. *V*. Déserter.
108 — glanduleuse.   Inhabité.
109 — à f. de Noisetier.   Répudiation. *V*. Désaccorder.
110 — arbrisseau.   Insociable.
111 — cotonneuse.   Défaveur.
112 — Framboisier.   Entraves. *V*. Entortiller.
113 Rosage ferrugineux.   Jouissance. *V*. Enerver.
114 — velu.   Délicieux.
115 — hérissé.   Délices.
116 — ponctué.   Attrait.
117 — du pont.   Délire. *V*. Délirer.

118 Roseau commun. Martyr.
119 — cultivé. Manufacture.
120 Rosier à f. d'Epine vinette. Sémillant.
121 — Canelle. Dessin. *V*. Dessiner.
122 — de la Caroline. Réjouissance. *V*. Réjouir.
123 — à feuil. rougeâtres. Devise. *V*. Arborer.
124 — de mai. Rose. *V*. S'épanouir.
125 — luisant. Florissant.
126 — à feuilles de Frène. Réalité. *V*. Détromper.
127 — Parviflore. Unique.
128 — des Alpes. Montagne.
129 — à f. de Pimprenelle. Gentillesse.
130 — mille Epines. Hymen. *V*. Enchaîner.
131 — du Kamlchatka. Résolution.
132 — à feuilles ridées. Rides. *V*. Rider.
133 — à bractées. Docilité.
134 — élégant. Fortuné.
135 — lisse. Glissant. *V*. Glisser.
136 — toujours fleuri,
    fleur blanche. Tourterelle.
137 — — fleur rouge. Témoignage. *V*. Témoigner.
138 — — fleur cramoisi. Eblouissant. *V*. Reluire.
139 — — cent feuilles. Possession.
140 — des champs. Ingénuité.
141 — toujours vert. Temple. *V*. Se prosterner.
142 — agréable. Sourire. *V*. Sourire.
143 — musqué. Fatuité.
144 — multiflore. Fécondité.
145 — à longues feuilles. Intention.
146 — des Indes. Mari. *V*. Blâser.
147 — sans épines. Parfait.
148 — blanc double, les
    boutons. Séduisant.

149 Rosier blanc, double,
la rose seule.   Séduction.
150 — —la rose avec ses b. Séducteur. *V.* Séduire.
151 — —   blanc royal,
ou grandes cuisses de
nymphes, les boutons
seulement.   Attrayant.
152 — — — fl. et bouton. Appas.
153 — — — une seule fl. Irrésistible. *V.* Subjuguer.
154 —   —   petites cuisses
de nymphes.   Timidité.
155 —   —   belle aurore,
un bouton.   Tentative.
156 — — —une rose seule. Réussite.
157 — — —rose et bouton. Tout. *V.* Posséder.
158 —   blanc double, à fl.
en corymbe.   Timide.
159 —   —   à fleur rose. Touchant.
160 —   —   à feuilles de
Chanvre.   Compagne.
161 —   de deux fois l'an. Bouche. *V.* Baiser.
162 —   —   des quatre sai-
sons, ou de tous les
mois.   Existence. *V.* Etre.
163 —   —   des quatre saisons, fleur blanche. Otage.
164 —   —   des parfu-
meurs ou de Puteaux. Parfumeur. *V.* Embaumer.
165 —   —   couronnée ou
de Cels.   Modèle. *V.* Modeler.
166 —   —   félicité.   Félicité.
167 —   —   rouge et blanc,

ou d'Yorck.

168 Rosier de deux fois l'an,
couleur de chair.

169 — — de Poelland.

170 — — à fleur en co-
rymbe.

171 — à cent feuilles,
fleur simple.

172 — — semi-double.

173 — — des peintres,
les boutons.

174 — — — la rose et
ses boutons.

175 — — — les boutons
seulement.

176 — — mousseux, à
grandes fleurs, une
seule fleur.

177 — — — fl. et boutons.

178 — — mousseux, à
petites fleurs.

179 — — mousseux, fl.
blanche.

180 — — coul. de chair,
ou vilmorin.

181 — — à fleur d'un
blanc de neige, ou
rose unique.

182 — — — panaché
de rouge.

183 — — panaché de
blanc.

Excuse. *V*. Excuser.

Rosière. *V*. Couronner.

Emblême.

Echarpe. *V*. Sous-entendre.

Innocence. *V*. Epargner.

Innocent.

Plaisir.

Bonheur.

Attente. *V*. Plaire.

Volupté.

Union. *V*. Unir.

Voluptueux.

Voluptueusement. *V*. Jouir.

Gage.

Fidelle.

Couple.

Prémices. *V*. Convoiter.

184 Rosier à cent f. cramoisi. Désormais.
185 — — crépu ou à
feuilles de Céleri. Extraordinaire.
186 — — f. de Laitues. Prédominant. *V*. Présider.
187 — — à fl. d'Anémone. Sirène. *V*. Captiver.
188 — — à odeur ingrate,
ou rire niais, du Du-
pont. Dépravation. *V*. Démorali-
ser.
189 — — et à petites
folioles, ou rose de
Junon. Superbe.
190 — — prolifère. Régénération. *V*. Régénérer.
191 — — à fl. d'OEillet,
ou rose d'OEillet. Métamorphose. *V*. Méta-
morphoser.
192 — — sans pétales. Rareté.
193 — — pompon. Gentil.
194 — nain, ou de Bour-
gogne. Ivresse. *V*. Enivrer.
195 — à petites feuilles. Quelquefois.
196 — de France, rose pa-
naché. Félicitation. *V*. Féliciter.
197 — — pintade. Muses.
198 — — belle Evêgne. Pouvoir.
199 — — belle cramoisi. Splendeur.
200 — — Velour noir. Soupir.
201 — — belle Velouté
pourpre. Somptuosité. *V*. Obérer.
202 — — couleur de Ce-
rise. Dépositaire. *V*. Restituer.
203 — — pourpre noir. Trépas. *V*. Expirer.

204 Rosier de France, gran-
    deur royale.   Suprême. *V*. Emaner.
205 — — merveilleuse. Magnifique.
206 — — grande cramoisie. Mémorable.
207 — — multiflore. Guirlande.
208 — — argenté. Fortune.
209 — — mère Gigogne. Nombreux.
210 — — Agate, un
    bouton.   Attaque.
211 — — —Rose épanouie. Cédant.
212 — — —Rose défleurie. Abandonnement. *V*. Délais-
         ser.
213 — — Mahek. Gaîment.
214 — — terminal. Vue. *V*. Découvrir.
215 — — Aigle noir, à
    fleur simple.   Vœu. *V*. Exaucer.
216 — — — à fleur double. Gaîté.
217 — velu. Déraisonnable.
218 — turbiné. Vermeil.
219 — Eglantier, la rose. Grossier.
220 — — les boutons. Grossièrement.
221 — jaune de soufre,
    un bouton.   Soupçon.
222 — — la rose seule-
    ment.   Concubinage.
223 — — la rose dé-
    fleurie.   Infamant. *V*. Pervertir.
224 — rouillé. Fredaine.
225 — des haies. Désaveu. *V*. Désavouer.
226 — des montagnes. Solitaire.
227 — des chiens. Refus.
228 — des collines. Berger.

229 Rosier à longs styles.   Radieux.
230   —   thé.   Faveur. *V*. Briguer.
231 Branche de Rosier sans
      feuilles, fleur, fruit
      et sans épine.   Jamais.
232 Rosier de Caroline.   Héroïsme.
233 Rosier de Bordeaux.   Espérance.
234 Rottbolle courbe.   Courbure.
235 Rubanier rameux.   Tresse. *V*. Tresser.
236   —   simple.   File.
237   —   flottant.   Cordon. *V*. Ceindre.
238 Rue fétide.   Destructeur. *V*. Détruire.
239   —   des montagnes.   Destruction. *V*. Saccager.
240   —   de Chalep.   Détestable.
241 Rumex Patience.   Spécifique.
242   —   des Alpes.   Envers.
243   —   aquatique.   Ancre. *V*. Ancrer.
244   —   crépu.   Crépu.
245   —   des bois.   Patience.
246   —   sanguin.   Effrené.
247   —   violon.   Violon.
248   —   à feuilles aiguës.   Lance.
249   —   à feuilles obtuses.   Lourd. *V*. Ecraser.
250   —   maritime.   Inverse.
251   —   tête de bœuf.   Patiemment.
252   —   tubéreux.   Latitude.
253   —   oseille.   Farce. *V*. Bafouer.
254   —   petite Oseille.   Farceur. *V*. Muser.
255   —   à écusson.   Mœurs. *V*. Dépeindre.
256   —   à deux stigmates.   Indice.
257 Ruppie maritime.   Malignité.

S.

1 Sabline à quatre rangs. Métallique. *V*. Rendurcir.
2 — pourpier. Importun. *V*. Insister.
3 — à fleurs géminées. Importunité. *V*. Obséder.
4 — de Mahon. Quoi. *V*. Interpeller.
5 — à feuilles de Céraiste. Moteur. *V*. Falloir.
6 — à trois nervures. Médiocrité.
7 — cilicé. Misérable. *V*. Mendier.
8 — à feuilles de Serpolet. Mélange. *V*. Mélanger.
9 — des montagnes. Monticule.
10 — rougeâtre. Misère. *V*. Dépeupler.
11 — lancéolée. Mesquinement.
12 — fausse Renouée. Pusillanime. *V*. Déconcerter.
13 — des Tourbières. Quoique.
14 — d'Autriche. Pusillanimité.
15 — à grande fleur. Sablière. *V*. Sablonner.
16 — à trois fleurs. Convention.
17 — de Gérard. Lande.
18 — printanière. Primeure.
19 — hérissée. Mutin. *V*. Se mutiner.
20 — à feuilles menues. Rabais. *V*. Rabaisser.
21 — recourbée. Sablonneux. *V*. Poudrer.
22 — à fines feuilles. Moustache. *V*. Aguerrir.
23 — en faisceaux. Rassemblement. *V*. Additionner.
24 — à calices pointus. Malédiction. *V*. Encourir.
25 — des moissons. Moisson. *V*. Moissonner.
26 — à fleur rouge. Invasion. *V*. Envahir.
27 — à graines bordées. Insurrection. *V*. Insurger.
28 Sabot des Alpes. Merveilleux.
29 Safran cultivé, fl. violette. Madame.

30 Safran cultivé , fleur jaune. Loyauté.
31 —   —   fleur blanche. Mademoiselle.
32 —   découpé.   Garant.
33 —   printanier.   Loyal.
34 —   nain.   Garantie.
35 Sagine couchée.   Engrais. *V*. Rengraisser.
36 —   sans pétales.   Fumier.
37 —   droite.   Obscure.
38 Sagittaire à flèche.   Flèche. *V*. Décocher.
39 Sainfoin obscur.   Soudain.
40 —   à bouquets blancs. Inimaginable.
41 —   —   rouge.   Inimitable.
42 —   humble.   Obligé.
43 Salicaire commune.   Infortune. *V*. Pâtir.
44 —   à feuille d'Hysope.   Obstination.
45 —   à feuilles de Thym.   Occupation.
46 Salicorne herbacée.   Sale.
47 —   ligneuse.   Cornette.
48 Salsifix des prés.   Intérêt. *V*. Intéresser.
49 —   à gros pedoncule.   Impoli.
50 —   hérissé.   Impolitesse.
51 —   à feuilles de Poireau. Sobre.
52 —   à feuilles de Safran. Innovation. *V*. Innover.
53 Samole de Valerandus.   Observation.
54 Sanguisorbe officinale.   Etanchement. *V*. Etancher.
55 Sanicle d'Europe.   Guérissable.
56 Santoline blanchâtre.   Miracle.
57 —   verte.   Miraculeux.
58 —   à feuilles de Romarin. Hymne.
59 Sapin élevé.   Elevation.
60 —   en peigne.   Affliction.
61 Saponaire officinal.   Expansion.

62 Saponaire des vaches.   Mousse. *V*. Mousser.
63 — faux Basilic.   Mousseux.
64 — jaune.   Fermentation. *V*. Fermen-
     ter.

65 Sarrète des teinturiers.   Scie. *V*. Scier.
66 — couronnée.   Dilacération. *V*. Dilacérer.
67 — à feuilles variables.   Quitte. *V*. Acquitter.
68 — à tige nue.   Lambeau. *V*. Lacérer.
69 — à tête d'Artichaut.   Violence. *V*. Violenter.
70 — rhapontie.   Déchirement.
71 Sarriette en tête.   Incorruptible.
72 — des jardins.   Sauce.
73 — thymbra.   Expédient.
74 — des montagnes.   Mont.
75 — de St.-Julien.   Goût.
76 — de Grèce.   Incorruption.
77 Satyre.   Satyre.
78 Sauge officinal.   Souverain.
79 — des prés.   Infaillible.
80 — sauvage.   Conservation.
81 — sclarée.   Expéditif.
82 — glutineuse.   Indemnité. *V*. Indemniser.
83 — éthiopienne.   Surnaturel.
84 — hormin.   Homme.
85 — verte.   Enthousiasme. *V*. Enthou-
     siasmer.

86 — Verveine.   Spécieux.
87 — verticillée.   Dignité. *V*. Rehausser.
88 — d'Espagne.   Exaltation.
89 — dorée.   Domination.
90 Saule blanc.   Accident.
91 — jaune.   Jaunâtre.

92	Saule drapé.	Draperie. *V*. Draper.
93	— à trois étamines.	Drap.
94	— Amandier.	Bonhomie.
95	— du Levant.	Fainéant.
96	— Philica.	Girouette.
97	— Daphné.	Héritage. *V*. Hériter.
98	— à cinq étamines.	Héritier.
99	— fragile.	Idolâtrie. *V*. Excommunier.
100	— pleureur.	Larmes. *V*. Sanglotter.
101	— en herbe.	Indépendant. *V*. Fraterniser.
102	— émoussé.	Indépendance.
103	— réticulé.	Indépendamment.
104	— marceau.	Judicieux. *V*. Discerner.
105	— à oreillette.	Judicieusement.
106	— pointu.	Légataire. *V*. Instituer.
107	— de Suisse.	Légation.
108	— soyeux.	Feuillage. *V*. Feuiller.
109	— des Pyrénées.	Naturellement.
110	— cilié.	Natal.
111	— nicheur.	Opinion. *V*. Opiner.
112	— des sables.	Pamphlet.
113	— déprimé.	Parque.
114	— bleuâtre.	Portion. *V*. Distribuer.
115	— arbuste.	Porteur. *V*. Porter.
116	— Myrte.	Infatigable.
117	— fétide.	Prostitution. *V*. Prostituer.
118	— à longues feuilles.	Neige. *V*. Neiger.
119	— à une étamine.	Prédilection. *V*. Prédire.
120	Saxifrage à longues feuill.	Manque. *V*. Faillir.
121	— pyramidal.	Pierreux.
122	— Aizoon.	Gravier. *V*. Obstruer.
123	— intermédiaire.	Gravité.

124	Saxifrage arctie.	Dissoluble. *V*. Dissoudre.
125	— jaune et pourpre.	Ville.
126	— bleuâtre.	Azur.
127	— à cils roides.	Fermeté.
128	— à feuilles opposées.	Opposition. *V*. Opposer.
129	— à deux fleurs.	Mitoyen. *V*. Intercepter.
130	— écrasé.	Victime. *V*. Immoler.
131	— faux Aizoon.	Modification. *V*. Modifier.
132	— à feuilles planes.	Partisan.
133	— Androsace.	Société.
134	— des neiges.	Précédemment.
135	— à feuilles rondes.	Contour.
136	— granulé.	Presse. *V*. Pressurer.
137	— du Groenland.	Expatriation. *V*. Expatrier.
138	— mousse.	Lit. *V*. S'ébattre.
139	— Hypne.	Las. *V*. Lambiner.
140	— œil de bouc.	Accusation. *V*. Accuser.
141	— en coin.	Intervention. *V*. Intervenir.
142	— des lieux ombragés.	Licence. *V*. Molester.
143	— velue.	Irréconciliable.
144	— mignonette.	Application. *V*. Appliquer.
145	— étoilé.	Exemple.
146	— de l'Ecluse.	Transe. *V*. Transir.
147	— porte bulbe.	Présence.
148	— à trois doigts.	Difformité. *V*. Déformer.
149	— des pierres.	Martial. *V*. Terrasser.
150	— ascendant.	Ascendant.
151	— Géranium.	Auteur.
152	— Porte-gomme.	Lassitude. *V*. Exténuer.
153	— à cinq doigts.	Main. *V*. Perfectionner.
154	— embrouillé.	Diffus. *V*. Dénaturer.
155	— sillonné.	Atmosphère. *V*. Revivifier.

156 Saxifrage pubescent.   Actuellement.
157 Scabieuse des Alpes.   Démangeaison. *V*. Déman-
                         ger.
158 —   Centaurée.   Formalité. *V*. Constituer.
159 —   à fleurs blanches.   Formel.
160 —   de Transylvanie.   Furtivement.
161 —   succin.   Révocable. *V*. Révoquer.
162 —   des champs.   Obligation. *V*. Engager.
163 —   bâtarde.   Préjugé. *V*. Entraver.
164 —   des bois.   Hermitage.
165 —   à feuilles entières.   Révocation. *V*. Dédire.
166 —   colombaire.   Forme.
167 —   luisante.   Persuasible. *V*. Désabuser.
168 —   des Pyrénées.   Formation.
169 —   d'Ukraine.   Fortuit.
170 —   des jardins, pour-
      pre.   Veuf.
171 —   —   rose.   Veuvage.
172 —   étoilée.   Oubli. *V*. Reléguer.
173 —   à tige simple.   Rengagement.
174 —   graminée.   Regrettable.
175 —   jaunâtre.   Tard. *V*. Prolonger.
176 Scandix, peigne de Vénus.   Peigne. *V*. Peigner.
177 —   du midi.   Rang. *V*. Ranger.
178 Scheuchzère des marais.   Récidive. *V*. Redevenir.
179 Scille penchée.   Penchant. *V*. Déclarer.
180 —   à feuilles étalées.   Etalage. *V*. Etaler.
181 —   d'automne.   Retour. *V*. S'en retourner.
182 —   à deux feuilles.   Pittoresque.
183 —   du Pérou.   Imaginaire. *V*. Outrer.
184 —   agréable.   Lascif. *V*. Chiffonner.
185 —   en ombelle.   Imperceptible.

186 Scille fausse Jacinthe.   Feinte. *V*. Esquiver.
187   — d'Italie.   Secours. *V*. Seconder.
188   — de l'après-midi.   Méridienne. *V*. Rendormir.
189   — à fleur à cloche.   Cloche. *V*. Sonner.
190   — maritime.   Mer. *V*. Noyer.
191 Scirpe des marais.   Radeau. *V*. Remorquer.
192   — ovoïde.   Rade. *V*. Réchapper.
193   — en gazon.   Matelot. *V*. Ramer.
194   — des Tourbières.   Inondation. *V*. Refluer.
195 Scolopendre.   Insurmontable. *V*. Dérouter.
196 Scolyme taché.   Pièce. *V*. Enlever.
197   — d'Espagne.   Morceau. *V*. Détacher.
198 Scorpiure chenille.   Chenille. *V*. Nicher.
199   — rude.   Combat. *V*. Battre.
200   — sillonné.   Audacieux. *V*. Enfreindre.
201   — velu.   Corsaire. *V*. Piller.
202 Scorzonère d'Espagne.   Coupable. *V*. Subir.
203   — humble.   Consternation. *V*. Suffoquer.
204   — à feuille étroite.   Contagion. *V*. Vicier.
205   — velue.   Impie. *V*. Profaner.
206 Sélin de montagne.   Sommet. *V*. Atteindre.
207   — des bois.   Déserteur. *V*. Quitter.
208   — des marais.   Marais. *V*. Patauger.
209   — d'Autriche.   Rôdeur. *V*. Rôder.
210   — Lemonnier.   Limon. *V*. Déposer.
211   — à feuilles de Carvi.   Dépêche. *V*. Accélérer.
212   — de Chabræus.   Gauche. *V*. Ricaner.
213   — demi-engaîné.   Entrevue. *V*. Entrevoir.
214   — des Pyrénées.   Curieux. *V*. Congédier.
215 Sénébiéra pinnatifide.   Sédition. *V*. Préméditer.
216 Seneçon commun.   Sécurité. *V*. Rassurer.
217   — visqueux.   Vindicte. *V*. Livrer.

218	Seneçon des bois.	Hostilité.	*V.* Entamer.
219	— des Apennins.	Abstinence.	
220	— sale.	Improprement.	*V.* Substituer.
221	— Jacobée.	Républicain.	
222	— aquatique.	Transgression.	*V.* Transgresser.
223	— à feuil. de Roquette.	Tumultueux.	*V.* Palpiter.
224	— à feuil. d'Auronne.	Volontaire.	*V.* Démettre.
225	— à feuilles menues.	Volontairement.	
226	— blanchâtre.	Transcendant.	
227	— à une fleur.	Terroriste.	*V.* Tempêter.
228	— des marais.	Turbulent.	*V.* Pétiller.
229	— à fleur de Pêcher.	Turbulence.	*V.* Retourner.
230	— élégant, fl. simple.	République.	
231	— — fleur double.	Séditieux.	*V.* Susciter.
232	— — fleur bleue.	Sieur.	
233	— des forêts.	Demeure.	*V.* Installer.
234	— Sarrazin.	Vigilance.	*V.* Subordonner.
235	— doria.	Victoire.	*V.* Remporter.
239	— Doronic.	Victorieux.	*V.* Retentir.
237	Sérapias à languette.	Déesse.	*V.* Prédestiner.
238	— en cœur.	Culte.	*V.* Pratiquer.
239	Seriole de l'Etna.	Volcan.	*V.* Incendier.
240	Scrofulaire noueuse.	Ecrouelle.	*V.* Marquer.
241	— printanière.	Inguérissable.	*V.* Aliter.
242	— aquatique.	Siége.	*V.* Siéger.
243	— à feuilles de Sauge.	Exemption.	*V.* Exempter.
244	— voyageuse.	Pourriture.	*V.* Pourrir.
245	— à oreillette.	Incurable.	
246	— à trois lobes.	Mortification.	*V.* Narguer.
247	— canine.	Corruption.	*V.* Putréfier.
248	— luisante.	Mésalliance.	*V.* Mésallier.

249 Sécurigère Coronille.   Couteau. *V.* **Couper.**
250 Sédum à odeur de Rose.   Universel.
251 — reprise.   Intervalle.
252 — Anacampseros.   Interception.
253 — étoilé.   Urgent.
254 — à f. de Morgeline.   Sommeil.
255 — faux Oignon.   Proportion.
256 — faux Gaillet.   Protestation. *V.* Protester.
257 — à feuilles en croix.   Somnambule. *V.* Relever.
258 — blanc.   Désenchantement. *V.* Désenchanter.
259 — renflé.   Renflement. *V.* Renfler.
260 — noirâtre.   Somnifère. *V.* Appesantir.
261 — à feuille épaisse.   Quelqu'un. *V.* Dénommer.
262 — d'Angleterre.   Descente. *V.* Descendre.
263 — hérissé.   Rixe. *V.* Riposter.
264 — velu.   Pillage. *V.* Soustraire.
265 — à sept pétales.   Prodigue. *V.* Gorger.
266 — âcre.   Poignant.
267 — des glaciers.   Perte. *V.* Agraver.
268 — à six angles.   Anguleux.
269 — des pierres.   Rocaille.
270 — réfléchi.   Pieusement. *V.* Supplier.
271 — d'Espagne.   Poursuite. *V.* Déplacer.
272 — élevé.   Preuve. *V.* Prouver.
273 Seigle cultivé.   Suffisance.
274 — — épi sans grains.   Insuffisamment.
275 — velu.   Suffisamment.
276 Selin des cerfs.   Course. *V.* Franchir.
277 Sensitive en arbre.   Attouchement.
278 — commune.   Sympathie. *V.* Sympathiser.
279 Seringat odorant.   Bosquet. *V.* Façonner.
280 — nain.   Défaite. *V.* Défaire.

281	Seringat sans odeur.	Bocage.
282	— panaché.	Triomphe. *V*. Rallier.
283	— double.	Bonté. *V*. Fier.
284	Séséli Fenouil des chevaux.	Coursier. *V*. Atteler.
285	— annuel.	Périodique. *V*. Répéter.
286	— des montagnes.	Obstacle. *V*. Surmonter.
287	— élevé.	Courrier.
288	— tortueux.	Dédale. *V*. Egarer.
289	— carvi.	Chose. *V*. Ranimer.
290	Seslérie bleuâtre.	Loisible. *V*. Débarrasser.
291	— à petite tête.	Loisir.
292	— à tête blanche.	Longévité.
293	Shérarde des champs.	Mémoire. *V*. Rappeler.
294	Sibbaldie couchée.	Minois.
295	Sibthorpie d'Europe.	Mobilité. *V*. Mouvoir.
296	Sida abutilon.	Méritant.
297	Silené à calice enflé.	Boursoufflure. *V*. Enfler.
298	— uniflore.	Ecume. *V*. Egoutter.
299	— campanule.	Ecumeur. *V*. Ecumer.
300	— de roche.	Bouillon. *V*. Bouillir.
301	— à quatre dents.	Mystification. *V*. Mystifier.
302	— saxifrage.	Cohérence. *V*. Agréger.
303	— sans tige.	Nullement. *V*. Annuler.
304	— fermé.	Inaction.
305	— en faisceau.	Assemblage. *V*. Cumuler.
306	— bicolor.	Assimulation.
307	— Arméria.	Plage.
308	— Behen.	Proclamation. *V*. Proclamer.
309	— attrape mouche.	Cachot. *V*. Ecrouer.
310	— otilès.	Sourd. *V*. Egosiller.
311	— d'Italie.	Fertile. *V*. Exploiter.
312	— penché.	Enclin.

313 Silené paradoxal.	Paradoxe. *V*. Sophistiquer.
314 — à fleurs vertes.	Largesse. *V*. Solliciter.
315 — de Nice.	Fertilement.
316 — de Nuit.	Nuit. *V*. Découcher.
317 — à feuilles en cœur.	Emblématique.
318 — du Valais.	Idéal. *V*. Retoucher.
319 — de Corse.	Vengeance. *V*. Hérisser.
320 — cilié.	Supportable.
321 — de France.	Fertilité. *V*. Fertiliser.
322 — d'Angleterre.	Emeute. *V*. Mêler.
323 — faux Céraiste.	Supposition. *V*. Réfuter.
324 — à cinq taches.	Empreinte. *V*. Emprégner.
325 — à trois dents.	Surcroit. *V*. Ajouter.
326 — en épi.	Isolément. *V*. Isoler.
327 — soyeux.	Superfin. *V*. Rafiner.
328 — conique.	Cône.
329 — conoïde.	Entonnoir.
330 Sisymbre Cresson.	Surnom. *V*. Réclamer.
331 — sauvage.	Tradition. *V*. Retracer.
332 — des marais.	Fautif. *V*. Siffler.
333 — amphibie.	Suspect. *V*. Retracter.
334 — des Pyrénées.	Tiéde. *V*. Tiédir.
335 — Tanaisie.	Tiédeur.
336 — des murs.	Forteresse. *V*. Défier.
337 — des rochers.	Geolier. *V*. Garotter.
338 — sinué.	Dessous.
339 — des vignes.	Traitable. *V*. Traiter.
340 — des sables.	Frottement. *V*. Croiser.
341 — à feuilles menues.	Détail.
342 — à plusieurs cornes.	Déréglement. *V*. Jurer.
343 — pinnatifide.	Complication. *V*. Encombrer.

344 Sisymbre bourse à pasteur. Pasteur.
345 — couché. Désœuvrement. *V*. Consu-
mer.
346 — à silique rude. Consistance.
347 — sagesse. Chirurgien. *V*. Mutiler.
348 — irio. Dégagement.
349 — de Lœsel. Détention. *V*. Incarcérer.
350 — dent de lion. Catastrophe. *V*. Arriver.
351 — à lobes pointus. Pointe. *V*. Pointer.
352 — velar. Dédain. *V*. Blesser.
353 — à lobes obtus. Obtus. *V*. Emousser.
354 — officinal. Tendance. *V*. Aspirer.
355 — roide. Têtu.
356 Smilax piquant. Transfiguration. *V*. Transi-
ger.
357 — de Barbarie. Impunément.
358 — commun. Sueur. *V*. Suer.
359 — élevé. Sudorifique.
360 Soldanelle des Alpes. Scandale.
361 Solidage, verge d'or. Séjour.
362 — naine. Tenace. *V*. Enduire.
363 — odorante. Près. *V*. Rejoindre.
364 Sorbier des oiseleurs. Oiseau. *V*. S'envoler.
365 — domestique. Domestique. *V*. Servir.
366 Souchet en forme de jonc. Unisson.
367 — brun. Frein.
368 — jaunâtre. Vacant.
369 — long. Vacation. *V*. Vaquer.
370 — comestible. Repas. *V*. Rassasier.
371 — rond. Vacance.
372 — monté. Trappe. *V*. Enfermer.
373 Souci des champs, sans
boutons. Jalousie.

374 Souci des champs, fleurs
    et boutons.   Jaloux. *V.* Soupçonner.
375 — des jardins double,
    sans boutons.   Souci.
376 — — avec des boutons. Soucieux.
377 — — simple, sans b.   Inquiétude. *V.* Inquiéter.
378 — — — avec des b.   Inquiet.
379 Soude couchée.   Solube.
380 — des sables.   Solution.
381 — vulgaire.   Ravage.
382 — épineuse.   Rongeur. *V.* Ronger.
383 — Kali.   Caustique.
384 Spargoute des champs.   Dispersion. *V.* Disperser.
385 — à cinq étamines.   Désordonné.
386 — noueuse.   Nœud. *V.* Entrelacer.
387 — porte-poil.   Postiche. *V.* Huer.
388 — glabre.   Hâle.
389 — fausse Sagine.   Haleine.
390 — en alène.   Aiguillon.
391 Sparmannia d'Afrique.   Convention. *V.* Convenir.
392 Spirée à feuille de Saule.   Précepte.
393 — crenelée.   Fortification. *V.* Cerner.
394 — filipendule.   Visite. *V.* Visiter.
395 — ulmaire.   Description. *V.* Détailler.
396 — barbe de chèvre.   Désignation. *V.* Désigner.
397 — à feuilles d'Orme.   Prédiction. *V.* Présumer.
398 — à feuilles d'Obier.   Prédestination.
399 — à f. de Millepertuis.   Précipitation.
400 Staphylier ailé.   Arbre. *V.* Ombrer.
401 Statice Armeria.   Olympe. *V.* Surpasser.
402 — à feuil. de Plantain.   Troupeau. *V.* Attrouper.
403 — en faisceau.   Troupe.

404 Statice limonium.   Résidu.
405 —   à feuill. d'Auricule. Sien. *V*. Revendiquer.
406 —   à f. de Paquerette. Gazon. *V*. Gazonner.
407 —   Vipérine.   Reptile.
408 —   réticulée.   Prééminence.
409 —   à feuilles d'Olivier. Résumé.
410 —   étalée.   Etendue.
411 —   naine.   Pauvreté. *V*. Secourir.
412 —   monopétale.   Désintéressement.
413 Stégie Lavatère.   Figure.
414 Stéhélina arbrisseau.   Arbrisseau.
415 —   douteux.   Hypothèse. *V*.Hypothéquer.
416 Stellaire des bois.   Ethérée.
417 —   trompeuse.   Damnable. *V*. Damner.
418 —   holostée.   Conducteur.
419 —   glauque.   Conforme.
420 —   graminée.   Pourtant.
421 —   aquatique.   Gouffre. *V*. S'engouffrer.
422 —   faux Céraiste.   Flétrissure. *V*. Flétrir.
423 Stellère Passerine.   Peinture. *V*. Peindre.
424 Stipe empenné.   Valétudinaire.
425 —   Jonc.   Classe. *V*. Classer.
426 —   chevelu.   Citation. *V*. Citer.
427 —   à courte arète.   Battement.
428 Stratiote Aloès.   Soldat. *V*. Incorporer.
429 Streptope embrassant.   Cérémonie.
430 Stuartia pentagine.   Académie. *V*. Abonder.
431 Suffrénie filiforme.   Enfantement. *V*. Enfanter.
432 Sumac élégant.   Caprice.
433 —   Fustet.   Capricieux. *V*. Manifester.
434 —   verni, du Japon.   Embellissant.
435 —   de Virginie.   Eloigné. *V*. Proroger.

436	Sumac des corroyeurs.	Peau. *V*. Durcir.
437	— vénéneux.	Eloignement. *V*. Se retirer.
438	— copale.	Besoin. *V*. Recouvrer.
439	Sureau Yëble.	Education.
440	— commun, en ombelle de fruits noirs.	Instruction.
441	— — en ombelle de fruits verts.	Instruit.
442	— feuille panachée de blanc.	Pensionnat. *V*. Pensionner.
443	— noir commun, à feuilles lasciniées.	Instructif.
444	— à tige arboressente et à fruit.	Institution.
445	— à feuilles panachées de jaune.	Instituteur.
446	— à grappes.	Institut. *V*. Instruire.
447	Swertie vivace.	Avide. *V*. Oter.

T.

1	Tabouret des décombres.	Enorme.
2	— Cresson alénois.	Propriété.
3	— tige nue.	Enormité.
4	— Bourse à pasteur.	Bourse. *V*. Contenir.
5	— des champs.	Dérision. *V*. Persiffler.
6	— à odeur d'Ail.	Rapidité. *V*. Rattraper.
7	— de roche.	Sourdine.
8	— enfilé.	Stratagême. *V*. Ourdir.
9	— des montagnes.	Voilà.
10	— des Alpes.	Prescription.
11	— à feuilles variables.	Vicissitude.
12	— des campagnes.	Village.

13 Tabouret hérissé.   Tabouret. *V*. Rasseoir.
14 Tagète étalée, simple, une
       seule fleur.   Perfide.
15 — — — fl. et bouton.   Perfidie.
16 — — fleur double, la
       fleur seulement.   Cruel.
17 —   étalée, double,
       fleur et bouton.   Cruauté.
18 —   dressée, fleur simple,
       la fleur seulement.   Indifférence. *V*. Paraître.
19 — — — fl. et bouton.   Indifférent.
20 — — — les boutons
       seulement.   Indifféremment.
21 — — fleur double, une
       seule fleur.   Faux.
22 — — — fl. et bouton.   Fourbe.
23 — — — les boutons
       seuls.   Fourberie.
24 Tamarix de France.   Relâchement. *V*. Relâcher.
25 — d'Allemagne.   Accablement. *V*. Accabler.
26 Tamme commun.   Exemplaire.
27 Tanaisie commune.   Irréprochable.
28 Tecoma de Virginie, à
       grande fleur rouge.   Tonnelle.
29 — — à petite fl. rouge.   Berceau. *V*. Cacher.
30 Télèphe d'impérati.   Irrépréhensible.
31 Thlapsie velue.   Insinuation. *V*. Apprêter.
32 Téligone charnue.   Chair. *V*. Identifier.
33 Thesion à feuille de Lin.   Indicatif.
34 — des Alpes.   Habitant. *V*. Prévaloir.
35 Thrincie hérissée.   Inégalité.
36 — velue.   Inférieur. *V*. Tâtonner.

37	Thrincie tubéreuse.	Informe.
38	Thym serpolet.	Inébranlable.
39	— laineux.	Eminent.
40	— Zygis.	Intact.
41	— commun.	Protection. *V.* Protéger.
42	— des champs.	Production. *V.* Provenir.
43	— des Alpes.	Valeur. *V.* Valoir.
44	— poivré.	Excès. *V.* Tancer.
45	— à grande fleur.	Vaillant.
46	— calament.	Vaillance. *V.* Surnommer.
47	— Népéta.	Inclination. *V.* S'éprendre.
48	— de Crète.	Intègre.
49	Thymbra en épi.	Raison. *V.* Examiner.
50	— tillée mousse.	Parade.
51	Tilleul à petites feuilles.	Ombrage. *V.* Ombrager.
52	— feuille glabre.	Fraîcheur.
53	— pubescent.	Ombrageux.
54	— à grandes feuilles.	Ombre. *V.* S'étioler.
55	— argenté.	Frais. *V.* Ternir.
56	— en graine.	Fraîchement.
57	Tofieldie des marais.	Rancune.
58	Toque columna.	Toque.
59	— des Alpes.	Barrière. *V.* Barricader.
60	— tertianaire.	Bénédiction. *V.* Bénir.
61	— naine.	Lecture. *V.* Lire.
62	Tordyle officinale.	Récit. *V.* Dire.
63	— élevée.	Promenade. *V.* Promener.
64	Tormentille droite.	Prompt.
65	— couchée.	Promptitude.
66	Tournesol des teinturiers.	Probité.
67	Tozzia des Alpes.	Progrès. *V.* Empirer.
68	Trachynote roide.	Profane.

69 Tragus en grappe.	Elevé. *V.* Remonter.
70 Trèfle des Hautes Alpes.	Profusion.
71 — roide.	Embuscade. *V.* Fasciner.
72 — rampant.	Docile.
73 — hybride.	Dissipateur. *V.* Dissiper.
74 — gazonnant.	Effet. *V.* Retrouver.
75 — aggloméré.	Rumeur.
76 — étouffé.	Etouffement.
77 — enterreur.	Enterrement. *V.* Inhumer.
78 — des rochers.	Précipitamment.
79 — de Cherler.	Dispense. *V.* Dispenser.
80 — hérissé.	Evasion. *V.* Remplacer.
81 — cilié.	Difforme. *V.* Réformer.
82 — Bardane.	Endroit. *V.* Revoir.
83 — rouge.	Discorde. *V.* Brouiller.
84 — des prés.	Place. *V.* Replacer.
85 — intermédiaire.	Divorce.
86 — des Basses-Alpes.	Précipice.
87 — de Hongrie.	Dispute. *V.* Lutter.
88 — incarnat.	Provisoire. *V.* Fiancer.
89 — couleur d'Ochre.	Dénonciation.
90 — de montagne.	Préméditation. *V.* Liguer.
91 — à feuille étroite.	Quelque.
92 — des guérêts.	Auparavant. *V.* Prédécéder.
93 — étoilé.	Qualité. *V.* Qualifier.
94 — rude.	Depuis. *V.* Dater.
95 — irrégulier.	Multitude. *V.* Pulluler.
96 — bouclier.	Bouclier.
97 — raboteux.	Présentement.
98 — strié.	Motif. *V.* Motiver.
99 — écumeux.	Discours. *V.* Prononcer.
100 — renversé.	Croissance. *V.* Déployer.

101	Trèfle cotonneux.	Exquis. *V*. Régaler.
102	— Fraisier.	Ration.
103	— bruni.	Discrédit. *V*. Expulser.
104	— des campagnes.	Evidence.
105	— étalé.	Dette. *V*. Endetter.
106	— filiforme.	Econome. *V*. Glaner.
107	Tribule couché.	Ennemi. *V*. Haïr.
108	Trigonelle bâtarde.	Extérieur. *V*. Consister.
109	— cornue.	Inhabile.
110	— pied d'oiseau.	Privilége.
111	— Fenu grec.	Matineux. *V*. S'ingérer.
112	— à plusieurs cornes.	Insatiable. *V*. Investir.
113	— de Montpellier.	Jactance. *V*. Babiller.
114	Troêne commun.	Tableau. *V*. Aventurer.
115	— panaché.	Table. *V*. Avoir.
116	Trolle d'Europe.	Légion.
117	Troscart des marais.	Laideur. *V*. Enlaidir.
118	— maritime.	Mugissement. *V*. Mugir.
119	Tulipe sauvage.	Sauvage.
120	— odorante.	Nuptiale. *V*. Cohabiter.
121	— de l'Ecluse.	Munificence. *V*. Enrichir.
122	— de Gessner, rosée.	Foi.
123	— — jaune serin.	Clandestin. *V*. Polissonner.
124	— — chair.	Nudité.
125	— — rouge.	Foiblesse.
126	— — panachée.	Foible. *V*. Foiblir.
127	— — gris de lin.	Foiblement.
128	— — œil de Soleil.	Clairvoyant.
129	Tussilage Pas d'âne.	Indignation. *V*. Dérégler.
130	— des Alpes.	Indigne. *V*. Rendre.
131	— Pétasite.	Indignement. *V*. Déranger.
132	— blanc de neige.	Indignité.

U.

1 Urosperme de Dalichamp. Semence. *V*. Semer.
2 — fausse Pieride. Procréation. *V*. Refaire.
3 — rude. Canal. *V*. Joindre.
4 Utriculaire commune. Superficiel. *V*. Effacer.
5 — naine. Suppression. *V*. Supprimer.

V.

1 Vaillantie des murs. Proche. *V*. Associer.
2 Valériane officinale. Mai. *V*. Refleurir.
3 — Phu. Juin. *V*. Echeniller.
4 — des Pyrénées. Août. *V*. Récolter.
5 — à trois lobes. Septembre. *V*. Vendanger.
6 — des montagnes. Avril. *V*. Ensemencer.
7 — Tubéreuse. Juillet. *V*. Chauffer.
8 — à feuil. de Globulaire. Mars. *V*. Bourgeonner.
9 — nord celtique. Octobre. *V*. Effeuiller.
10 — couchée. Décembre. *V*. Grelotter.
11 — des rochers. Janvier. *V*. Geler.
12 — dioïque. Février. *V*. Greller.
13 — Chausse-trappe. Novembre. *V*. Transplanter.
14 Valkamier odorant. Louange. *V*. Louer.
15 Vallisnerie spirale. Divertissement.
16 Velar des murailles. Ecart. *V*. Dévier.
17 — de Suisse. Principe. *V*. Dicter.
18 — jaunâtre. Dot. *V*. Doter.
19 — Giroflée. Donation. *V*. Signer.
20 — Epervière. Supplice. *V*. Supplicier.
21 — effilé. Souterrain. *V*. Hésiter.
22 — sinué. Commerce. *V*. Trafiquer.
23 — Ste.-Barbe. Canon. *V*. Interrompre.

24 Velar précoce.   Inopiné.
25 Velèze rigide.   Strict.
26 Vératre blanc.   Meilleur. *V*. Procurer.
27 — noir.   Deuil.
28 Vergerette âcre.   Menace. *V*. Rabonnir.
29 — des Alpes.   Indocile.
30 — de Villars.   Intelligent.
31 — du Canada.   Solitude.
32 Véronique de montagnes.   Geste. *V*. Gesticuler.
33 — à feuilles d'Ortie.   Superflu. *V*. Goberger.
34 — petit Chêne.   Industrie. *V*. Subsister.
35 — Teucriette.   Rémission. *V*. Désarmer.
36 — couchée.   Majorité.
37 — à écusson.   Meuble. *V*. Meubler.
38 — Mouron.   Mode. *V*. Adopter.
39 — Becabunga.   Ferme. *V*. Raffermir.
40 — douteuse.   Indiscret. *V*. Divulguer.
41 — officinale.   Fameux. *V*. Eclipser.
42 — d'Allioni.   Magnanime.
43 — à feuilles radicales.   Leçon. *V*. S'endoctriner.
44 — voyageuse.   Interminables.
45 — à feuilles de Thym.   Indulgence. *V*. Enhardir.
46 — printanière.   Mélodie.
47 — précoce.   Marche.
48 — digitée.   Intelligence. *V*. Concerter.
49 — des champs.   Justice. *V*. Justicier.
50 — à trois lobes.   Suffrage.
51 — rustique.   Inépuisable.
52 — à feuilles de Lierre.   Méchamment.
53 — à épi.   Moment. *V*. Profiter.
54 — à longues feuilles.   Succès. *V*. Obtenir.
55 — de Pona.   Intérieur. *V*. Insérer.

56 Véronique à souche ligneuse.	Ineffaçable. *V.* Incruster,
57 — des rochers.	Rejetable.
58 — nummulaire.	Inexprimable.
59 — Paquerette.	Elan. *V.* Relancer,
60 — des Alpes.	Infini.
61 — Serpolet.	Monde.
62 Verveine changeante.	Courtisan. *V.* Ravilir,
63 — officinale.	Sacré. *V.* Sacrer.
64 — couchée.	Sacrement.
65 — odorante.	Parfum. *V.* Parfumer.
66 Vesce à feuilles de Pois.	Hier. *V.* Rétrocéder.
67 — des buissons.	Aujourd'hui.
68 — des bois.	Demain. *V.* Temporiser.
69 — de Gérard.	Développement. *V.* Elargir.
70 — Cracca.	Frénésie.
71 — fausse Esparcette.	Minutie. *V.* Chicanner.
72 — pourpre noir.	Ebranlement. *V.* S'écrouler.
73 — à une fleur.	Interprète. *V.* Interprèter.
74 — Ers.	Fonction. *V.* Exercer.
75 — cultivée.	Transmissible. *V.* Transmettre.
76 — fausse Gesse.	Mal-adresse. *V.* Estropier.
77 — à double fruit.	Trève. *V.* Capituler.
78 — des Pyrénées.	Trame. *V.* Suspecter.
79 — jaune.	Inviolable.
80 — hybride.	Fantôme. *V.* Revenir.
81 — des haies.	Longueur. *V.* Amplifier.
82 — de Narbonne.	Long.
83 — Busangil.	Mal-aise.
84 Vésicaire renflée.	Gros. *V.* Grossir.
85 Vesse loup.	Vacarme.

86	Vigne porte-vin.	Festin. *V*. Assister.
87	— cultivée.	Vin. *V*. Griser.
88	Villarsie faux Nénuphar.	Habile. *V*. Avancer.
89	Vinettier commun.	Paysage.
90	Violette hérissée.	Parti. *V*. Approuver.
91	— odorante, simple.	Ami.
92	— — double.	Amitié. *V*. Allier.
93	— des Pyrénées.	Emploi. *V*. Adapter.
94	— des marais.	Parole. *V*. Parlementer.
95	— nummulaire.	Mercredi.
96	— du mont Cenis.	Participation. *V*. Attribuer.
97	— de Valdério.	Jeudi.
98	— étonnante.	Dimanche.
99	— des Sables.	Vendredi. *V*. Jeûner.
100	— des chiens.	Passe droit.
101	— fer de lance.	Samedi. *V*. Acheminer.
102	— de montagne.	Lundi. *V*. Débuter.
103	— découpée.	Mardi.
104	— à deux fleurs.	Mariage. *V*. Marier.
105	— tricolore.	Pensée. *V*. Penser.
106	— — la graine.	Pensif.
107	— des champs.	Modestie. *V*. Emprunter.
108	— de Rouen.	Réception. *V*. Acquiescer.
109	— jaune.	Déshonneur. *V*. Décamper.
110	— à long éperon.	Modeste.
111	— cornue.	Modestement.
112	Viorne Laurier-Thym.	Côteau.
113	— de Nice.	Détour. *V*. Tergiverser.
114	— à feuille de Cassine.	Persévérance. *V*. Persévérer.
115	— lisse.	Dévotion. *V*. Douter.
116	— à feuille de Prunier.	Persévérant. *V*. Objecter.
117	— à rameaux pen-dans.	Phénix.

118	Viorne dentée.	Maître. V. Venir.
119	— Obier.	Maîtresse. V. Daigner.
120	— Obier stérile.	Vierge. V. Cueillir.
121	— commune.	Permission. V. Ravoir.
122	Vipérine commune.	Partial. V. Disculper.
123	— des Pyrénées.	Usurpateur. V. Usurper.
124	— Violette.	Pension. V. Discontinuer.
125	— méridionale.	Alarme. V. Attaquer.
126	— à feuil. de Plantain.	Responsable. V. Munir.
127	Volant-d'eau à épi.	Faste. V. Inscrire.
128	— verticillé.	Partie. V. Regagner.
129	Vulpin des prés.	Réveil.
130	— des champs.	Remercîmens.
131	— genouillé.	Irrégulier. V. Imputer.
132	— bulbeux.	Pesanteur. V. Plomber.

X.

1	Ximénésia à f. d'Ancélia.	Postérité. V. Eterniser.

Y.

1	Yvraie vivace.	Hérésie. V. Commettre.
2	— menue.	Homicide. V. Bannir.
3	— enivrante.	Fléaux.
4	— multiflore.	Gangrène. V. Eteindre.
5	Yucca.	Péril.

Z.

1	Zacinthe à verrues.	Pernicieux.
2	Zanichelle des marais.	Ceinture. V. Enceindre.
3	Zostère marine.	Adresse. V. Adresser.
4	— de la Méditerranée.	Adieu. V. Reconduire.
5	Zinnia rouge.	Joli.
6	— jaune.	Luxurieux. V. Pavaner.
7	— violet.	Beauté. V. Vanter.
8	— verticillé.	Beau. V. Devenir.

TABLE ALPHABÉTIQUE

DES SUBSTANTIFS, DES ADJECTIFS, DES ADVERBES, etc., etc.,

EMPLOYÉS DANS LE LANGAGE DE FLORE.

A.

1	Abaissement.	Agrostis paradoxale.
2	Abandonnement.	Rosier de France, agate, une rose.
3	Abandon.	Métrosidéros changeant.
4	Abattement.	Anémone Pavot major, à feuilles simples.
5	Abeille.	Mélisse des Pyrénées.
6	Abject.	Arbousier Andrachné.
7	Abnégation.	—— unédo.
8	Abois.	Agrostis des chiens.
9	Abolition.	Arbousier des Alpes.
10	Abominable.	Epervière à grandes fleurs.
11	Abomination.	—— fausse Blattaire.
12	Abondance.	Fidia corne d'abondance.
13	Abord.	Armoise en arbre.
14	Absence.	Pervenche à grandes fleurs bleues.
15	Abstinence.	Seneçon des Apennins.
16	Absurdité.	Jasmin d'Arabie.
17	Abus.	Armoise en corymbe.
18	Académie.	Stuartia pintagine.
19	Acariâtre.	Radis sauvage.

20	Accablement.	Tamarix d'Allemagne.
21	Accès.	Brome Seigle.
22	Accessoire.	Ptéléa à feuilles ternées.
23	Accident.	Saule blanc.
24	Acclamation.	Armoisie des glaciers.
25	Accompli.	Paquerette à fl. doubles, blanches.
26	Accordable.	Caroubier à longues gousses.
27	Accusation.	Saxifrage à œil de bouc.
28	Acharnement.	Poirier à feuilles de Saule.
29	Ache.	Ache odorant.
30	Acide.	Groseiller noir.
31	Acidule.	Oxalis Oseille.
32	Acidité.	—— cornue.
33	Acquisition.	Anserine à balais.
34	Acre.	Renouée, poivre d'eau.
35	Acte.	Armoise des rochers.
36	Action.	Brome épais.
37	Actuellement.	Saxifrage pubescent.
38	Adhésion.	Pervenche à petite fl., fleur bleue.
39	Adieu.	Zostère de la Méditerranée.
40	Admirable.	Lys des Pyrénées, la fl. sans boutons.
41	Admiration.	—— —— tige avec fl. et boutons.
42	Adorable.	Dalhia pourpre.
43	Adorateur.	—— violet, simple.
44	Adoucissant.	Jujubier commun.
45	Adoucissement.	Lin de France.
46	Adresse.	Zostère marine.
47	Adversité.	Brome des champs.
48	Adulateur.	Renouée amphibie.
49	Adulation.	—— fluette.
50	Adultère.	Pélargonium adultérin.
51	Aérien.	Avoine follette.

52 Affabilité.   Lys maritime blanc.
53 Affaire.   Armoise en épi.
54 Affectation.   Dauphinelle Pied d'alouette , rose
                          double.
55 Affection.   —— —— rose simple.
56 Affectueux.   Paronique en cîme.
57 Affidé.   Anserine maritime.
58 Affermissement.   Pin Pinier.
59 Affinité.   Armoise du Pont.
60 Affaiblissement.   Courge Pepon.
61 Affreux.   Ortie à pilules.
62 Affront.   Robinier Curagan , fleur jaune.
63 Agacerie.   Magnolia de plusieurs couleurs.
64 Agaçant.   Oxalis droite.
65 Age.   Magnolia à grandes fleurs.
66 Agent.   Iris à odeur de Sureau.
67 Agile.   Kalmia à larges feuil., fleur rouge.
68 Agilité.   —— —— à fleur blanche.
69 Agitation.   —— feuilles étroites.
70 Agréablement.   Chamagrostis exiguë.
71 Agréable.   Réséda odorant.
72 Agrément.   Amaryllis Belladone.
73 Agresseur.   Anserine hérissée.
74 Aguet.   Avoine Améthyste.
75 Aide.   Iris agréable.
76 Aigle.   Ail anguleux.
77 Aiguillon.   Spargoute en alène.
78 Aile.   Genet à tige ailée.
79 Ailleurs.   Daphné Tartonraire.
80 Aimable.   Dauphinelle Pied d'Alouette.
                          blanc simple.
81 Aimant.   —— —— blanc double.

82	Ainsi.	Potentille des rochers.
83	Air.	Avoine toujours verte.
84	Airain.	Anserine ligneuse.
85	Aisance.	Poirier commun.
86	Aisément.	Armoise Tanaisie.
87	Alarme.	Vipérine méridionale.
88	A l'entour.	Artichaut Cardon.
89	Aliment.	Artichaut commun.
90	Allusion.	Brome mollet.
91	Altérable.	Radis cultivé.
92	Alternatif.	Espariette de roche.
93	Amabilité.	Daphné Mezereum, fleurs rouges.
94	Amant.	—— —— fleurs blanches.
95	Amas.	Iris faux Xyphium.
96	Ambitieux.	Haricot à bouquets.
97	Ambroisie.	Ambroisie maritime.
98	Ame.	Jasmin Jonquille.
99	Amer.	Armoise-Absinthe.
100	Ami.	Violette simple.
101	Amitié.	—— double.
102	Amical.	Lysimaque à bouquet.
103	Amicalement.	—— ponctuée.
104	Amorce.	Daphné des Alpes.
105	Amour.	Myrte commun, fleur simple.
106	Amourette.	Myrte Oranger panaché.
107	Amoureux.	—— commun, fleur double.
108	Amphibie.	Renouée amphibie.
109	Amusement.	Origan fausse Marjolaine.
110	Anathême.	Avoine bigarrée.
111	Ancêtre.	Bugle pyramidal.
112	Ancien.	—— musqué.
113	Ancre.	Rumex aquatique.

114	Ane.	Chardon penché.
115	Ange.	Angélique de Bohême.
116	Angélique.	Angélique archangélique.
117	Angoisse.	Daphné Thymelée.
118	Anguleux.	Sedum à six angles.
119	Animal.	Laitron délicat.
120	Anneau.	Paronique verticillée.
121	Année.	Giroselle de Mead.
122	Anticipation.	Fuchsia magellanique.
123	Antidote.	Phalangère tardive.
124	Anxiété.	Giroflée violette.
125	Août.	Valériane des Pyrénées.
126	Apparence.	Potentille à grande fleur.
127	Apparition.	Armoise Camomille.
128	Appas.	Rosier blanc royal, cuisses de Nymphes.
129	Application.	Saxifrage mignonette.
130	Approbation.	Renoncule d'Asie, blanche et rose.
131	Apre.	Groseiller piquant.
132	Aprement.	—— rouge.
133	Arbitraire.	Impératoire sauvage.
134	Aquatique.	Jonc articulé.
135	Arbre.	Staphylier ailé.
136	Arbrisseau.	Stéhélina arbrisseau.
137	Ardemment.	Phlomide frutescente.
138	Ardent.	—— pourpre.
139	Ardeur.	Renoncule d'Asie, blanche, rose et verte.
140	Argent.	—— Aconit Bouton d'argent.
141	Argument.	Daphné argenté.
142	Argus.	Epiaire des Alpes.
143	Aride.	Iris des Sables.

144	Aridité.	Renoncule granuleuse.
145	Arme.	Genet très-épineux.
146	Arrêt.	Ononis des champs.
147	Arrestation.	—— des anciens.
148	Arrêté.	—— élevé.
149	Artifice.	Renoncule d'Asie rouge panaché de jaune.
150	Artificieux.	— — rouge panaché de jaune et de blanc.
151	Ascendant.	Saxifrage ascendant.
152	Assaisonnement.	Cerfeuil cultivé.
153	Assaillant.	Epervière des Alpes.
154	Assassin.	Epervière de Haller.
155	Assassinat.	Epervière de Schræder.
156	Assemblée.	Fritillaire de Perse.
157	Assemblage.	Silené en faisceau.
158	Assertion.	Plantain à grandes feuilles.
159	Assimulation.	Silené bicolore.
160	Assoupissement.	Mandragore officinale.
161	Astre.	Fleur de l'Hélianthe annuel (ou Soleil)commençant à s'épanouir.
162	Atmosphère.	Saxifrage sillonée.
163	Attache.	Choin brun.
164	Attachement.	Lierre grimpant.
165	Attaque.	Rosier de France Agate, les boutons seulement.
166	Attendrissement.	Agapanthe en ombelle.
167	Attentat.	Lampsane fétide.
168	Attente.	Bouton seul de la Rose à cent feuilles, ou des peintres.
169	Attention.	Hépatique à trois lobes, fleur double, rouge.

170	Attouchement.	Sensitive en arbre.
171	Attraction.	Conyze rude.
172	Attrayant.	Rosier blanc double, blanc royal ou cuisse de nymphe, les boutons seulement.
173	Attrait.	Rosage ponctué.
174	Avance.	Dauphinelle Pied d'alouette violet double.
175	Avantage.	Coriandre cultivé.
176	Avantageux.	—— à deux bosses.
177	Avare.	Linaigrette en gaine.
178	Avarice.	—— des Alpes.
179	Audacieux.	Scorpiure silloné.
180	Aventure.	Liciet d'Europe.
181	Aventurier.	—— de Barbarie.
182	Aversion.	OEillet noirâtre.
183	Aveu.	Dauphinelle Pied d'alouette violet simple.
184	Aveugle.	Cupidon jaune.
185	Avidité.	Phalaris cylindrique.
186	Avis.	Aneth Fenouil.
187	Aumône.	Centaurée uniflore.
188	Avenir.	Polémoine bleue.
189	Avide.	Swertie vivace.
190	Aujourd'hui.	Vesce des buissons.
191	Avorton.	Micrope droit.
192	Avril.	Valériane de montagne.
193	Auparavant.	Trèfle des guérets.
194	Auspice.	Polémoine blanc.
195	Aussitôt.	Raiponce orbiculaire.
196	Austère.	Avoine cultivée.
197	Austérité.	—— nue.

198	Auteur.	Saxifrage Géranium.
199	Authenticité.	OEillet ferrugineux.
200	Autour.	Neotti d'été.
201	Automne.	Colchique d'automne.
202	Autorité.	Armoise palmée.
203	Autre.	—— bleuâtre.
204	Autrefois.	Ache Persil.
205	Avilissement.	Germandrée Polium.
206	Azur.	Saxifrage bleuâtre.

B.

1	Bacchante.	Héliotrope couché.
2	Badinage.	Julienne maritime.
3	Bagage.	Armoise Estragon.
4	Bagatelle.	Ail Civette.
5	Baignoire.	Potamot luisant.
6	Bain.	—— à dent de peigne.
7	Badinage.	Cardère à larges fleurs.
8	Barbare.	Fevier à trois pointes.
9	Barbe.	Epi femelle du Maïs.
10	Barre.	Armoise de France.
11	Barbarie.	Fevier féroce.
12	Barrière.	Toque des Alpes.
13	Bâtard.	Coronille Emérus.
14	Bateau.	Armoise maritime.
15	Battement.	Stipe à courte arète.
16	Bavard.	Phalaris Phléole.
17	Bavardage.	—— des Alpes.
18	Baume.	Menthe cultivée.
19	Béatitude.	Poirier du mont Sinaï.
20	Beau.	Zinnia verticillé.
21	Beaucoup.	Paquerette mère Gigogne.

22	Beauté.	Zinnia violet.
23	Bénédiction.	Toque tertianaire.
24	Benin.	Menthe sauvage.
25	Berceau.	Tecoma de Virginie, à petites fleurs rouges.
26	Berger.	Rosier des collines.
27	Besace.	Armoise commune.
28	Besoin.	Sumac copal.
29	Bétail.	—— couché.
30	Bidet.	Luserne orbiculaire.
31	Bien.	Maïs cultivé, épi mâle.
32	Bien-aimé.	Héliotrope du Pérou.
33	Bien-être.	Hélianthême tubéraire.
34	Bienfaiteur.	Benoite des montagnes.
35	Bienfaisance.	—— commune.
36	Bienfait.	Basilic crépu.
37	Bienheureux.	—— commun.
38	Bienséance.	Mérendère bulbocode.
39	Bientôt.	Héliotrope d'Europe.
40	Bienveillance.	Chrysanthême couronnée.
41	Bienveillant.	—— de Montpellier.
42	Bière.	Houblon grimpant.
43	Bigoterie.	Coronille bigarrée.
44	Bizarre.	Ornithogale dorée.
45	Blâme.	Menthe des champs.
46	Blanc.	Ail blanc.
47	Blanchâtre.	Orchis blanchâtre.
48	Blancheur.	Lunaire annuelle.
49	Blessure.	Anémone des jardins, fleur verdâtre et comme aspergée de goutte de sang.
50	Bleu.	Hemeracale bleue.

51 Blond.   Ornithogale blanc de lai
52 Blondin.   Lampourde épineuse.
53 Bocage.   Seringat sans odeur.
54 Bois.   Bouleau élevé.
55 Bœuf.   Orobe des bois.
56 Boisson.   Poirier à boisson.
57 Bon.   Anserine bon Henri.
58 Bond.   Ornithope queue de scorpion.
59 Bondissant. —— délicat.
60 Bonheur.   Rose à cent feuilles des peintres,
          avec ses boutons.

61 Bonhomie.   Saule Amandier.
62 Bonté.   Seringat à fleur double.
63 Bordure.   Buis nain.
64 Boréale.   Linnée Boréale.
65 Borne.   Linaire simple.
66 Bosquet.   Seringat odorant.
67 Bosse.   Renouée des Alpes.
68 Bossu.   —— bistorte.
69 Botanique.   Agave d'Amérique.
70 Bouche.   Rosier de deux fois l'an.
71 Bouclier.   Trèfle bouclier.
72 Boudeur.   Gesse Tubéreuse.
73 Boudoir.   Hortensia à feuille d'Obier.
74 Boue.   Limoselle aquatique.
75 Bouffon.   Orchis bouffon.
76 Bouillon.   Silené de roche.
77 Bouquet.   OEillet des Chartreux.
78 Boursoufflement. Silené à calice enflé.
79 Bourreau.   Caucalide noueuse.
80 Bourru.   Daphné velu.
81 Bourse.   Tabouret Bourse à pasteur.

82	Boussole.	Alysson en bouclier.
83	Bout.	Armoise Aurone.
84	Bravade.	Armoise du Valais.
85	Bride.	Polycnême des champs.
86	Brief.	Potentille Alchimille.
87	Briéveté.	—— Blanche.
88	Brigade.	Epervière velue.
89	Brigand.	—— ériophore.
90	Brigandage.	—— laineuse.
91	Brillant.	Amaryllis dorée.
92	Brisées.	Avoine à deux rangs.
93	Broussaille.	Nerprun nain.
94	Bruit.	Hypecoüm pendant.
95	Brûlant.	Lobélie brûlante.
96	Brûlement.	Gnavelle annuelle.
97	Brun.	Souchet brun.
98	Brusque.	Bourrache officinale.
99	Brusquerie.	—— la fleur passée ou sans pétale.
100	Brutal.	Gentiane d'Allemagne.
101	Brute.	Avoine pubescente.
102	Buisson.	Daphné lauréole.
103	Bulletin.	Cacalie à fleur blanche.
104	Burlesque.	—— Sarrasine.
105	Butor.	Pelargonium velu.

C.

1	Cabale.	Armoise en pannicule.
2	Cabaret.	Cabaret d'Europe.
3	Cabinet.	Arabette tourelle.
4	Cachet.	Gesse aphaca.
5	Cachette.	Lathræ écailleuse.
6	Cachot.	Silené attrape mouche.

7	Cadeau.	Daphné odorant.
8	Cadre.	Pervenche à petite fleur, fleur blanche.
9	Caduc.	—— à grandes fleurs, fl. blanche.
10	Cafard.	Phalaris pubescente.
11	Café.	Ciche tête de bélier.
12	Cage.	Pervenche à grande fleur, fleur violette.
13	Cagot.	Phalaris des Sables.
14	Cahot.	Arabette des rochers.
15	Cajolerie.	Ibéride de tous les mois.
16	Cajoleur.	—— pennatifide.
17	Calamité.	Gaillet jaune.
18	Calcul.	Agrostis rouge.
19	Calendrier.	Biserrule pelécine.
20	Calin.	Cynoglosse officinale.
21	Calme.	Pavot Coquelicot, rouge simple.
22	Calomnie.	Gaillet à gros fruit.
23	Calomniateur.	—— croisette.
24	Campagne.	Alysson de campagne.
25	Canal.	Urosperme rude.
26	Candeur.	Lys blanc, tige fleurie, avec des boutons.
27	Canne.	Molène queue de renard.
28	Canon.	Velar Ste.-Barbe.
29	Capable.	Aspérule hérissée.
30	Capricieux.	Sumac fustet.
31	Caprice.	—— élégant.
32	Captieux.	Brome multiflore.
33	Captif.	Pavot Coquelicot simple, panaché.
34	Caractère.	Caucalide à large fruit.
35	Carême.	Ail Rocambole (Echalotte).

36	Caressant.	Ail en carêne.
37	Carnacier.	Lupin bigarré.
38	Carnivore.	Lupin hérissé.
39	Carré.	Fritillaire pintade.
40	Carrière.	Hélianthême taché.
41	Casque.	Orchis en casque.
42	Catastrophe.	Sisymbre dent de lion.
43	Catholique.	Crucianelle à larges feuilles.
44	Caveau.	Laitron maritime.
45	Cave.	—— des lieux cultivés.
46	Cavité.	—— des marais.
47	Cause.	Carline à courte tige.
48	Causeur.	Polypogon de Montpellier.
49	Caustique.	Soude Kali.
50	Caution.	Brome droit.
51	Cédant.	Rosier de France, agate, une rose sans boutons.
52	Ceinture.	Zanichelle des marais.
53	Célèbre.	Pêcher commun.
54	Célébrité.	—— à fleur double.
55	Céleste.	Iris germanique.
56	Cendre.	Orchis brûlé.
57	Cendré.	Gnavelle vivace.
58	Cent.	Fétuque velue.
59	Centre.	Achillée cotonneuse.
60	Cependant.	Porcelle glabre.
61	Cérémonie.	Streptope embrassant.
62	Certain.	Renoncule des champs.
63	Certitude.	Potentille argentine.
64	Cessation.	Ononis de Cherler.
65	Chagrin.	Renoncule aquatique.
66	Chaîne.	Pavot Coquelicot simple, blanc.

67	Chair.	Thelegone charnu.
68	Chaleur.	Phlomide d'Italie.
69	Chambre.	Arabette des Alpes.
70	Champs.	Aspérule des champs.
71	Champêtre.	Armoise champêtre.
72	Chance.	Ceterach des Alpes.
73	Changeant.	Myrte oranger.
74	Changement.	—— —— fleur et fruit.
75	Chanson.	Bruyère de Corse.
76	Chant.	—— cendrée.
77	Chantre.	—— à quatre faces.
78	Chapeau.	Paliure piquant.
79	Chapelle.	Alysson blanchâtre.
80	Chaque.	Avoine en alène.
81	Charité.	Crucianelle maritime.
82	Charmant.	Dalhia violet double.
83	Charme.	Aconit en panicule.
84	Charrue.	Ers à quatre graines.
85	Chasse.	Lysimaque commune.
86	Chaste.	Nèflier Aubépine simple.
87	Chasteté.	—— —— double.
88	Châtiment.	Gesse hérissée.
89	Chaumière.	Bruyère en arbre.
90	Chaussure.	Hyppocrépis à fleur solitaire.
91	Chef.	Glayeul cardinal.
92	Chemin.	Grémil des champs.
93	Chemise.	Aspérule de Turin.
94	Cher.	Laurier Sassafras.
95	Chenille.	Scorpiure chenille.
96	Chétif.	Gremil officinal.
97	Cheval.	Luserne écussonée.
98	Chevelure.	Adranthe Capillaire.

99 Cheveux. Adianthe odorant.
100 Chien. Cynoglosse de montagne.
101 Chirurgien. Sisymbre sagesse.
102 Choix. Pelargonium élégant.
103 Chose. Seseli carvi.
104 Chrétien. Crucianelle de Montpellier.
105 Christ. Ricin commun.
106 Chronologie. Aspérule à six feuilles.
107 Chute. Pois des champs.
108 Cidre. Pommier à cidre.
109 Ciel. Iris de Swert.
110 Cinq. Fétuques des bois.
111 Cinquante. —— glauque.
112 Circonspect. Hépatique à trois lobes, fleur simple, rouge.
113 Circonspection. —— —— —— violette.
114 Citation. Stipe chevelu.
115 Clair-voie. Millepertuis des marais.
116 Clair. Hélianthême grêle.
117 Clairvoyant. Tulipe, œil de Soleil.
118 Clandestin. —— de Gessner, jaune serin.
119 Clandestinement. Lathré clandestine.
120 Clarté. Hélianthême à feuille de Marrube.
121 Classe. Stipe Jonc.
122 Clause. Arabette velue.
123 Clinquant. Aspérule odorant.
124 Cloaque. Epilobe à feuille d'Origan.
125 Cloche. Oseille à fleur en cloche.
126 Cloison. Brome rude.
127 Coalition. Aspérule des teinturiers.
128 Cocher. Epilobe de montagne.
129 Cochon. Porcelle tachée.

130	Cœur.	Catalpa à feuille en cœur.
131	Cohérence.	Silène Saxifrage.
132	Coin.	Poirier-Coignassier.
133	Colère.	Giroflée rouge.
134	Collation.	Arabette d'allioni.
135	Collection.	—— Paquerette.
136	Colombe.	Glayeul couleur de chair.
137	Coloris.	Potentille argentée.
138	Combat.	Scorpiure rude.
139	Combien.	Alysson calicinal.
140	Comble.	Kolreuleria paniculé.
141	Comestible.	Lotier comestible.
142	Commandant.	Impératoire ostrutium.
143	Commandement.	—— verticillé.
144	Comme.	Raiponce en épi.
145	Commençant.	Potentille intermédiaire.
146	Commencement.	—— arbrisseau.
147	Comment.	Centaurée demi-deuil.
148	Commentaire.	Brome des toîts.
149	Commerce.	Velar sinué.
150	Commisération.	Paturin à longs épillets.
151	Commotion.	Arabette rude.
152	Commun.	Réséda jaune.
153	Compagne.	Rosier à feuilles de Chanvre.
154	Compagnie.	Potentille brillante.
155	Comparable.	Caucalide des champs.
156	Comparaison.	Potentille Fraisier.
157	Compassion.	Chrysanthème de Mycon.
158	Compatibilité.	Avoine canche.
159	Compatible.	—— des champs.
160	Complaisance.	Chrysanthème à f. de Gramen.
161	Complaisant.	—— Cerathophylle.

162	Complet.	Ail à grande fleur.
163	Complication.	Sisymbre pennatifide.
164	Compliment.	Chrysanthème des blés.
165	Compositeur.	Buplèvre de Gérard.
166	Composition.	—— demi-composé.
167	Compréhensible.	Raiponce à petite tête.
168	Compréhension.	—— à collet.
169	Compression.	Paturin comprimé.
170	Compromis.	Amaranthe jaune.
171	Comptant.	Brome élancé.
172	Compte.	—— des prés.
173	Concentration.	Nard serré.
174	Conception.	Podosperme découpé.
175	Concession.	Céraiste des champs.
176	Concevable.	—— aquatique.
177	Conciliation.	Melèze d'Europe.
178	Concluant.	Paturin à deux rangées.
179	Conclusion.	—— des rivages.
180	Concordance.	Ciste de Montpellier.
181	Concubinage.	Rose jaune, sans boutons.
182	Concubine.	Iris jaune blanc.
183	Condamnable.	Renoncule de Seguier.
184	Condamnation.	—— à feuille de Rue.
185	Condescendance.	Potentille rampante.
186	Condition.	Ail douteux.
187	Conducteur.	Stellaire holostée.
188	Conduite.	Réséda blanc.
189	Cône.	Silené conique.
190	Conférence.	Asperge sauvage.
191	Confiance.	Chrysanthème Leucanthème.
192	Confidence.	—— à grande fleur.
193	Confiscation.	Brome stérile.

194	Conforme.	Stellaire glauque.
195	Confusion.	Alysson épineux.
196	Confus.	—— maritime.
197	Conjugal.	Lotier conjugal.
198	Conique.	Leuzée conifère.
199	Connaissance.	Pervenche cultivée, fleur rouge.
200	Conquête.	—— —— fleur blanche.
201	Consécutif.	Paturin Millet.
202	Conséquence.	Agrostis faux Millet.
203	Conservation.	Sauge sauvage.
204	Considérable.	Paturin en crète.
205	Considérablement.	Phléole de Gérard.
206	Considération.	Noyer commun.
207	Consigne.	Brome de Madrid.
208	Consistance.	Sisymbre à silique rude.
209	Consolant.	Olivier, les fruits.
210	Consolateur.	Olivier odorant.
211	Consolation.	—— pleureur.
212	Conspiration.	OEillet hérissé.
213	Constamment.	Immortelle des bois.
214	Constance.	—— des champs.
215	Constant.	—— d'Allemagne.
216	Consternation.	Scorzonère humble.
217	Consultation.	Arabette roide.
218	Contact.	Paturin dur.
219	Contagion.	Scorzonère à feuille étroite.
220	Conte.	Astrance, petite feuille.
221	Contemplation.	Carmentine en arbre.
222	Content.	Laurier benjoin.
223	Contentement.	Bruyère ciliée.
224	Continuation.	Carline laineuse.
225	Continuel.	—— en corimbe.

226 Contour.   Saxifrage à feuilles rondes.
227 Contradiction.   Globulaire à feuilles en cœur.
228 Contrainte.   —— turbith.
229 Contraire.   —— à tige nue.
230 Contrariété.   —— commune.
231 Contraste.   —— naine.
232 Contre.   Buphtalme maritime.
233 Contre-cœur.   Céraiste à court pétale.
234 Contre-danse.   Amaranthe à long épi rouge.
235 Contredit.   Agripaume, faux Marrube.
236 Contre-sens.   Crodium, fausse Mauve.
237 Convenance.   Androsace des Pyrénées.
238 Convention.   Sparmannia d'Afrique.
239 Conviction.   Prismatocarpe bâtarde.
240 Convulsion.   Renoncule de montagne.
241 Coquet.   Liseron tricolor, Belle de jour.
242 Coquetterie.   Liseron des haies.
243 Corbeille.   Alysson de montagne.
244 Corail.   Cymbidie Corail.
245 Corde.   Linaire de Pelissier.
246 Cordeau.   —— des Pyrénées.
247 Cordial.   Agripaume cordiaque.
248 Cordon.   Rubanier flottant.
249 Corne.   Brome rougissant.
250 Cornette.   Salicorne ligneuse.
251 Correct.   Plantain argenté.
252 Correction.   Férule commune.
253 Correspondance.   Citronnier commun.
254 Corruption.   Scrofulaire canine.
255 Corsaire.   Scorpiure velue.
256 Cosmétique.   Grassette vulgaire.
257 Coteau.   Viorne Laurier-Thym.

258	Couche.	Genet couché.
259	Couleur.	Phytolaca à dix étamines.
260	Coups.	Achillée ageratum.
261	Coupable.	Scorzonère d'Espagne.
262	Couple.	Rosier à cent feuilles, fleur panachée de rouge.
263	Cour.	Anémone couronnée, fleur simple blanchâtre.
264	Courage.	OEillet superbe rouge.
265	Courbe.	Renouée des buissons.
266	Courbure.	Rottbolle courbe.
267	Coureur.	Bryone dioïque.
268	Courrier.	Séséli élevé.
269	Courroux.	Robinier halodendron.
270	Coursier.	Séséli des chevaux.
271	Course.	Selin des cerfs.
272	Court.	Buphtalme aquatique.
273	Courtisan.	Verveine changeante.
274	Couteau.	Securigère Coronille.
275	Coutume.	Nèflier élégant.
276	Couvert.	Magnolier parasol.
277	Crainte.	Impatiente, n'y touchez pas, plusieurs fleurs.
278	Craintif.	—— —— une seule fleur.
279	Créance.	Alysson argenté.
280	Crédule.	Chèvrefeuille périclymen.
281	Crépu.	Rumex crépu.
282	Creux.	Laitron des champs.
283	Criblé.	Millepertuis couché.
284	Crime.	Crapaudine enfilée.
285	Criminel.	Ophrys, homme pendu.
286	Crispation.	Pelargonium à crochet.

287	Cristal.	Pilobole cristallin.
288	Critique.	Bruyère à fleur herbacée.
289	Croyance.	Asphodèle rameux.
290	Croix.	Crucianelle à feuille étroite.
291	Cruauté.	Tagète étalée double, fl. et bouton.
292	Cruel.	Tagète étalée double, une seule fl.
293	Cuisant.	Ortie brûlante.
294	Cuisine.	Choux potager.
295	Culbute.	Arabette Serpolet.
296	Culte.	Sérapias en cœur.
297	Cupidité.	Arabette de Thalius.
298	Cuisinier.	Epinard cornu.
299	Cupidon.	Cupidone bleue.
300	Curieux.	Sélin des Pyrénées.
301	Cymbale.	Linaire cymbalaire.

D.

1	Dame.	Julienne des dames, double.
2	Damnable.	Stellaire trompeuse.
3	Danger.	Chèvrefeuille à fruit noir.
4	Dangereux.	Renoncule tête d'or.
5	Danse.	Amaranthe à long épi pourpre.
6	Danseur.	—— en panicule.
7	Dard.	Ajonc nain.
8	D'autant.	Ail des lieux cultivés.
9	Débauche.	Bacchante à feuille d'Iva.
10	Débile.	Courge callebasse, la fleur.
11	Débilité.	—— —— le fruit.
12	Débonnaire.	Amaranthe verte.
13	Débris.	Nèflier tomenteux.
14	Décadence.	Ail Oignon.
15	Décembre.	Valériane couchée.

16	Décence.	Airelle canneberge.
17	Décharge.	Alysson à feuille d'Haline.
18	Déchirant.	Renoncule déchirée.
19	Déchirement.	Sarrète rhapontie.
20	Décidément.	Calycium de Caroline.
21	Décision.	—— du Japon.
22	Déclaration.	Chèvrefeuille des jardins.
23	Déclin.	Calycium nain.
24	Décoration.	Chèvrefeuille sempervirens.
25	Décrépitude.	Choux Pêcher.
26	Dédaigneux.	Renoncule parnassie.
27	Dédain.	—— embrassante.
28	Dédale.	Séséli tortueux.
29	Dedans.	Sisymbre velar.
30	Déesse.	Sérapias à languette.
31	Défaite.	Seringat nain.
32	Défaveur.	Ronce cotonneuse.
33	Défavorable.	Linaire ternée.
34	Défavorablement.	—— bigarrée.
35	Défaut.	—— à feuille d'Origan.
36	Défense.	Nèflier d'Allemagne.
37	Déférence.	Andromède du Maryland.
38	Définitivement.	Choux, fausse Roquette.
39	Défloration.	—— Giroflée.
40	Dégagement.	Sisymbre irio.
41	Dégénérescence.	Lobelie naine.
42	Dégoût.	Iris fœtide.
43	Dégoûtant.	Laser velu.
44	Dégradation.	Centenille naine.
45	Déguisement.	Ail faux Moly.
46	Dehors.	Choux de montagne.
47	Délaissement.	Centaurée cendrée.

48	Délai.	Centaurée en panicule.
49	Délateur.	Cytinet parasite.
50	Délibération.	Agrostis ventrue.
51	Délicat.	Asperge à feuilles menues.
52	Délicatement.	Livêche du Péloponèse.
53	Délicatesse.	Asperge officinale.
54	Délicieux.	Rosage velu.
55	Délices.	—— hérissé.
56	Délire.	—— du Pont.
57	Délivrance.	Doronic mort aux Panthères.
58	Déluge.	Charagne vulgaire.
59	Demain.	Vesce des bois.
60	Demande.	Fraisier de table, la fleur.
61	Demangeaison.	Scabieuse des Alpes.
62	Démarche.	Arroche des jardins.
63	Démenti.	Paquerolle, fausse Paquerette.
64	Demeure.	Seneçon des forêts.
65	Demi.	Fétuque ciliée.
66	Demoiselle.	OEillet superbe blanc.
67	Démonstratif.	Plantain blanchâtre.
68	Dénégation.	Aulne glutineux.
69	Dénonciation.	Trèfle couleur d'Ocre.
70	Dent.	Achillée porte-dent.
71	Denté.	Bident penché.
72	Dénudation.	Ail dénudé.
73	Dénuement.	Plantain de montagne.
74	Départ.	Pélargonium fragile.
75	Département.	Aulne verd.
76	Dépêche.	Sélin à feuille de Carvi.
77	Dépendance.	Guy à fruit blanc.
78	Dépense.	Astragalle Espariette.
79	Déperdition.	Guy de loxycèdre.

80	Dépit.	Agrostis interrompue.
81	Déplaisance.	Lamier bâtard.
82	Déplorable.	Hellébore à fleurs vertes.
83	Déportation.	Aulne blanchâtre.
84	Dépositaire.	Rosier de France, couleur de Cerise.
85	Dépouille.	Platane d'Orient à feuil. d'Erable.
86	Dépravation.	Rosier à cent feuilles, à odeur ingrate.
87	Dépréciation.	Astragale déprimée.
88	Depuis.	Trèfle rude.
89	Dépuration.	Fumeterre officinale.
90	Déraisonnable.	Rosier velu.
91	Déréglement.	Sisymbre à plusieurs cornes.
92	Dérision.	Tabouret des champs.
93	Dernier.	Colchique de montagne.
94	Dernièrement.	——— des Alpes.
95	Déroute.	Centaurée fausse Chausse-trappe.
96	Désagréable.	Orchys punais.
97	Désagréablement.	Lamier taché.
98	Désagrément.	Ail des ours.
99	Désastre.	Gaillet glauque.
100	Désastreux.	——— à feuille de Garance.
101	Désavantage.	——— des marais.
102	Désavantageux.	——— mollugène.
103	Désaveu.	Rosier des haies.
104	Descente.	Sedum d'Angleterre.
105	Description.	Spirée ulmaire.
106	Désenchantement.	Sedum blanc.
107	Désert.	Ronce des rochers.
108	Déserteur.	Selin des bois.
109	Désespoir.	Hellébore pigamon.

110	Déshonneur.	Violette jaune.
111	Désignation.	Spirée, barbe de chèvre.
112	Désintéressement.	Statice monopétale.
113	Désir.	Pavot Coquelicot double rose.
114	Désirable.	—— —— —— panaché.
115	Désobéissance.	Gaillet droit.
116	Désobligeant.	—— acéré.
117	Désœuvrement.	Sisymbre couché.
118	Désolant.	Buphtalme à feuille de Saule.
119	Désolation.	Ophrys araignée.
120	Désordonné.	Spargoute des champs.
121	Désordre.	Gaillet cendré.
122	Désorganisation.	—— à feuilles menues.
123	Désormais.	Rosier à cent feuilles cramoisi.
124	Dessin.	Rosier canelle.
125	Dessert.	Abricotier commun.
126	Dessous.	Sisymbre sinué.
127	Destin.	Lychnide, fleur de Jupiter.
128	Destination.	—— de Chalcédoine.
129	Destinée.	—— Nielle.
130	Destructeur.	Rue fétide.
131	Destruction.	—— de montagne.
132	Désuétude.	Gaillet lisse.
133	Désunion.	—— de Boccone.
134	Détail.	Sisymbre à feuilles menues.
135	Détention.	—— de Lœsel.
136	Détermination.	Grenadier blanc.
137	Déterminé.	Grenadier rouge, fleur et bouton.
138	Détestable.	Rue de chalep.
139	Détestablement.	Hyoséride de Crète.
140	Détour.	Viorne de Nice.
141	Détracteur.	Conyse de Sicile.

142	Détresse.	Tabouret des décombres.
143	Détriment.	Conyse de roche.
144	Dette.	Trèfle étalé.
145	Devancier.	Caucalide, feuille de Carotte.
146	Devant.	—— maritime.
147	Dévastateur.	Dauphinelle staphisaigre.
148	Dévastation.	Gaillet à pointe.
149	Développement.	Vesce de Gérard.
150	Deuil.	Vératre noir.
151	Devise.	Rosier à feuille rougeâtre.
152	Devoir.	Pancrace maritime.
153	Dévorant.	Renoncule flamette.
154	Dévotion.	Viorne lisse.
155	Dévouement.	Aucuba du Japon.
156	Deux.	Fétuque tardive.
157	Diable.	Epervière à bouquet.
158	Diaphane.	Millepertuis pyramidal.
159	Dieu.	Pancrace à tige penchée.
160	Diffamation.	Iris naine, fleur jaune.
161	Différemment.	Caucalide à fleur latérale.
162	Différence.	—— feuille de Cerfeuil.
163	Différent.	—— noueuse.
164	Difficile.	Iris panachée.
165	Difficilement.	Fragon à languette.
166	Difficulté.	—— piquant.
167	Difforme.	Trèfle cilié.
168	Difformité.	Saxifrage à trois doigts.
169	Diffus.	—— embrouillé.
170	Digne.	Pavot somnifère, blanc simple.
171	Dignité.	Sauge verticillée.
172	Dilacération.	Sarrête couronnée.
173	Diligence.	Euphraise à large feuille.

174	Diligent.	Euphraise naine.
175	Dimanche.	Violette étonnante.
176	Diminution.	Iris naine, à fleur violette.
177	Direct.	Linaire des rochers.
178	Directement.	—— naine.
179	Directeur.	Balsamite annuelle.
180	Direction.	—— effilée.
181	Discorde.	Trèfle rouge.
182	Discours.	—— écumeux.
183	Discrédit.	—— bruni.
184	Discret.	Pavot somnifère, fl. simple rose.
185	Discrétion.	—— —— double rose.
186	Disgrace.	Carline à feuille d'Acanthe.
187	Disparate.	Passerage des Alpes.
188	Disparition.	—— à larges feuilles.
189	Dispense.	Trèfle de Cherler.
190	Dispersion.	Spargoute des champs.
191	Disponible.	Inule pulicaire.
192	Disproportion.	Panic d'Italie.
193	Dispute.	Trèfle de Hongrie.
194	Dissention.	Danaa à feuilles d'Ancolie.
195	Disséminé.	Anacycle doré.
196	Dissimulation.	Gesse articulée.
197	Dissipateur.	Trèfle hybride.
198	Dissolu.	Carline vulgaire.
199	Dissolube.	Saxifrage arétie.
200	Distance.	Anserine bâtarde.
201	Distillation.	Céraiste commun.
202	Distinct.	Anserine à feuille de Figuier.
203	Distinction.	Pancrace odorant.
204	Distraction.	Pélargonium à feuille d'Alchimille.
205	Diversion.	Paturin divergent.

206	Diversité.	Pélargonium tricolor.
207	Divertissement.	Valisnérie spirale.
208	Divin.	Hélianthe multiflore simple.
209	Divinement.	—— —— la fleur commençant à s'épanouir.
210	Divinité.	—— —— double.
211	Division.	Pélargonium à cinq taches.
212	Divorce.	Trèfle intermédiaire.
213	Divulgation.	Mélique de Bauhin.
214	Dix.	Fétuque des brebis.
215	Docile.	Trèfle rampant.
216	Docilité.	Rosier à bractées.
217	Doléance.	Euphraise visqueuse.
218	Domestique.	Sorbier domestique.
219	Domicile.	Alsine en ombelle.
220	Domination.	Sauge dorée.
221	Dommage.	Moutarde fausse Roquette.
222	Domptable.	Fluteau Plantain d'eau.
223	Don.	Cornouiller blanc.
224	Donnant.	—— alterne.
225	Dot.	Velar jaunâtre.
226	Double.	Ephédra double épis.
227	Doublement.	Pimprenelle épineuse.
228	Doucement.	Plusieurs fleurs d'Amandier commun, double.
229	Douceur.	Deux fleurs de l'Amandier commun, à fleurs doubles.
230	Douleur.	Grenadille incarnate.
231	Douloureux.	Grenadille bleue, un seul bouton.
232	Doute.	Pavot douteux avec ses boutons.
233	Douteux.	Pavot douteux, la fl. sans boutons.
234	Doux.	Amandier commun à fleur simple.

235	Drap.	Saule à trois étamines.
236	Draperie.	—— drapé.
237	Droit.	Lys de Chalcédoine.
238	Droiture.	—— de Chine.
239	Duègne.	Epiaire des bois.
240	Dupe.	Linaigrette à plusieurs épis.
241	Duperie.	—— à feuille étroite.
242	Duplicité.	—— grêle.
243	Dur.	Buglosse d'Italie.
244	Durable.	Elychryse des Sables.
245	Dureté.	Buglosse à feuille étroite.

E.

1	Eau.	Jonc humble.
2	Ebauche.	Centaurée des Alpes.
3	Ebène.	Plaqueminier de Virginie.
4	Eblouissant.	Rosier toujours fleuri, fl. cramoisi.
5	Ebranlement.	Vesce pourpre noir.
6	Ebullition.	Véronique officinale.
7	Ecaille.	Passerage ibéride.
8	Ecart.	Velar des murailles.
9	Echange.	Orchys Sureau.
10	Echarpe.	Rosier de deux fois l'an, à fleur en corymbe.
11	Echéance.	Anserine à graine lisse.
12	Echec.	Gaillet d'Angleterre.
13	Eclair.	Cirier de Pensylvanie.
14	Eclaircissement.	Chélidoine cornue.
15	Eclat.	—— glauque.
16	Eclatant.	—— hybride.
17	Ecolier.	Géranium disséqué.
18	Econome.	Trèfle filiforme.

19	Ecoute.	Myosote vivace.
20	Ecrit.	Alsine intermédiaire.
21	Ecrouelles.	Scrofulaire noueuse.
22	Ecueil.	Inule hérissée.
23	Ecume.	Silené uniflore.
24	Ecumeur.	—— Campanule.
25	Edifiant.	Muguet de mai.
26	Edification.	—— —— fleur double.
27	Edit.	Lindernie pyxidaire.
28	Education.	Sureau Hièble.
29	Effectif.	Elym des Sables.
30	Effectivement.	—— d'Europe.
31	Effervescence.	Molucelle ligneuse.
32	Effet.	Trèfle en gazon.
33	Efficace.	Primevère officinale.
34	Effluence.	Moutarde blanche.
35	Effort.	Pelargonium acide.
36	Effraction.	Moutarde blanchâtre.
37	Effrayant.	—— d'Orient.
38	Effrené.	Rumex sanguin.
39	Effroi.	Morelle noire.
40	Effrontément.	Panic pied de coq.
41	Effroyable.	Moutarde noire.
42	Effusion.	Pélargonium réniforme.
43	Egal.	Parisette à quatre feuilles.
44	Egalité.	Mouron rouge.
45	Egard.	Erodium Chamædris.
46	Egarement.	Pelargonium panaché.
47	Egoïsme.	Narcisse de poète, double.
48	Egoïste.	—— —— simple.
49	Elans.	Véronique Paquerette.
50	Elasticité.	Momordique élastique.

51	Electricité.	Frankinia lisse.
52	Electrique.	—— hérissée.
53	Elégance.	Dalhia safrané.
54	Elégant.	—— rose.
55	Elément.	Nayade vulgaire.
56	Elévation.	Mélèze d'Europe.
57	Elevé.	Tragus à grappe.
58	Eloigné.	Sumac de Virginie.
59	Eloignement.	—— vénéneux.
60	Eloquemment.	Centaurée de montagne.
61	Emancipation.	Plantain pied de lièvre.
62	Embarcation.	Nayade fluette.
63	Embarras.	Athamanthe libanotide.
64	Embarrassant.	—— de Crète.
65	Embellissement.	Sumac vernis.
66	Emblématique.	Silené à feuille en cœur.
67	Emblême.	Rosier de deux fois l'an, de Poël-land.
68	Embrâsement.	Pélargonium couleur de feu.
69	Embrassade.	Coris de Montpellier.
70	Embûche.	Joubarbe à toile d'araignée.
71	Embuscade.	Trèfle roide.
72	Emeute.	Silené d'Angleterre.
73	Eminemment.	Paturin élégant.
74	Eminence.	Thym laineux.
75	Emissaire.	Plantain hérissé.
76	Emission.	Podosperme à feuille de Réséda.
77	Emollient.	Guimauve hérissée.
78	Emotion.	Pavot Coquelicot double rouge.
79	Empêchement.	Ononis à petite fleur.
80	Empire.	Fritillaire impériale.
81	Emploi.	Violette des Pyrénées.

82	Empoisonnement.	Digitale à grande fleur.
83	Empoisonneur.	—— à petite fleur.
84	Emporté.	Gaillet divergent.
85	Emportement.	—— fangeux.
86	Empreinte.	Silené à cinq taches.
87	Empressé.	Myosote naine.
88	Empressement.	—— à fruit de Bardane.
89	Enceinte.	Suffrénie filiforme.
90	Encens.	Pélargonium à f. de Groseiller.
91	Enchaînement.	Véronique à feuille de Lierre.
92	Enchantement.	Anémone à feuille de Narcisse.
93	Enchanteur.	—— du mont Baldo.
94	Enchère.	Panic Millet.
95	Enclin.	Silené penché.
96	En colère.	Cerfeuil hérissé.
97	Endormeur.	Pavot somnifère, double rouge.
98	Endosseur.	Centaurée à dents de moule.
99	Endroit.	Trèfle Bardane.
100	Endurant.	Anémone sauvage.
101	Énergie.	Fritillaire impériale, en graine.
102	Énergique.	—— des Pyrénées, la fleur.
103	Énergiquement.	—— —— en graine.
104	Énergumène.	Chlore enfilé.
105	Enfance.	Panic verticillé.
106	Enfant.	—— .vert.
107	Enfantement.	Suffrénie filiforme.
108	Enfoncement.	Luserne Tarière.
109	Engagement.	Pélargonium trilobé.
110	Engourdissement.	Gentiane des glaciers.
111	Engrais.	Sagine couchée.
112	Énigmatique.	Arabette enfilée.
113	Énigme.	—— oreillette.

114	Enjolivement.	Sauge des prés.
115	Enjoliveur.	OEillet bleuâtre.
116	Enjoleur.	Paturin amourette.
117	Enjoué.	OEillet Arméria.
118	Enjouement.	—— de Montpellier.
119	Ennemi.	Tribule couché.
120	Ennui.	Tulipe de Gessner, gris de lin.
121	Ennuyant.	Julienne découpée.
122	Ennuyeux.	—— d'Afrique.
123	Énormité.	Tabouret à tige nue.
124	Enrageant.	Passerage couchée.
125	Enseigne.	Argoussier faux Nerprun.
126	Enseignement.	—— du Canada.
127	Ensemble.	Pélargonium trifide.
128	Ensuite.	—— gibbeux.
129	Entassement.	Paturin des marais.
130	Entendement.	Camara à collerette.
131	Enterrement.	Trèfle enterreur.
132	Entêtement.	Plantain à petite tête.
133	Enthousiasme.	Sauge verte.
134	Entier.	Inule odorante.
135	Entièrement.	—— feuille de Saule.
136	Entonnoir.	Silené conoïde.
137	Entourage.	Buis nain.
138	Entraves.	Rosier Framboisier.
139	Entrefaites.	Panic glauque.
140	Entremetteur.	Menthe verte.
141	Entremise.	—— feuille ronde.
142	Entreprenant.	Cardoncelle de Montpellier.
143	Entreprise.	—— doux.
144	Entresol.	Inule de Vaillant.
145	Entretien.	Pélargonium sans stipule.

146	Entrevue.	Selin demi-engainé.
147	Enveloppe.	Ail à longues spathes.
148	Envers.	Rumex des Alpes.
149	Envie.	Jasmin de Virginie.
150	Envieux.	—— jaune.
151	Énumération.	Julienne printanière.
152	Épars.	Anacycle de Valence.
153	Éperduement.	Capucine double.
154	Éphémère.	Éphéméride de Virginie.
155	Épidémie.	Trèfle cotonneux.
156	Épine.	Ajonc d'Europe très-épineux.
157	Épineux.	—— marin.
158	Épingle.	Cirse très-épineux.
159	Épithète.	Plantain des chiens.
160	Epoque.	Fève commune.
161	Épouvantable.	Aconit Napel.
162	Épouvante.	—— Anthora.
163	Époux.	Métrosidéros à panache rouge.
164	Épreuve.	—— à feuille de Saule.
165	Épuisable.	Fumeterre grimpante.
166	Épuisement.	—— en épi.
167	Équipée.	Gaillet couché.
168	Équitable.	Inule aulnée.
169	Équivoque.	Raiponce de Michéli.
170	Errant.	Plantain des Alpes.
171	Erreur.	Pivoine femelle, fleur double, blanche, rosée.
172	Erronée.	Glycine arbrisseau.
173	Éruption.	Agrostis étalée.
174	Escalier.	Plantin serpentin.
175	Esclandre.	Centaurée à large découpure.
176	Esclavage.	Germandrée à tête jaune.

177 Esclave.   Germandrée en tête.
178 Escroc.   Gaillet des Pyrénées.
179 Espace.   Anthyllide de montagne.
180 Espèce.   Raiponce à feuille de Bétoine.
181 Espérance.   Rose de Bordeaux.
182 Espiègle.   Plantain lancéolé.
183 Espion.   Epiaire maritime.
184 Espoir.   Anémone couronnée, fleur simple verdâtre.
185 Esprit.   OEillet barbu.
186 Esquisse.   Aspérule à l'esquinancie.
187 Essai.   —— lisse.
188 Essence.   Centranthe rouge.
189 Essentiel.   —— à feuilles étroites.
190 Estimable.   Luserne rayonnante.
191 Estimateur.   —— en faucille.
192 Estimation.   —— agglomérée.
193 Estime.   —— cultivée.
194 Étalage.   Scille étalée.
195 Étanchement.   Sanguisorbe officinale.
196 État.   Anthyllide de Gérard.
197 Éteignoir.   Eteignoir.
198 Étendue.   Statice étalée.
199 Éternel.   Elychryse des frimas.
200 Éternellement.   —— perlée.
201 Éternité.   —— stœchas.
202 Éthérée.   Stellaire des bois.
203 Étoile.   Asphodèle fistuleux, une seule fl.
204 Étoilé.   —— —— plusieurs fleurs.
205 Étonnament.   Asclépiade de Syrie.
206 Étonnant.   Asclépiade noir commun.
207 Étonnement.   —— dompte venin.

208 Étouffement.   Trèfle étouffé.
209 Étourderie.   Drave, faux Aizon.
210 Étourdi.   —— ciliée.
211 Étourdissant.   —— des Pyrénées.
212 Étourdissement.   —— des murs.
213 Étourneau.   —— printanière.
214 Étrange.   Pavot hybride.
215 Étrangement.   —— argemoné.
216 Étranger.   —— du pays de Galles.
217 Étroit.   Berle à feuilles étroites.
218 Étroitement.   —— en ombelles sessiles.
219 Évacuation.   Pyrèthre matricaire.
220 Évaluation.   Plantain grisâtre.
221 Évasion.   Trèfle hérissé.
222 Événement.   Menthe hérissée.
223 Évidence.   Trèfle des campagnes.
224 Évident.   Pencédan d'Alsace.
225 Évitable.   Ratoncule naine.
226 Évolution.   Pédiculaire en faisceau.
227 Exact.   Pencédan officinale.
228 Exactement.   Orobanche rameuse.
229 Exactitude.   Erodium musqué.
230 Exagérateur.   Cirse jaunâtre.
231 Exagération.   —— à feuille de Roquette.
232 Exaltation.   Sauge d'Espagne.
233 Exaspération.   Gaillet nain.
234 Excellent.   Le fruit du Pêcher.
235 Excepté.   Prenanthe pourpre.
236 Exception.   —— à feuilles menues.
237 Excès.   Thym poivré.
238 Excitation.   Pyrèthre inodore.
239 Excoriation.   Plantain en alène.

240	Excursion.	Pédiculaire arquée.
241	Excuse.	Rosier de deux fois l'an, rouge et blanc, ou d'Yorck.
242	Exécrable.	Epervière embrassante.
243	Exécrablement.	—— blanchâtre.
244	Exécration.	—— tubuleuse.
245	Execution.	Ail ciboule.
246	Exemplaire.	Tamme commun.
247	Exemple.	Saxifrage étoilé.
248	Exemption.	Scrofulaire à feuille de Sauge.
249	Exigeant.	Gaillet des rochers.
250	Exigeance.	—— du Hartz.
251	Exigible.	—— trois cornes.
252	Exil.	—— bâtard.
253	Existence.	Rosier des quatre saisons, ou de tous les mois.
254	Expansible.	Saponaire officinal, fleur simple.
255	Expansion.	—— —— fleur double.
256	Expatriation.	Saxifrage du Groënland.
257	Expédient.	Sarriette thymbra.
258	Expéditif.	Sauge sclarée.
259	Expert.	Géropogon glabre.
260	Expiation.	Gaillet ani sucré.
261	Expiatoire.	—— Gratteron.
262	Exprès.	Alisier anti dyssentérique.
263	Expressément.	—— faux Nèflier.
264	Expressif.	—— à large feuille, ou de Fontainebleau.
265	Expression.	—— Allouchier.
266	Exprimable.	—— Amelouchier.
267	Exquis.	Trèfle cotonneux.
268	Extase.	Cyclamen d'Europe, rose.

269 Extatique.   Cyclamen d'Europe, blanchâtre.
270 Extensible.   Mauve sauvage.
271 Extension.   —— de Tournefort.
272 Extérieur.   Trigonelle bâtarde.
273 Extorsion.   Gaillet de Vaillant.
274 Extraction.   Arabette bleue.
275 Extrait.   —— de Haller.
276 Extraordinaire.   Rosier à cent feuilles crépu, ou à
                              feuilles de Céleri.
277 Extravagant.   Cirse à trois têtes.
278 Extravagance.   —— ambigu.
279 Extrême.   Linaire réfléchie.
280 Extrêmement.   —— des Pyrénées.
281 Extrémité.   —— des Alpes.

F.

 1 Fable.   Renoncule de Montpellier.
 2 Fabricant.   Lin maritime.
 3 Fabricateur.   —— en cloche.
 4 Fabrication.   —— à feuilles étroites.
 5 Fabrique.   —— à feuilles menues.
 6 Fabuleusement.   Jong pygmé.
 7 Fabuleux.   Agrostis naine.
 8 Facétie.   Arabette des pierres.
 9 Fâcheux.   Renoncule en faucille.
10 Facile.   Ibéride à feuille de Lin.
11 Facilement.   —— naine.
12 Facilité.   —— spatule.
13 Factieux.   Centaurée hybride.
14 Fadeur.   Giroflée double, ou Bouton d'or.
15 Faisable.   Prénanthe bulbeux.
16 Fallacieux.   Ibéride des rochers.

17	Fallacieusement.	Ibéride amère.
18	Falsification.	Orvale, faux Larmier.
19	Fameux.	Véronique officinale.
20	Familiarité.	Ibéride toujours vert.
21	Figure.	Stégie lavatère.
22	Fil.	Chanvre cultivé.
23	File.	Rubanier simple.
24	Fillette.	Arnique Paquerette.
25	Fin.	Linaire de Chalep.
26	Final.	—— couché.
27	Finalement.	—— bâtarde.
28	Finement.	Raiponce de Charmeil.
29	Finesse.	—— hémisphérique.
30	Fistuleux.	Ornithogale fistuleux.
31	Flagornerie.	Anserine botride.
32	Flagorneur.	—— glauque.
33	Flambeau.	Dictame blanc (Fraxinelle).
34	Flamme.	—— rouge. ——
35	Flasque.	Anserine fétide.
36	Flatterie.	—— Ambroisie.
37	Flatteur.	—— polysperme.
38	Fléau.	Ivraie enivrant.
39	Flegmatique.	Cierge raquette.
40	Flèche.	Sagittaire à flèche.
41	Flétrissure.	Stellaire , faux Céraiste.
42	Fleurette.	Chèvrefeuille à fruit bleu.
43	Fleuriste.	Butome en ombelle.
44	Fleuve.	Potamot flottant.
45	Flexibilité.	Prénanthe Ozier.
46	Flexible.	—— élégant.
47	Flexion.	Géranium réfléchi.
48	Florissant.	Rosier luisant.

49	Flot.	Potamot intermédiaire.
50	Flottant.	—— crépu.
51	Flotte.	—— comprimé.
52	Fluet.	Euphorbe fluet.
53	Fluide.	Jonc épars.
54	Fluidité.	—— courbé.
55	Foi.	Tulipe de Gessner, rosée.
56	Foible.	—— —— panachée.
57	Foiblement.	—— gris de Lin.
58	Foiblesse.	—— rouge.
59	Foin.	Paturin annuel.
60	Foison.	—— maritime.
61	Fol.	Jusquiame noire.
62	Folâtre.	—— dorée.
63	Folie.	Tulipe de Gessner, double.
64	Follement.	Jusquiame blanche.
65	Fermentation.	Cherlerie, faux Sédum.
66	Fonction.	Vesce Ers.
67	Fond.	Epipactis des marais.
68	Fondamental.	—— à larges feuilles.
69	Fondateur.	—— en glaive.
70	Fondation.	—— en lance.
71	Fondement.	—— rouge.
72	Fonderie.	—— nid d'oiseau.
73	Fondeur.	—— ovale.
74	Fonds.	—— en cœur.
75	Fontaine.	Athyrium des fontaines.
76	Force.	Genet velu.
77	Forêt.	Bouleau blanc.
78	Forfait.	Crapaudine de Rome.
79	Formalité.	Scabieuse Centaurée.
80	Formation.	—— des Pyrénées.

81 Forme. Scabieuse colombaire.
82 Formel. —— fleur blanche.
83 Fort. Cranson à feuille de Pastel.
84 Fortement. —— drave.
85 Forteresse. Sisymbre des murs.
86 Fortifiant. Cranson de Bretagne.
87 Fortification. Spirée crenelée.
88 Fortuit. Scabieuse d'Ukraine.
89 Fortune? Rosier de France argenté.
90 Fortuné. Rosier élégant.
91 Foudre. Pariétaire officinale.
92 Foudroyant. —— de Judée.
93 Foulé. —— à trois nervures.
94 Familier. Ibéride en ombelle.
95 Familièrement. —— intermédiaire.
96 Famine. Limodon fibreuse.
97 Fanatique. Cacalie pétasite.
98 Fanatisme. —— des Alpes.
99 Fange. Arroche des rives.
100 Fangeux. —— à rosette.
101 Fantaisie. —— découpée.
102 Fantasque. Arnique à racine noueuse.
103 Fantastique. Laurier ovale.
104 Fantôme. Vesce hybride.
105 Farce. Rumex Oseille.
106 Farceur. —— petite Oseille.
107 Faste. Volant d'eau en épi.
108 Fastidieusement. Livèche d'Autriche.
109 Fastidieux. —— férule.
110 Fatigue. Dauphinelle voyageuse.
111 Fatigant. —— élevé.
112 Fatuité. Rose musquée.

113	Faveur.	Rosier Thé.
114	Faulx.	Paturin écarté.
115	Favorable.	Arnique des montagnes.
116	Favorablement.	—— Doronic.
117	Favori.	Frêne à fleurs.
118	Faussement.	Brunelle commune.
119	Fausseté.	—— découpée.
120	Faute.	Peuplier noir.
121	Fauteur.	Astragale en hameçon.
122	Fautif.	Sisymbre des marais.
123	Faux.	Tagette dressée double, une seule fleur.
124	Fécond.	OEillet prolifère.
125	Fécondité.	Rosier multiflore.
126	Fécondation.	Morelle melongène.
127	Feinte.	Scille, fausse Jacinthe.
128	Félicitation.	Rosier de France, fl. rose panachée.
129	Félicité.	Rosier de deux fois l'an, félicité.
130	Femme.	Julienne des dames, fleur simple.
131	Fente.	Ragadiole comestible.
132	Ferme.	Véronique becabunga.
133	Fermentation.	Saponaire jaune.
134	Fermeté.	Saxifrage à cils roides.
135	Féroce.	Robinier féroce.
136	Férocité.	—— chamlagu.
137	Fertil.	Silené d'Italie.
138	Fertilité.	—— de France.
139	Fervent.	Pélargonium à feuille de Ribes.
140	Ferveur.	Centaurée Chardon mari.
141	Festin.	Vigne porte-vin.
142	Feston.	Dentelaire européenne.
143	Fétide.	Ballote fétide.

144 Fétidité.   Laser à large feuille.
145 Feu.   Pastelle des teinturiers.
146 Feuillage.   Saule soyeux.
147 Février.   Valériane dioïque.
148 Fictif.   OEillet deltoïde.
149 Fiction.   Calamagrostis des sables.
150 Fidélité.   Fontinale.
151 Fidelle.   Rosier à cent feuilles d'un blanc
                         de neige, ou rose unique.
152 Fidellement.   —— blanc.
153 Fier.   Chêne nain.
154 Fièrement.   —— égilops.
155 Fierté.   —— au Kermès.
156 Fièvre.   Prunier épineux.
157 Fiévreux.   —— de Briançon.
158 Fourbe.   Tagette dressée double, fl. et b.
159 Fourberie.   —— —— —— b. seulement.
160 Fourche.   Ortégie dichotome.
161 Fourniment.   Barbon grillon.
162 Fourniture.   —— double épi.
163 Fourrage.   —— hérissé.
164 Fourrageur.   —— d'Allioni.
165 Fourreau.   Gainier d'Europe.
166 Fragile.   Avoine fragile.
167 Fragilité.   —— molle.
168 Fraîchement.   Tilleul en graine.
169 Fraîcheur.   —— à feuilles glabres.
170 Frais.   —— argenté.
171 Franc.   Caquillier ridé.
172 France.   Immortelle jaune et rose.
173 Frange.   Iris frangée.
174 Fraude.   Centaurée laineuse.

175	Fraudeur.	Centaurée de la Pouille.
176	Frauduleusement.	—— des collines.
177	Frauduleux.	—— du solstice.
178	Frayeur.	Lion-dent blanchâtre.
179	Fredaine.	Rosier rouillé.
180	Frêle.	Orchis lâche.
181	Frémissement.	Limodon avorté.
182	Frénésie.	Vesce cracca.
183	Fréquemment.	Centaurée commune.
184	Fréquent.	—— de montagne.
185	Friand.	Fraisier Ananas.
186	Frimas.	Pélargonium austral.
187	Fripon.	Parvie jaune.
188	Friponnerie.	—— rouge.
189	Frivole.	Chèvrefeuille des Pyrénées.
190	Frivolité.	—— des Alpes.
191	Froid.	Courge-Melon , les fleurs.
192	Froideur.	—— —— les fruits.
193	Frondeur.	Plantain à petite feuille.
194	Frontière.	OEillet des Alpes.
195	Frottement.	Sisymbre des sables.
196	Fructueux.	Renouée Sarrazin.
197	Frugal.	Froment des bois.
198	Frugalement.	—— à feuille de Jonc.
199	Frugalité.	—— penné.
200	Fugitif.	Nicotiane rustique.
201	Fuite.	—— à larges feuilles.
202	Fumier.	Sagine sans pétale.
203	Funèbre.	—— commune.
204	Funéraille.	Cyprès à feuille de Tuya.
205	Funéraire.	—— à rameaux dystiques.
206	Fureur.	Lion-dent écailleux.

207	Furibond.	Anthyllide hérissonnée.
208	Furie.	Lion-dent de montagne.
209	Furieusement.	—— hérissé.
210	Furieux.	—— en fer de lance.
211	Furtivement.	Scabieuse de Transylvanie.
212	Futile.	Muscari botride.
213	Futilité.	Caucalide anthrisque.
214	Futur.	Pélargonium à feuille en cœur.
215	Fuyard.	Nicotiane ondulé.

G.

1	Gage.	Rosier à cent feuilles couleur de chair, ou Vilmorin.
2	Gaie.	Rosier de France à rameaux.
3	Gaiement.	—— —— de Mahek.
4	Gain.	Orge commun, épi avec du grain.
5	Galamment.	OEillet des collines.
6	Galant.	—— Giroflée.
7	Galanterie.	Galantine Perce neige.
8	Galantin.	OEillet fourchu.
9	Gale.	Psoralier bitumineux.
10	Galerie.	Caucalide à petite fleur.
11	Gangrène.	Yvraie multiflore.
12	Garant.	Safran découpé.
13	Garantie.	—— nain.
14	Garçon.	Pélargonium charnu.
15	Garde.	Epiaire hérissée.
16	Gardien.	—— Crapaudine.
17	Garniture.	Centaurée plumeuse.
18	Gaze.	Millepertuis de montagne.
19	Gauche.	Selin de Chabrœus.
20	Gaucherie.	Chèvrefeuille alpigine.

21	Gazon.	Statice à feuille de Paquerette.
22	Gémissant.	Gesse ciliée.
23	Gémissement.	—— sphérique.
24	Gendre.	Chèvrefeuille de Xylostéon.
25	Gêne.	Athamanthe de Matthiole.
26	Généreusement.	Astragale d'Autriche.
27	Généreux.	—— en étoile.
28	Générosité.	—— Sésame.
29	Génie.	Laurier Bourbon.
30	Genou.	Renouée Liseron.
31	Genre.	Agrostis vulgaire.
32	Gentil.	Rosier à cent feuilles pompon.
33	Gentillesse.	—— à feuille de Pimprenelle.
34	Géographie.	Platane d'Amérique.
35	Geolier.	Sisymbre des rochers.
36	Gerçure.	Rhagadiole étoilé.
37	Geste.	Véronique de montagne.
38	Girouette.	Saule philica.
39	Glace.	Renoncule des glaciers.
40	Glaive.	Glayeul commun.
41	Glissant.	Rosier lisse.
42	Globuleux.	Orchis globuleux.
43	Gloire.	Laurier de Madère.
44	Glorieux.	Ail victorial.
45	Glouton.	Lampourde glouteron.
46	Gluant.	Céraiste visqueux.
47	Gorge.	Cynanque de Montpellier.
48	Gouffre.	Stellaire aquatique.
49	Gourmand.	Epinard sans corne.
50	Gourmet.	Ananas cultivé.
51	Goût.	Sarriette de Saint-Julien.
52	Goutte.	Egopode des goutteux.

53	Grâce.	Capucine à larges feuilles.
54	Gracieusement.	Chèvrefeuille de Tartarie.
55	Gracieux.	—— gracieux.
56	Gradation.	Plantain moyen.
57	Graduation.	—— du Mont-Victoire.
58	Graisse.	Bunias, faux Cranson.
59	Grand.	Frêne élevé.
60	Grappe.	Muscaire à grappe.
61	Grave.	Cucubale porte baie.
62	Gravier.	Saxifrage Aizon.
63	Gravité.	—— intermédiaire.
64	Grèle.	Avoine grèle.
65	Grief.	Hellébore livide.
66	Grièvement.	—— à racine noire.
67	Griffe.	—— pied de griffon.
68	Grondeur.	Gentiane des Pyrénées.
69	Gros.	Vésicaire renflée.
70	Grossesse.	Gentiane à calice enflé.
71	Grossier.	Rosier églantier, la rose sans b.
72	Grossièrement.	—— —— avec des boutons.
73	Grossièreté.	Achillée compacte.
74	Grotesque.	—— à feuille de Tanaisie.
75	Groupe.	—— à grande feuille.
76	Guéable.	—— naine.
77	Guérison.	—— à mille feuilles.
78	Guérissable.	Sanicle d'Europe.
79	Guerrier.	Laurier d'Apollon à large feuille.
80	Guet.	Achillée à feuille de Livèche.
81	Guirlande.	Rosier de France multiflore.

H.

1	Habile.	Villarsie, faux Nénuphar.

2	Habitant.	Thesion des Alpes.
3	Habitude.	Gentiane bâtarde.
4	Habitué.	—— ponctuée.
5	Habituel.	—— de Hongrie.
6	Habituellement.	—— à deux lobes.
7	Hagard.	Galéopsis bigarrée.
8	Haie.	Nèflier à feuille de Cornouiller.
9	Haine.	Agrostis filiforme.
10	Haineux.	—— des Alpes.
11	Haïssable.	—— des rochers.
12	Hâle.	Spargoute glabre.
13	Haleine.	—— fausse Sagine.
14	Haletant.	Laitron des Alpes.
15	Hameau.	Molène, fausse Blattaire.
16	Harangue.	Luserne maritime.
17	Hardi.	Arroche en fer de lance.
18	Hardiesse.	—— couchée.
19	Hardiment.	—— étalée.
20	Hargneux.	Galactite cotonneuse.
21	Harmonie.	Anémone couronnée, fl. double rouge, blanche au milieu.
22	Harmonieux.	—— —— —— bleue panachée de blanc.
23	Harmonique.	—— —— —— blanche et violette au milieu.
24	Hasard.	—— —— —— blanche et rose au milieu.
25	Hausse.	Euphraise des Alpes.
26	Hautain.	Hélianthe élevé, une seule fleur.
27	Hautement.	—— —— fleurs et boutons.
28	Hauteur.	Renouée d'Orient.
29	Hélas.	Oxytropis fétide.

3o	Hémisphère.	Myrte horizontal.
3i	Hémorragie.	Lotier hérissé.
3a	Héréditaire.	Galéobdolon jaune.
33	Hérésie.	Yvraie vivace.
34	Héritage.	Saule Daphné.
35	Héritier.	—— à cinq étamines.
36	Hermitage.	Scabieuse des bois.
37	Héroïque.	Seneçon des Apennins.
38	Héroïsme.	Rose de Caroline.
3g	Hésitation.	Amaryllis jaune.
4o	Heureusement.	Anémone couronnée, fl. simple, violette.
4i	Heureux.	—— —— —— rose.
4a	Hideux.	Crapaudine de montagne.
43	Hier.	Vesce à feuilles de Pois.
44	Histoire.	Ornithogale des Pyrénées.
45	Historique.	Frêne à feuilles rondes.
46	Hiver.	Hellébore d'hiver.
47	Homicide.	Yvraie menue.
48	Homme.	Sauge hormin.
49	Hommage.	Anémone couronnée, fl. double rouge pourpre.
5o	Honnête.	—— —— —— rouge.
5i	Honnêtement.	—— —— —— violette.
5a	Honnêteté.	—— —— —— verdâtre.
53	Honneur.	—— —— —— blanchâtre.
54	Honorable.	—— —— fleur simple, rouge pourpre.
55	Honorablement.	—— —— —— rouge.
56	Honoraire.	Androsace velue.
57	Honte.	Pivoine mâle, rose, fleur simple.
58	Honteusement.	—— femelle, rose, fleur simple.

59	Honteux.	Pivoine mâle , pourpre , fl. simple.
60	Horreur.	Crapaudine blanchâtre.
61	Horrible.	—— à feuille d'Hysope.
62	Horriblement.	—— faux Scordium.
63	Hospitalité.	Raiponce à feuille de Scorzonnère.
64	Hostilité.	Seneçon des bois.
65	Hôte.	Paronique Serpolet.
66	Hôtel.	—— argenté.
67	Houri.	Hémerocale du Japon.
68	Huile.	Hêtre commun ou des forêts.
69	Huit.	Fétuque roseau.
70	Humainement.	Gesse à feuilles variables.
71	Humain.	Aigremoine Eupatoire.
72	Humanité.	Gesse annuelle.
73	Humble.	Chamérops humble.
74	Humblement.	Gesse des marais.
75	Humeur.	Giroflée rouge panachée.
76	Humide.	Populage des marais, fl. sans b.
77	Humidité.	—— —— les boutons.
78	Humiliant.	Germandrée ligneuse.
79	Humiliation.	—— Botride.
80	Humilité.	—— fausse Ivette.
81	Hydrophobe.	Passerage à feuilles rondes.
82	Hymen.	Rosier , mille épines.
83	Hymne.	Santoline à feuille de Romarin.
84	Hypocrisie.	Giroflée triste.
85	Hypocrite.	—— à trois pointes.
86	Hypothèse.	Stéhélina douteux.

I.

| 1 | Idéal. | Silené du Valais. |
| 2 | Idiot. | Chardon mari. |

3 Idiotisme.   Chardon à tache blanche.
4 Idolâtre.   Dauphinelle pied d'allouette, roug.
                          simple.
5 Ignoble.   Renoncule bulbeuse.
6 Ignominie.   ——— des mares.
7 Ignominieusement. — à petite fleur.
8 Ignoramment.   Cardère sauvage.
9 Ignorance.   ——— à foulon.
10 Ignorant.   ——— découpé.
11 Illégal.   Pivoine femelle pourpre, fl. simple.
12 Illégalement.   ——— ——— blanche rosée, fl.
                          simple.
13 Illégitime.   Pivoine femelle pourpre, fleur
                          double.
14 Illicite.   ——— ——— rose, fleur double.
15 Illimité.   Micaucoulier d'Occident.
16 Illusion.   Renoncule des Alpes.
17 Illusoire.   ——— d'Illyrie.
18 Illustration.   Laurier camphré.
19 Illustre.   ——— d'Apollon , fleur double.
20 Image.   Dauphinelle pied d'allouette , fl.
                          double.
21 Imaginable.   Agrostis douteuse.
22 Imaginaire.   Scille du Pérou.
23 Imbécille.   Cardère velu.
24 Imbécillité.   Chardon à Brochet.
25 Imitable.   Ciste crépu.
26 Imitateur.   ——— blanchâtre.
27 Imitation.   ——— cotonneux.
28 Immanquable.   Jasione de montagne.
29 Immanquablement. — vivace.
30 Immédiat.   Dorycnium ligneux.

31	Immédiatement.	Dorycnium herbacé.
32	Immobile.	Géranium des marais.
33	Immobilité.	—— à feuille d'Aconit.
34	Immodération.	Epilobe hérissé.
35	Immodéré.	—— mollet.
36	Immodérément.	—— des marais.
37	Immonde.	—— à feuille de Romarin.
38	Immondice.	—— tétragrone.
39	Immortalité.	Immortelle de France.
40	Immortel.	—— de montagne.
41	Immuable.	—— jaunâtre.
42	Impardonnable.	Calamagrostis argenté.
43	Imparfait.	—— roseau.
44	Imparfaitement.	—— coloré.
45	Impartial.	—— lancéolé.
46	Impartialité.	Callitriche à fruit sessile.
47	Impassibilité.	Géranium noueux.
48	Impassible.	Géranium des bois.
49	Impatiemment.	Impatiente balsamine, fl. simple panaché.
50	Impatience.	—— —— double.
51	Impatient.	—— —— simple.
52	Impénétrable.	Pélargonium moucheté.
53	Imperceptibilité.	Scille en ombelle.
54	Impérissable.	Gnaphale dioïque.
55	Impéritie.	Callitriche à fruit pédonculé.
56	Impertinemment.	Chardon, fausse Carline.
57	Impertinence.	—— Argémone.
58	Impertinent.	—— fausse Bardane.
59	Impétueux.	Phlomide, queue de lion.
60	Impétuosité.	—— Lichnite.
61	Impie.	Scorzonnère velue.

62	Impiété.	Camarine à fruit noir.
63	Impitoyable.	Epervière à feuille de Brunelle.
64	Impitoyablement.	—— de Jacquin.
65	Implacable.	Epervière, fausse Chondrille.
66	Impoli.	Salsifis à gros pedoncule.
67	Impolitesse.	—— hérissé.
68	Importance.	Pélargonium à feuille blanche.
69	Important.	—— tétragone.
70	Importun.	Sabline pourpier.
71	Importunité.	—— à fleur géminée.
72	Impossibilité.	Herniaire glabre.
73	Impossible.	—— des Alpes.
74	Imposteur.	—— velue.
75	Imposture.	—— fausse Renouée.
76	Impression.	Anémone de jardins à grande fl., feuille jaune au centre, verte et rose à la circonférence.
77	Imprévoyance.	Paquerette annuelle.
78	Improbable.	Micaucoulier austral.
79	Impropre.	Iris sale.
80	Improprement.	Seneçon sale.
81	Imprudence.	Campanule à feuilles rondes.
82	Imprudemment.	—— du Mont Cenis.
83	Imprudent.	—— naine.
84	Impudeur.	Onopordon Acanthe.
85	Impudicité.	—— de Dalmatie.
86	Impudique.	—— nain.
87	Impuissance.	Nénuphar jaune.
88	Impuissant.	—— blanc.
89	Impulsion.	Laitue à feuille de Saule.
90	Impunément.	Smilax de Barbarie.
91	Impuni.	Camomille des teinturiers.

92	Impunité.	Camomille flosculeuse.
93	Inabordable.	Houx commun.
94	Inaccessible.	—— panaché.
95	Inaction.	Silené fermé.
96	Inaltérable.	Gnaphale basse.
97	Inappréciable.	Camphrée de Montpellier.
98	Inattendu.	Laitue sauvage.
99	Incapable.	Campanule Raiponce.
100	Incapacité.	—— à feuille de Pêcher.
101	Incartade.	Calla des marais.
102	Incertitude.	Pélargonium à feuille variable.
103	Inclination.	Campanule étalée.
104	Incommode.	Pélargonium à trois pointes.
105	Incomparable.	Citronnier Oranger à fl. double.
106	Incompatible.	Camélée à trois coques.
107	Incompréhensible.	Aigremoine odorante.
108	Inconcevable.	Digitale à feuille de Molène.
109	Inconduite.	Nyctage (Belle de nuit) rose.
110	Inconnu.	Pavot des Alpes.
111	Inconséquence.	Liseron rayé.
112	Inconséquent.	—— de Biscaye.
113	Inconsidération.	Paturin bulbeux.
114	Inconsidéré.	Campanule carillon.
115	Inconsidérément.	Lotier à petites cornes.
116	Inconsolable.	Cyprès ordinaire.
117	Inconstamment.	Drave des neiges.
118	Inconstance.	—— étoilée.
119	Inconstant.	—— blanchâtre.
120	Incontestable.	Campanule en tête.
121	Incontesté.	OEnanthe Peucedan.
122	Inconvénient.	Cinéraire maritime.
123	Incorrect.	Cynosure à crête.

124	Incorrection.	Cynosure hérissée.
125	Incorrigibilité.	Liseron soldanelle.
126	Incorrigible.	—— à feuille d'Althéa.
127	Incorruptibilité.	Gnaphale des Alpes.
128	Incorruptible.	Sarriette des jardins.
129	Incorruption.	Sarriette de Grèce.
130	Incrédule.	Polygala des rochers.
131	Incrédulité.	—— faux Buis.
132	Incroyable.	Pélargonium capuchon.
133	Inculte.	OEillet sauvage.
134	Incurable.	Scrofulaire à oreillette.
135	Indécemment.	Bacchante de Virginie, en fruit.
136	Indécence.	—— —— en fleur.
137	Indécent.	—— à feuille de Laurose.
138	Indécis.	Cardamine à trois folioles.
139	Indécision.	—— granulée.
140	Indéfini.	Nèflier à large feuille.
141	Indéfiniment.	Nèflier, buisson ardent.
142	Indéfinissable.	—— à feuille d'Érable.
143	Indemnité.	Sauge glutineuse.
144	Indépendamment.	Saule réticulé.
145	Indépendance.	—— émoussé.
146	Indépendant.	—— en herbe.
147	Indestructibilité.	Immortelle des marais.
148	Indestructible.	—— pied de lion.
149	Indéterminé.	Cirse étoilé.
150	Indicatif.	Thésion à feuille de Lin.
151	Indice.	Rumex à deux stigmates.
152	Indifféremment.	Tagette dressée simple, les boutons seulement.
153	Indifférence.	—— —— —— une seule fl.
154	Indifférent.	—— —— —— fl. et bouton.

155	Indigence.	Cardamine amère.
156	Indigent.	—— des prés.
157	Indigestion.	Concombre melon.
158	Indignation.	Tussilage pas d'âne.
159	Indigne.	—— des Alpes.
160	Indignement.	—— Pétasite.
161	Indignité.	Tussilage blanc de neige.
162	Indiscret.	Véronique douteuse.
163	Indispensable.	Androsace, faux Bry.
164	Indispensablement.	—— des Alpes.
165	Indissoluble.	—— ciliée.
166	Indocile.	Vergerette des Alpes.
167	Indolence.	Géranium sanguin.
168	Indolent.	—— longue racine.
169	Indomptable.	Pélargonium hérissé.
170	Indulgence.	Véronique à feuille de Thym.
171	Industrie.	—— petit Chêne.
172	Inébranlable.	Thym serpollet.
173	Ineffaçable.	Véronique à souche ligneuse.
174	Inégalité.	Thrincie hérissée.
175	Inépuisable.	Véronique rustique.
176	Inespéré.	Cardamine à large feuille.
177	Inestimable.	Pivoine femelle, double blanche.
178	Inexact.	Cirse nain.
179	Inexactitude.	—— de Casabona.
180	Inexorable.	—— féroce.
181	Inexpérience.	—— laineux.
182	Inexprimable.	Véronique nummulaire.
183	Infaillible.	Sauge des prés.
184	Infaisable.	Paturin rougeâtre.
185	Infamant.	Rosier jaune soufre, rose défleurie.

186　Infamie.　　　　Iris, faux Açore.
187　Infanticide.　　　Genevrier sabine.
188　Infatigable.　　　Saule Myrte.
189　Infécond.　　　　Pommier dioïque.
190　Infect.　　　　　Anagyris fétide.
191　Infection.　　　　Orchis à odeur de bouc.
192　Inférieur.　　　　Thrincie velue.
193　Infertile.　　　　Prunier de la Chine, fleur double.
194　Infidélité.　　　　Nyctage , (Belle de nuit) fleur
　　　　　　　　　　　panachée.
195　Infidelle.　　　　—— jaune.
196　Infidellement.　　Plantain, corne de cerf.
197　Infini.　　　　　Véronique des Alpes.
198　Inflictif.　　　　Nigelle à feuille de Fenouil.
199　Infliction.　　　　—— des champs.
200　Influence.　　　　Liseron argenté.
201　Information.　　　Œnanthe à suc jaune.
202　Informe.　　　　Thrincie tubéreuse.
203　Infortune.　　　　Salicaire commune.
204　Infortuné.　　　　—— à feuille d'Hysope.
205　Infraction.　　　Cinéraire à feuille en cœur.
206　Infructueux.　　　Molène Lychnis.
207　Ingénieux.　　　　Campanule à feuille de Lin.
208　Ingénieusement.　—— des Vaudois.
209　Ingénuité.　　　　Rosier des champs.
210　Ingénuement.　　Lycopside des champs.
211　Ingratitude.　　　Epi de Froment sans grain.
212　Inguérissable.　　Scrofulaire printanière.
213　Inhabile.　　　　Trigonelle cornue.
214　Inhabitable.　　　Ronce à fleur bleuâtre.
215　Inhabité.　　　　—— glanduleuse.
216　Inhumain.　　　　Phalaris paradoxal.

217	Inimaginable.	Sainfoin à bouquet, fleur blanche.
218	Inimitable.	Sainfoin à bouquet, fl. rouge.
219	Inimitié.	Giroflée violette panachée.
220	Iniquité.	Pédiculaire à toupet.
221	Injure.	Gaillet du Piémont.
222	Injurieusement.	—— printanier.
223	Injurieux.	—— rouge.
224	Injuste.	—— pourpre.
225	Injustement.	—— des bois.
226	Injustice.	—— à fleur de Lin.
227	Innocemment.	Lamier blanc.
228	Innocence.	Rosier à cent feuilles, fleur simple.
229	Innocent.	—— —— semi-double.
230	Innovation.	Salsifis à feuille de Safran.
231	Inondation.	Scirpe des tourbières.
232	Inopiné.	Velar précoce.
233	Inquiet.	Souci des jardins simple avec les boutons.
234	Inquiétude.	—— —— —— sans boutons.
235	Insalubre.	Bolet comestible.
236	Insatiable.	Trigonelle à plusieurs cornes.
237	Insçu.	Renoncule nodiflore.
238	Insensé.	—— Thora.
239	Insensibilité.	Pélargonium rude.
240	Insensible.	—— à feuilles dures.
241	Inséparable.	Asphodèle blanc.
242	Inséparablement.	Luzule en grappe.
243	Insidieux.	Renoncule graminée.
244	Insinuation.	Thlapsie velue.
245	Insipide.	Laitue délicate.
246	Insipidité.	—— de Suze.
247	Insociable.	Ronce arbrisseau.

248 Insolent. Pommier des neiges.
249 Insouciance. Centaurée chondrille.
250 Insouciant. —— à dents de peignes.
251 Insoumis. Micocoulier à feuilles éparses.
252 Inspecteur. Grémil de la Pouille.
253 Inspirateur. Chironie centaurée.
254 Inspiration. —— élégante.
255 Instamment. Luzule maron.
256 Instance. —— blanc de neige.
257 Instant. Éphémère bicolore.
258 Instantané. —— rose.
259 Instigateur. Galéopsis à petite fleur.
260 Instigation. —— Tétrahit.
261 Instituteur. Sureau à f. panachées de jaune.
262 Institution. —— à tige arborescente et à fruit.
263 Instructif. —— commun à f. lasciniées.
264 Instruction. —— —— en ombelle de fruits noirs.
265 Instruit. —— —— en ombelle de fruits verts.
266 Instrument. Lunetier lisse.
267 Instrumental. —— corne de cerf.
268 Insuffisamment. Epi de seigle cultivé sans grain.
269 Insultant. Euphorbe arbrisseau.
270 Insulte. —— des vallons.
271 Insurmontable. Scolopendre.
272 Insurrection. Sabline à graines bordées.
273 Intact. Thym Zygis.
274 Intègre. —— de crète.
275 Intelligent. Vergerette de Vellars.
276 Intelligence. Véronique digitée.

277	Intendance.	Cinéraire à feuilles entières.
278	Intendant.	—— à longues feuilles.
279	Intention.	Rosier à longues feuilles.
280	Interception.	Sedum Anacampseros.
281	Interdiction.	Renoncule hérissée.
282	Interdit.	—— d'Allemagne.
283	Intérêt.	Salsifis des prés.
284	Intérieur.	Véronique de Pona.
285	Intermède.	Berle inondée.
286	Intermédiaire.	—— intermédiaire.
287	Interminable.	Véronique voyageuse.
288	Interprète.	Vesce à une fleur.
289	Interrogatif.	Népéta à fleurs lâches.
290	Interrogation.	—— nue.
291	Interrogatoire.	—— à large feuille.
292	Intervalle.	Sedum reprise.
293	Intervention.	Saxifrage en coin.
294	Intime.	Lysimaque, Lin étoilé.
295	Intimement.	—— des bois.
296	Intimité.	—— nummulaire.
297	Intrépide.	Grenadier double rouge, une seule fleur sans boutons.
298	Intrépidement.	—— simple fleur et boutons.
299	Intrépidité.	Grenadier rouge simple, une seule fleur.
300	Intrigant.	Euphorbe pourpre.
301	Intrigue.	—— de Carnioles.
302	Introduction.	Euphorbe doux.
303	Invariable.	Choin marisque.
304	Invariablement.	—— à longues pointes.
305	Invariabilité.	Comaret des marais.
306	Invasion.	Sabline à fleur rouge.

307	Invective.	Renoncule de Villars.
308	Inventeur.	Pélargonium glutineux.
309	Invention.	Sabline à trois fleurs.
310	Inverse.	Rumex maritime.
311	Invincible.	Laurier géniculé.
312	Inviolable.	Vesce jaune.
313	Invisibilité.	Gesse de Missole.
314	Invisible.	Renoncule d'Asie pourpre.
315	Invisiblement.	Gesse à fleur pâle.
316	Invitation.	Pélargonium Rave.
317	Invocation.	—— drapé.
318	Involontaire.	Raiponce de Scheuchzer.
319	Involontairement.	Raiponce de Haller.
320	Inusité.	Orge, queue de souris.
321	Inutile.	Maronnier d'Inde fleuri.
322	Inutilement.	—— en bouton.
323	Inutilité.	—— défleuri.
324	Ironie.	Germandrée de Provence.
325	Ironique.	—— des Pyrénées.
326	Ironiquement.	—— de montagne.
327	Irréconciliable.	Saxifrage velu.
328	Irrégulier.	Vulpin genouillé.
329	Irrémédiable.	Cinéraire des marais.
330	Irrémissible.	—— orangé.
331	Irréparable.	—— des champs.
332	Irrépréhensible.	Télèphe d'impérati.
333	Irréprochable.	Tanaisie commune.
334	Irrésistible.	Rosier blanc royal, ou cuisse de nymphe.
335	Irrévocable.	OEnanthe fistuleuse.
336	Irrévocablement.	—— globuleuse.
337	Irritabilité.	Achillée noble.

338	Irritable.	Achillée sternutatoire.
339	Irritant.	—— à écaille noire.
340	Irritation.	—— herba-rota.
341	Isolément.	Silené en épi.
342	Issue.	Plaqueminier, faux Lotier.
343	Ivresse.	Rosier nain ou de Bourgogne.

J.

1	Jactance.	Trigonelle de Montpellier.
2	Jalousie.	Souci des champs, fleur sans b.
3	Jaloux.	—— —— branche avec bout.
4	Jamais.	Branche de Rosier sans fleur, feuille, fruit et sans épines.
5	Janvier.	Valériane des rochers.
6	Jardin.	Ixia à grande fleur.
7	Jardinier.	—— safranée.
8	Jaunâtre.	Saule jaune.
9	Jaune.	Réséda, herbe à jaunir.
10	Jeudi.	Violette de Valdério.
11	Jeunesse.	Potentille couleur de neige.
12	Joie.	Pavot Coquelicot, blanc double.
13	Joli.	Zinnia rouge.
14	Joliment.	Gesse des rivages.
15	Jonction.	Consoude officinale, fleur blanche.
16	Jouet.	Agrostis, jouet des vents.
17	Joueur.	—— piquant.
18	Joug.	Orobe blanchâtre.
19	Jouissance.	Rosage ferrugineux.
20	Jour.	Hélianthème à grande fleur.
21	Journal.	—— à ombelle.
22	Journalier.	—— fumana.
23	Journée.	—— lunule.

24	Journellement.	Hélianthème d'OEland.
25	Joyeusement.	Narcisse intermédiaire.
26	Joyeux.	—— joyeux.
27	Judicieux.	Saule marceau.
28	Judicieusement.	—— à oreillette.
29	Juge.	Chironie maritime.
3o	Jugement.	—— en épi.
3 1	Juillet.	Valériane Phu.
3 2	Juin.	—— tubéreuse.
33	Juste.	Lychnide coquelourde, fl. double.
34	Justice.	Véronique des champs.
35	Justifiant.	Giroflée annuelle , variété rouge.
36	Justificatif.	—— sinuée.
37	Justification.	—— annuelle , variété blanche.

L.

1	Laborieux.	Orobe printanier.
2	Laborieusement.	—— tubéreux.
3	Labourable.	Ers velue.
4	Labourage.	—— aux Lentilles.
5	Lac.	Glaux maritime.
6	Lâche.	Courge Poitiron , la fleur.
7	Lâchement.	—— —— le fruit.
8	Lâcheté.	—— Pastique.
9	Laideur.	Troscart des marais.
10	Laine.	Nèflier cotonnier.
1 1	Laineux.	—— laineux.
1 2	Lait.	Polygale commun.
1 3	Laiterie.	—— amer.
1 4	Laitier.	—— de Montpellier.
1 5	Lambeau.	Sarrète à tige nue.

16	Lamentable.	Gesse des prés.
17	Lamentablement.	Gesse sauvage.
18	Lamentation.	—— à larges feuilles.
19	Lance.	Rumex à feuilles aiguës.
20	Lande.	Sabline de Gérard.
21	Langage.	Camara piquant.
22	Langoureux.	Potamot fluet.
23	Langue.	Renoncule langue
24	Langueur.	Potentille des neiges.
25	Languissant.	—— des frimas.
26	Lapidation.	Centaurée à feuille de Laitron.
27	Laquais.	Cinéraire de Sibérie.
28	Larcin.	Centaurée à feuille de Prénanthe.
29	Largesse.	Silené à feuille verte.
30	Larme.	Saule pleureur.
31	Las.	Saxifrage hypné.
32	Lascif.	Scille agréable.
33	Lascivement.	Gouet à feuilles étroites.
34	Lassitude.	Saxifrage porte gomme.
35	Latitude.	Rumex tubéreux.
36	Leçon.	Véronique à feuille radicale.
37	Légalisation.	Primevère à grande fleur.
38	Légataire.	Saule pointu.
39	Légation.	Saule de Suisse.
40	Léger.	Airelle vaccinium.
41	Légèrement.	—— myrtille.
42	Légèreté.	—— élégant.
43	Légion.	Trolle d'Europe.
44	Légitime.	Lys nain.
45	Légitimité.	Panais opoponax.
46	Légume.	—— cultivé.
47	Lent.	Digitale rouillé.

48	Lentement.	—— à fleur blanche.
49	Lenteur.	Géranium des prés.
5o	Liaison.	Pois cultivé.
51	Libéral.	Campanule pygmée.
52	Libéralement.	—— érine.
53	Libéralité.	—— d'Allioni.
54	Libérateur.	—— spécieuse.
55	Libération.	Doronic à feuille de Plantain.
56	Liberté.	Chêne yeuse.
57	Libertin.	Gouet commun.
58	Libertinage.	—— serpentaire.
59	Libidineux.	—— capuchon.
6o	Librement.	Doronic à racine noueuse.
61	Licence.	Saxifrage des lieux ombragés.
62	Lien.	Paturin molineri.
63	Lieue.	—— à feuille étroite.
64	Ligne.	Ail à fleurs ciliées.
65	Limites.	Linaire des champs.
66	Limon.	Selin Lemonnier.
67	Limpide.	Jonc à trois pointes.
68	Limpidité.	—— rude.
69	Linéaire.	Linaire commune.
70	Linge.	Lin commun.
71	Lingerie.	—— radiola.
72	Lion.	Lion-dent d'automne.
73	Liquide.	Jonc filiforme.
74	Liquidité.	Jonc des Landes.
75	Lisière.	Froment des haies.
76	Lisse.	Lin roide.
77	Lit.	Saxifrage mousse.
78	Livide.	Géranium livide.
79	Local.	Cytise en tête.

80	Locataire.	Cytise argenté.
81	Location.	—— à fleurs ternées.
82	Logeable.	—— à feuille pliée.
83	Logement.	—— laineux.
84	Logeur.	—— épineux.
85	Logis.	—— à feuille de Lin.
86	Loi.	Cresse de Crète.
87	Loin.	Ornithogale d'Arabie.
88	Lointain.	—— à grandes bractées.
89	Loisir.	—— à petite tête.
90	Long.	Vesce de Narbonne.
91	Longévité.	Seslérie à tête blanche.
92	Long-temps.	Buis toujours vert.
93	Longueur.	Vesce des haies.
94	Lorgnette.	Lunetière à oreillette.
95	Louable.	Robinier visqueux.
96	Louange.	Valkamier odorant.
97	Louche.	Phalarie à vessie.
98	Loup.	Lycope européen.
99	Lourd.	Rumex à feuilles obtuses.
100	Loyal.	Safran printanier.
101	Loyauté.	—— cultivé, fleur jaune.
102	Lucide.	Campanule fausse Élatine.
103	Lucratif.	—— en thyrse.
104	Lueur	Cytise blanchâtre.
105	Lugubre.	—— noirâtre.
106	Luisant.	Hélianthème de l'Apennin.
107	Lumière.	Chélidoine Eclaire.
108	Lumineux.	Hélianthème à feuille de Polium.
109	Lundi.	Violette de montagne.
110	Lunaire.	Lunaire vivace.
111	Lustre.	Nèflier lustré.

| 112 | Luxe. | Giroflée jaune panachée. |
| 113 | Luxurieux. | Zinnia jaune. |

M.

1	Machinal.	Luserne toupie.
2	Machinalement.	—— en arbre.
3	Machinateur.	—— hérissée.
4	Machination.	—— hérisson.
5	Machine.	—— naine.
6	Machiniste.	—— roide.
7	Madame.	Safran cultivé, fleur violette.
8	Mademoiselle.	—— —— fleur blanche.
9	Magicien.	Centaurée jacée.
10	Magie.	—— noire.
11	Magique.	—— tachée.
12	Magnanime.	Véronique d'Allioni.
13	Magnificence.	Pin sauvage.
14	Magnifique.	Rose de France merveilleuse.
15	Mai.	Valériane officinale.
16	Majesté.	Pin Cèdre du Liban.
17	Majestueux.	—— cimbro.
18	Majestueusement.	—— d'Alep.
19	Maigre.	Agrostis blanche.
20	Maigrement.	—— traçante.
21	Maigreur.	Agrostis maritime.
22	Maille.	Millepertuis cotonneux.
23	Main.	Saxifrage à cinq doigts.
24	Main-d'œuvre.	Arroche pourpier.
25	Maint.	—— glauque.
26	Maintenant.	—— halime.
27	Maintenu.	—— pédonculée.
28	Maintien.	Genet purgatif.

29	Majorité.	Véronique couchée.
3o	Maison.	Danaa à feuille d'Ancolie.
31	Maître.	Viorne denté.
32	Maîtresse.	—— Obier.
33	Maîtrise.	Balsamite commune.
34	Mal.	Daphné garou.
35	Malade.	Euphorbe des marais.
36	Maladie.	—— à verrues.
37	Maladif.	—— à large feuille.
38	Maladresse.	Vesce, fausse Gesse.
3g	Mal-aise.	—— Busangil.
4o	Mal-avisé.	Epervière à feuille de Mélinet.
41	Mâle.	Orchis mâle.
42	Malédiction.	Sabline à calice pointu.
43	Mal-entendu.	Laitue vivace.
44	Malfaiteur.	Epervière, fausse Piloselle.
45	Malfaisant.	Atropa Belladone, tige et fruit.
46	Malgré.	Corroyère à feuille de Myrte.
47	Malheur.	Genet cendré.
48	Malheureux.	Orchis taché.
49	Malheureusement.	Epervière, fausse Lampsane.
5o	Malhonnête.	Nerprun à feuille d'Olivier.
51	Malhonnêtement.	—— élatine.
52	Malhonnêteté.	—— des Alpes.
53	Malicieux.	Trigonelle Fenu grec.
54	Malignité.	Rupie maritime.
55	Mal-intentionné.	Epervière auriculaire.
56	Malpropre.	Epilobe rose.
57	Malpropreté.	—— des Alpes.
58	Malsain.	Prunier domestique.
5g	Malveillance.	Epervière à feuille de Statice.
6o	Malveillant.	Epervière à feuille de Poireau.

61	Malversation.	Épervière glauque.
62	Maman.	Camélia du Japon , fleur rose.
63	Manège.	Orobe blanchâtre.
64	Mâne.	Paturin flottant.
65	Mangeable.	Dentaire digitée.
66	Mangeant.	—— pennée.
67	Manie.	Campanule, feuille d'Ortie.
68	Maniement.	—— large feuille.
69	Manière.	—— rhomboïdale.
70	Maniéré.	—— fausse Raiponce.
71	Manifeste.	Genet monosperme.
72	Manœuvre.	Epervière , fausse Prénanthe.
73	Manque.	Saxifrage à longues feuilles.
74	Manufacture.	Roseau cultivé.
75	Marais.	Sélin des marais.
76	Marâtre.	Lychnide, fleur de Coucou.
77	Mouche.	Renoncule précoce.
78	Mardi.	Violette découpée.
79	Mare.	Jonc des bois.
80	Marécage.	Jonc des Alpes.
81	Marécageux.	Ledon des marais.
82	Maréchal.	Berce, Branc-ursine.
83	Mari.	Rosier des Indes.
84	Mariage.	Violette à deux fleurs.
85	Marin.	Crombe maritime.
86	Marque.	OEillet superbe blanc, à raie rouge linéaire.
87	Martial.	Saxifrage des pierres.
88	Martyr.	Roseau commun.
89	Mascarade.	Berce des Pyrénées.
90	Masque.	—— des Alpes.
91	Masse.	—— à feuilles étroites.

92	Massue.	Massette à large feuille.
93	Matelot.	Scirpe en gazon.
94	Matériaux.	Picridium commun.
95	Matériel.	—— blanchâtre.
96	Matière.	Phalaris des Canaries.
97	Matin.	Euphorbe à feuille de Pin.
98	Matinal.	—— réveil-matin.
99	Matinée.	—— dentée en scie.
100	Maussade.	Lamier lisse.
101	Maussadement.	—— embrassant.
102	Mauvais.	Prunier pyramidal.
103	Maxime.	Euphorbe de Gérard.
104	Maximum.	Flouve odorante.
105	Mécanicien.	Luserne couronnée.
106	Mécanique.	—— dentelée.
107	Mécaniquement.	—— à petite pointe.
108	Mécanisme.	—— entremêlée.
109	Méchamment.	Épervière, fausse Andryale.
110	Méchanceté.	—— des rochers.
111	Méchant.	—— Piloselle.
112	Mécompte.	Aristoloche crenelée.
113	Méconnaissable.	Ethuse, Ache des chiens.
114	Méconnaissant.	—— bunius.
115	Mécontent.	Lamier napolitain.
116	Mécontentement.	—— velu.
117	Médecin.	Rhubarbe palmée.
118	Médecine.	—— rhapontic.
119	Médiateur.	Muguet anguleux.
120	Médiation.	—— à large feuille.
121	Médical.	Aristoloche ronde.
122	Médicament.	—— longue.
123	Médicinal.	—— clématite.

124 Médiocre.   Angélique à feuille d'Ancolie.
125 Médiocrement.   Euphorbe à feuille de Myrte.
126 Médiocrité.   Angélique Livêche.
127 Médisance.   Euphorbe des bois.
128 Médisant.   —— poilu.
129 Méditatif.   Muguet verticillé.
130 Méditation.   —— multiflore.
131 Méfiance.   Azalée pontique.
132 Méfiant.   —— à fleurs nues.
133 Meilleur.   Vératre blanc.
134 Mélancolie.   Ancolie visqueuse.
135 Mélancolique.   —— des Alpes.
136 Mélange.   Sabline à feuilles de Serpolet.
137 Mélodie.   Véronique printanière.
138 Même.   Euphorbe de Nice.
139 Mémoire.   Shérarde des champs.
140 Mémorable.   Rosier de France, grande cra-
                   moisie.

141 Menace.   Vergerette acre.
142 Mensonge.   Clématite droite.
143 Mensongèr.   —— des Alpes.
144 Menterie.   Glycine arbrisseau.
145 Menteur.   Gatelier, agneau chaste.
146 Mention.   Luserne à souche.
147 Menu.   Buplèvre menue.
148 Mépris.   Ail jaune.
149 Méprisable.   Clématite des haies.
150 Méprisant.   —— flammule.
151 Méprise.   —— maritime.
152 Mer.   Scille maritime.
153 Mercenaire.   Berce naine.
154 Mercredi.   Violette nummulaire.

155	Mère.	Lys à fleurs pendantes, ou du Canada.
156	Méridienne.	Scille de l'après-midi.
157	Méritant.	Sida abutilon.
158	Mérite.	Laurier d'Apollon à f. ondulées.
159	Méritoire.	——— à feuilles étroites.
160	Merveille.	Nyctage à longue fleur (merveille du Pérou.)
161	Merveilleux.	Sabot des Alpes.
162	Mésalliance.	Scrofulaire luisante.
163	Mesquin.	Œillet aminci.
164	Mesquinement.	Sabline lancéolée.
165	Messager.	Campanule gantelée.
166	Métal.	——— agglomérée.
167	Métallique.	Sabline à quatre rangs.
168	Métamorphose.	Rosier à cent f. , rose d'Œillet.
169	Méthodique.	Cortuse de Mathiole.
170	Mets.	Chou roquette.
171	Meuble.	Véronique à écusson.
172	Meurtre.	Épervière dorée.
173	Meurtrier.	——— rongée.
174	Meurtrissure.	——— orangée.
175	Mielleux.	Mélisse officinale.
176	Milieu.	Épimède des Alpes.
177	Militaire.	Orchis militaire.
178	Mille.	Fétuque Phléole.
179	Million.	——— à queue de rat.
180	Millionnaire.	Achillée à feuille de Camomille.
181	Minauderie.	Basilic nain.
182	Mince.	Buplèvre effilé.
183	Mineur.	Campanule barbue.
184	Ministre.	Osyris blanc.

185 Minois.   Sibbaldie couchée.
186 Minutie.   Vesce, fausse Esparcette.
187 Miracle.   Santoline blanchâtre.
188 Miraculeux.   —— verte.
189 Miroir.   Prismatocarpe, miroir de Vénus.
190 Misantrope.   Galéopsis à fleurs jaunes.
191 Misantropie.   —— Ladane.
192 Misérable.   Sabline ciliée.
193 Misère.   —— rougeâtre.
194 Miséricorde.   Bardane à tête cotonneuse.
195 Miséricordieux.   —— à petite tête.
196 Miséricordieuse-
     ment.   —— à grosse tête.
197 Mission.   Campanule en épi.
198 Missionnaire.   Canche flexueuse.
199 Missive.   —— blanchâtre.
200 Mitoyen.   Saxifrage à deux fleurs.
201 Mobilité.   Sibthorpie d'Europe.
202 Mode.   Véronique Mouron.
203 Modèle.   Rosier de deux fois l'an couronné
                         ou de Cels.
204 Modérateur.   Chou perce-feuille.
205 Modération.   —— des champs.
206 Modérément.   —— des Alpes.
207 Moderne.   —— à feuilles rudes.
208 Modeste.   Violette à long épi.
209 Modestement.   —— cornue.
210 Modestie.   —— des champs.
211 Modicité.   Sabline à trois nervures.
212 Modification.   Saxifrage, faux Aizoon.
213 Modique.   Pyrole uni, latéral.
214 Modiquement.   —— à une fleur.

215 Modulation.   Canche cariophyllée.
216 Mœurs.   Rumex à écusson.
217 Mai.   Valériane officinale.
218 Moindre.   Ramondie des Pyrénées.
219 Moins.   Arctione laineuse.
220 Mois.   Ményanthe Trèfle d'eau.
221 Moisson.   Sabline des moissons.
222 Môle.   Gaillet litige.
223 Molécule.   Drépanie barbue.
224 Mollasse.   Gaillet des murs.
225 Mollement.   —— maritime.
226 Mollesse.   —— boréal.
227 Moment.   Véronique à épi.
228 Monde.   —— Serpolet.
229 Monnaie.   Euphorbe monnoyer.
230 Monotone.   Pyrole à feuilles rondes.
231 Monotonie.   —— à style court.
232 Monsieur.   Pélargonium à feuille d'Aurone.
233 Monstre.   Lupin blanc.
234 Monstrueux.   —— jaune.
235 Monstruosité.   —— à feuilles étroites.
236 Mont.   Sarriette de montagne.
237 Montagnard.   Ophrys des Alpes.
238 Montagne.   Rosier des Alpes.
239 Montagneux.   Potentille de Savoie.
240 Montant.   —— des Pyrénées.
241 Monté.   Saxifrage du Piémont.
242 Monticule.   Sabline de montagne.
243 Montueux.   Paturin des Alpes.
244 Moralité.   Lychnide dioïque.
245 Moral.   —— Coquelourde.
246 Moralement.   —— des bois.

247	Moraliseur.	Lychnide des Alpes.
248	Morceau.	Solyme d'Espagne.
249	Morgue.	Froment grêle.
250	Moribond.	Euphorbe épurge.
251	Morne.	—— Cyprès.
252	Morose.	—— ésule.
253	Morsure.	Erythrone, dent de chien.
254	Mort.	Laurier rose à fleur rose, simple.
255	Mortalité.	Azalée à fleurs roses.
256	Mortel.	Laurier rose à fl. roses, double.
257	Mortellement.	Laurier rose à fleurs blanches.
258	Mortification.	Scrofulaire à trois lobes.
259	Moteur.	Sabline à feuille de Céraiste.
260	Motif.	Trèfle strié.
261	Mou.	Gaillet à feuilles rondes.
262	Mouche.	Ophrys mouche.
263	Mouchard.	Ail à tête ronde.
264	Mouillage.	Jonc inondé.
265	Mourant.	Renoncule d'Asie, brun noirâtre.
266	Mousse.	Saponaire des vaches.
267	Mousseux.	—— faux Basilic.
268	Moustache.	Sabline à fines feuilles.
269	Moyen.	Centaurée cendrée.
270	Moyennant.	—— à feuilles de Chicorée.
271	Muet.	Campanule à feuilles de Lierre.
272	Mugissement.	Troscart maritime.
273	Multitude.	Trèfle irrégulier.
274	Munificence.	Tulipe de l'Écluse.
275	Mur.	Gypsophile rampante.
276	Muraille.	—— des murs.
277	Murmure.	Garidelle nigelle.
278	Musc.	Ail musqué.

279	Muses.	Rosier de France pintade.
280	Musical.	Fluteau Parnassie.
281	Musicalement.	—— nageant.
282	Musicien.	—— Renoncule.
283	Musique.	—— étoilé.
284	Masque.	Mauve musquée.
285	Mutation.	Ledon à larges feuilles.
286	Mutin.	Sabline hérissée.
287	Myrrhe.	Maceron commun.
288	Mystère.	Renoncule d'Asie, rose.
289	Mystérieux.	—— —— rouge.

N.

1	Nacelle.	Cornifle nageant.
2	Nageur.	Potamot nageant.
3	Nayade.	Hydrocharis morrène.
4	Naïf.	Renoncule d'Asie, blanche.
5	Naissance.	Trèfle renversé.
6	Naïvement.	Caquillier maritime.
7	Naïveté.	—— vivace.
8	Narrateur.	Astrance épipactis.
9	Narration.	—— à grande feuille.
10	Nasal.	Rhinanthe velue.
11	Natal.	Saule cilié.
12	Natation.	Jonc flottant.
13	Natif.	Amaranthe blette.
14	Nation.	Inule, œil de Christ.
15	National.	—— britannique.
16	Nature.	Amandier nain.
17	Naturel.	Iris bâtarde.
18	Naturellement.	Saule des Pyrénées.
19	Naval.	Charagne cotonneuse.

20	Naufrage.	Charagne hérissée.
21	Naufragé.	—— flexible.
22	Navigable.	Acore odorant.
23	Navigateur.	Aldrovande à vessies.
24	Navigation.	Charagne , Batra chosperme.
25	Navire.	—— à fruits agrégés.
26	Nausée.	Laser de France.
27	Nautique.	Charagne capillaire.
28	Nébuleux.	Mauve Alcée.
29	Nécessaire.	Genet à balais.
30	Nécessité.	Inule de montagne.
31	Négatif.	Mâche couronnée.
32	Négligé.	Morée négligée.
33	Négligence.	Renouée maritime.
34	Négligent.	—— des Alpes.
35	Neige.	Saule à longues feuilles.
36	Netteté.	Ammi visnage.
37	Nettoyement.	—— à feuilles glauques.
38	Neuf.	Fétuque , fausse Ivraie.
39	Neutralisation.	Saule nicheur.
40	Neutre.	Chalef à feuilles étroites.
41	Nez.	Rhinanthe glabre.
42	Niable.	Menthe apparentée.
43	Niais.	Chardon à feuilles d'Acanthe.
44	Niaisement.	Erodium à bec de grue.
45	Nigaud.	Chardon terne.
46	Noble.	Lys des Pyrénées, une seule fl.
47	Noblesse.	—— martagon , une seule fleur.
48	Nœud.	Spargoute noueuse.
49	Noir.	Orchis noir.
50	Noirâtre.	Molène noire.
51	Noirceur.	Ail noir.

52 Nomade. Géranium colombin.
53 Nombril. Ombilic à fleurs pendantes.
54 Nombreux. Rosier de France, mère Gigogne.
55 Nomination. Scabieuse odorante.
56 Nonchalamment. Géranium argenté.
57 Nonchalance. —— cendré.
58 Nonchalant. —— des Pyrénées.
59 Nord. Abama des marais.
60 Notice. Andryale découpée.
61 Notification. —— de Nisme.
62 Notion. —— à feuilles entières.
63 Novembre. Valériane Chausse-trappe.
64 Nourrice. Astragale pois Ciche.
65 Nourricier. —— queue de renard.
66 Nourrissant. Murier noir.
67 Nourrisson. Astragale de Narbonne.
68 Nourriture. Murier blanc.
69 Nouveau. Nivéole d'automne.
70 Nouveauté. —— printanière.
71 Nuage. Pélargonium crépu.
72 Nudité. Tulipe de Gessner, couleur de chair.
73 Nuisible. Anémone pulsatille.
74 Nuit. Silené de nuit.
75 Nullement. —— sans tige.
76 Nuptial. Tulipe odorante.
77 Nutritif. Pois maritime.
78 Nutrition. Pommier commun.
79 Nymphe. Nénuphar bleu.

O.

1 Obéissance. Cynoglosse ombilique.

2	Obéissant.	Cynoglosse à feuille de Lin.
3	Obligation.	Scabieuse des champs.
4	Obligé.	Sainfoin humble.
5	Obscur.	Sagine droite.
6	Observable.	Adénocarpe à petite feuille.
7	Observation.	Samole de Valerandus.
8	Obstacle.	Séséli des montagnes.
9	Obstination.	Salicaire à feuilles d'Hysope.
10	Obtus.	Sisymbre à lobes obtus.
11	Occasion.	Céraiste à cinq anthères.
12	Occasionnel.	—— cotonneux.
13	Occupation.	Salicaire à feuilles de Thym.
14	Occurrence.	Prêle des champs.
15	Octobre.	Valériane nard celtique.
16	Octroi.	Adoxe moscatelline.
17	Odeur.	Achillée odorante.
18	Odieux.	Buplèvre odontalgique.
19	Odorant.	Orchis odorant.
20	Odorat.	Cerfeuil odorant.
21	Odoriférant.	Muscari odorant.
22	OEil.	Aster amellus, une seule fleur.
23	Yeux.	—— —— deux fleurs.
24	OEuf.	Morelle Mélongène, le fruit.
25	Offensant.	Inule tubéreuse.
26	Offense.	—— changeante.
27	Offensif.	—— Perce-Pierre.
28	Offenseur.	—— en glaive.
29	Offensive.	—— de roche.
30	Officieux.	Grassette à grande fleur.
31	Officieusement.	—— des Alpes.
32	Officinal.	Galéga officinal.
33	Offrande.	Giroflée violier, blanchâtre.

34	Offre.	Giroflée jaune, (ou de muraille), double panachée.
35	Oiseau.	Sorbier des oiseaux.
36	Oisif.	Euphraise dentée.
37	Oiseux.	—— jaune.
38	Oisiveté.	—— à feuilles de Lin.
39	Olympe.	Statice Arméria.
40	Ombrage.	Tilleul à petite feuille.
41	Ombrageux.	—— pubescent.
42	Ombre.	—— à grandes feuilles.
43	Omission.	Ornithogale en thyrse.
44	Onctueux.	Guimauve de Narbonne.
45	Onde.	Amaryllis ondulée.
46	Onde.	Panic ondulé.
47	Ondoyant.	Réséda , faux Sésame.
48	Ondulation.	—— ondulé.
49	Ondulatoire.	—— glauque.
50	Onéreux.	Aster trifolium.
51	Onguent.	Aliboufier officinal.
52	Opinion.	Saule nicheur.
53	Opposition.	Saxifrage à feuilles opposées.
54	Oppresseur.	Inule roide.
55	Oppression.	—— d'Allemagne.
56	Opprobre.	—— visqueuse.
57	Ordinaire.	Coqueret alkékenge, fleurs sans b.
58	Ordinairement.	—— —— fleurs et boutons.
59	Ordre.	Impératoire Nodiflore.
60	Oreille.	Myosotte annuelle.
61	Organe.	Erodium glanduleux.
62	Organisation.	Panic capillaire.
63	Orgueil.	Hélianthe tubéreux (Topinambour), une seule fleur.

64	Orgueilleux.	Hélianthe tubéreux, fl. et boutons.
65	Orgueilleusement.	—— —— boutons seulement.
66	Oriental.	Azédarac bipenné.
67	Original.	Pélargonium bicolore.
68	Origine.	Clypéole, Jonc thlaspi.
69	Ornement.	Glayeul de Mérian.
70	Oscillation.	Berle des blés.
71	Oscillatoire.	—— Amome.
72	Ostensible.	Livèche des Pyrénées.
73	Ostentation.	Chêne pyramidal.
74	Otage.	Rosier de deux fois l'an, des quatre saisons, fleur blanche.
75	Oubli.	Scabieuse étoilée.
76	Oui.	Fruit du Rosier.
77	Ouragan.	Cléonie de Portugal.
78	Ours.	Arbousier, bousserole.
79	Outrage.	Renoncule d'Asie jaune.
80	Outrageant.	—— —— —— panachée de rose.
81	Outrageux.	Épervière des bois.
82	Outrageusement.	—— de Savoie.
83	Outrance.	—— en ombelle.
84	Ouverture.	Oxytropis de montagne.
85	Ouvrable.	—— d'oural.
86	Ouvrage.	Pélargonium à feuilles de Carotte.
87	Ouvreur.	Oxytropis des campagnes.
88	Ouvrier.	—— velue.

P.

1	Pacificateur.	Molène de Chaix.
2	Pacification.	—— mélangée.
3	Pacifique.	—— purpurine.

4	Pacifiquement.	Molène sinuée.
5	Pacte.	Androsace pubuscente.
6	Paganisme.	Barckhausie, feuille de Pissenlit.
7	Païen.	—— fétide.
8	Paille.	Orge commune, épi sans grains.
9	Pain.	Froment à épi rameux.
10	Paisible.	Genet en gazon.
11	Paisiblement.	—— triangulaire.
12	Paix.	Olivier d'Europe.
13	Pâle.	Orchis pâle.
14	Palette.	Prêle des marais.
15	Pâleur.	Ail pâle.
16	Palme.	Platane d'Orient, à feuilles profondément palmées.
17	Pamphlet.	Saule des sables.
18	Panacé.	Exacum nain.
19	Panaché.	Orchis panaché.
20	Panique.	Mache naine.
21	Papier.	Broussonet à papier.
22	Papillon.	Orchis papillon.
23	Parade.	Tillée mousse.
24	Paradis.	Pommier à bouquet.
25	Paradoxe.	Silené paradoxal.
26	Parasite.	Cuscute à petite fleur.
27	Pardon.	Pélargonium à feuille de Bouleau.
28	Pardonnable.	—— radula.
29	Pareil.	Ciste à feuilles de Sauge.
30	Pareillement.	—— à longues feuilles.
31	Parent.	Genet à fleur velue.
32	Paresse.	Chardon à pédoncule épineux.
33	Paresseux.	—— crépu.
34	Parfait.	Rosier sans épines.

35	Parfum.	Verveine odorante.
36	Parfumeur.	Rosier de deux fois l'an, ou des parfumeurs.
37	Parjure.	Lampsane commune.
38	Parmi.	Athyrium, Fougère femelle.
39	Parnasse.	Parnassie des marais.
40	Parole.	Violette des marais.
41	Parquet.	Saule déprimé.
42	Part.	Anarrhine Paquerette.
43	Partage.	Bident partagé.
44	Parterre.	Pélargonium à fleurs en tête.
45	Parti.	Violette hérissée.
46	Partial.	Vipérine commune.
47	Participation.	Violette du mont Cenis.
48	Partie.	Volant d'eau verticillé.
49	Partisan.	Saxifrage à feuilles planes.
50	Partout.	Giroflée jaune (ou de muraille).
51	Parure.	OEillet Mignardise.
52	Passable.	Pélargonium à feuilles menues.
53	Passade.	Passerine à calice.
54	Passage.	—— des neiges.
55	Passager.	—— cotonneuse.
56	Passant.	—— dioïque.
57	Passe-droit.	Violette des chiens.
58	Passe-partout.	Crithme maritime.
59	Passible.	Mache dentée.
60	Passif.	Polyanthe (Tubéreuse) à petite fl.
61	Passion.	—— —— fleur simple.
62	Passionnément.	—— —— double.
63	Passivement.	—— —— panachée.
64	Pastel.	Pastel des Alpes.
65	Pastoral.	Anémone des prés.

66	Pataraffe.	Malope , fausse Mauve.
67	Patiemment.	Rumex , tête de bœuf.
68	Patience.	—— des bois.
69	Pâtre.	Anémone des Alpes.
70	Patrie.	Immortelle fermée, jaune.
71	Pâturage.	Orge, faux Seigle.
72	Pâture.	—— maritime.
73	Pause.	Potentille inclinée.
74	Pauvre.	Gratiole officinale.
75	Pauvreté.	Statice naine.
76	Paysage.	Vinettier commun.
77	Peau.	Sumac des corroyeurs.
78	Pécore.	Mâche hérissée.
79	Pectoral.	Hysope officinale.
80	Peigne.	Scandix , peigne de Vénus.
81	Puni.	Grenadille quadrangulaire.
82	Peinture.	Stellère Passerine.
83	Penchant.	Scille penchée.
84	Penchement.	Ornithogale penchée.
85	Pénétrable.	Primevère , fausse Joubarbe.
86	Pénétrabilité.	—— à feuille entière.
87	Pénétration.	—— hérissée.
88	Pénible.	Ancolie commune, fleur violette.
89	Péniblement.	— — fleur violette et blanche.
90	Pénitence.	— — fleur rose et blanche.
91	Pénitencier.	— — fleur bleue et blanche.
92	Pénitent.	— — fleur rose et violette.
93	Pensant.	Maloxis de Lœsel.
94	Pensée.	Violette tricolore.
95	Penseur.	Violette tricolore en graine.
96	Pensif.	Pélargonium à fleurs brunes.
97	Pension.	Vipérine violette.

98	Pensionnaire.	Sureau en grappe.
99	Pensionnat.	—— commun, à feuille panachée de blanc.
100	Perceptibilité.	Anserine des villages.
101	Perception.	—— rougeâtre.
102	Perceptible.	—— des murs.
103	Perclu.	Aspidium de montagne.
104	Percussion.	—— fragile.
105	Perdant.	Magnolier, à feuille pointue.
106	Perdition.	Iris graminée.
107	Perfection.	Anémone des jardins, fleur blanchâtre.
108	Perfide.	Tagète étalée, simple, une seule fl.
109	Perfidement.	— — — les boutons seulement.
110	Perfidie.	— — — fleur et bouton.
111	Perforation.	Magnolier glauque.
112	Péril.	Yucca.
113	Périlleusement.	Inule dyssentérique.
114	Périodique.	Séséli annuel.
115	Perle.	Cornouiller blanc, le fruit.
116	Permission.	Viorne commune.
117	Pernicieux.	Zacinthe à verrues.
118	Perpétuel.	Genèvrier commun.
119	Perpétuellement.	—— de Phénicie.
120	Perpétuité.	—— Oxycèdre.
121	Persécution.	Orobe noirâtre.
122	Persécuteur.	—— jaune.
123	Persévérance.	Viorne à feuilles de Cassine.
124	Persévérament.	Immortelle naine.
125	Persévérant.	Viorne à feuilles de Prunier.
126	Persienne.	Millepertuis à feuilles de Coris.
127	Personnage.	Muflier rubicond.

128	Personnalité.	Muflier, faux Asaret.
129	Personne.	—— à grande fleur.
130	Personnel.	—— toujours vert.
131	Perspective.	Céraiste à larges feuilles.
132	Persuasible.	Scabieuse luisante.
133	Persuasif.	Asphodèle jaune, une fleur.
134	Persuasion.	—— —— plusieurs fleurs.
135	Perte.	Sédum des glaciers.
136	Pertinemment.	Mélique uniflore.
137	Pertinent.	—— ciliée.
138	Pertuis.	Millepertuis perforé.
139	Perturbateur.	Marrube commun.
140	Perturbation.	—— couché.
141	Pervers.	Anémone, Pavot major, panaché de pourpre et de blanc.
142	Perversion.	—— —— violet double.
143	Perversité.	—— —— à fleurs étroites.
144	Pesanteur.	Vulpin bulbeux.
145	Petit.	Ornithogale naine.
146	Petitement.	—— jaune.
147	Petitesse.	Iris naine.
148	Peuplade.	Peuplier baumier.
149	Peuple.	—— pyramidal.
150	Peur.	Peuplier blanc.
151	Peureux.	—— grisâtre.
152	Phalange.	Phalangère à fleurs de Lys.
153	Pharmacie.	Euphraise officinale.
154	Phénix.	Viorne à rameaux pendans.
155	Phénomène.	Lys pompon.
156	Philantrope.	Cirse lancéolé.
157	Philantropie.	—— acarna.
158	Philosophe.	Lavatère de Thuringe.

159	Philosophie.	Lavatère ponctuée.
160	Philosophique.	—— à trois lobes.
161	Philosophiquement.	— maritime.
162	Phthisique.	Lichens (les).
163	Physionomie.	Lavatère de Hyères.
164	Physionomiste.	—— en arbre.
165	Piano.	Clavier à feuilles de Frêne.
166	Pièce.	Scolyme tachée.
167	Pied.	Hyppocrepis en ombelle.
168	Piège.	Périploque à feuilles étroites.
169	Pierre.	Nerprun des rochers.
170	Pierreux.	Saxifrage pyramidal.
171	Pieusement.	Sédum réfléchi.
172	Pillage.	Sédum velu.
173	Pilote.	Macre flottante.
174	Pilule.	Pilulaire à globules.
175	Piquet.	Panicaut des Alpes.
176	Piqueur.	—— maritime.
177	Piqûre.	—— —— épine blanche.
178	Pirate.	Prêle d'hiver.
179	Piraterie.	Prêle des bois.
180	Piste.	Paronique en tête.
181	Pitoyable.	Fusain commun.
182	Pitoyablement.	—— à larges feuilles.
183	Pittoresque.	Scille à deux feuilles.
184	Place.	Trèfle des prés.
185	Plafond.	Siléné Arméria.
186	Plagiaire.	Euphorbe en faulx.
187	Plagiat.	—— à feuille menue.
188	Plaidant.	—— de Terracine.
189	Plaideur.	—— Sapinette.
190	Plaidoirie.	—— maritime.

191	Plaidoyer.	Euphorbe des blés.
192	Plaignant.	Gesse à fines feuilles.
193	Plaine.	Paturin des prés.
194	Plainte.	Gesse odorante.
195	Plaintif.	—— cultivée.
196	Plaintivement.	—— anguleuse.
197	Plaisamment.	Barkhausie des Alpes.
198	Plaisant.	—— rouge.
199	Plaisance.	—— Lion-dent.
200	Plaisanterie.	—— hérissée.
201	Plaisir.	Rosier à cent feuilles des peintres, sans boutons.
202	Plan.	Alisier nain.
203	Planche.	Panicaut plane.
204	Plant.	Saxifrage à feuille de Bugle.
205	Plaque.	Phaque du midi.
206	Plat.	—— des Alpes.
207	Plateau.	—— des pays froids.
208	Platement.	—— glabre.
209	Plâtre.	Gypsophile saxifrage.
210	Platrière.	—— nivelée.
211	Pleurant.	Bouleau pleureur.
212	Pleureur.	Frêne pleureur.
213	Pliable.	Coudrier de Bizance.
214	Pliant.	—— Noisetier.
215	Plongeon.	Potamot embrassant.
216	Plongeur.	—— serré.
217	Plaie.	Jonc septentrional.
218	Plumage.	Pigamon à feuilles d'Ancolie, plusieurs fleurs.
219	Plume.	—— —— une seule fleur.
220	Plumet.	Métrosidéros anomale.

221	Plupart (la).	Euphorbe péplis.
222	Plutôt.	—— péplus.
223	Plusieurs.	Polycarpe quaternée.
224	Pluvial.	Jonc de Jaquin.
225	Pluvieux.	—— à trois bractées.
226	Poche.	Mâche vésiculeuse.
227	Poëme.	Andromède axillaire.
228	Poésie.	—— marginé.
229	Poète.	—— articulé.
230	Poétiquement.	—— acuminé.
231	Poignant.	Sedum âcre.
232	Poil.	Luserne velue.
233	Poilu.	Bouleau pubescent.
234	Pointe.	Sisymbre à lobes pointus.
235	Poison.	Ciguë tachetée.
236	Poisson.	Potamot.
237	Poitrinaire.	Pulmonaire officinal.
238	Poitrine.	—— à feuille étroite.
239	Poivre.	Piment annuel.
240	Poli.	Anémone couronnée , fl. double rouge pourpre.
241	Poliment.	—— de Haller.
242	Politesse.	—— printanière.
243	Politique.	Elatine, Poivre d'eau.
244	Politiquement.	—— fausse Alsine.
245	Pomme.	Pommier toujours vert.
246	Pompe.	Anémone des jardins, rose.
247	Pompeux.	—— —— rouge.
248	Ponctualité.	Peucédan de Paris.
249	Ponctuel.	—— Silaüs.
250	Populace.	Dorine à fleurs alternes.
251	Populaire.	Caucalide à grandes fleurs.

252	Population.	Dorine à feuilles opposées.
253	Pore.	Jonc maritime.
254	Poreux.	—— aigu.
255	Porosité.	—— aggloméré.
256	Porte.	Péplide Pourpier.
257	Porteur.	Saule, arbuste.
258	Portière.	Pourpier cultivé.
259	Portion.	Saule bleuâtre.
260	Portrait.	Primevère à longues fleurs.
261	Pose.	Potentille couchée.
262	Posé.	—— découpée.
263	Positif.	—— droite.
264	Position.	—— opaque.
265	Possession.	Rosier de deux fois l'an, à cent f.
266	Possible.	Renouée blanchâtre.
267	Postérité.	Ximénésia à feuilles d'Ancélia.
268	Postiche.	Spargoute, Porte-Poil.
269	Posture.	Ail, faux Poireau.
270	Potage.	—— Poireau.
271	Poudre.	Molène poudreuse.
272	Poule.	Barbon, pied de poule.
273	Poulette.	—— de Provence.
274	Pourquoi.	Pélargonium lacéré.
275	Pourriture.	Scrofulaire voyageuse.
276	Poursuite.	Sédum d'Espagne.
277	Pourtant.	Stellaire graminée.
278	Pourtour.	Menthe, Pouliot.
279	Pourvoyeur.	Ail des vignes.
280	Pourvu que.	Andromède polyfolia.
281	Poussière.	Molène, fausse Blattaire.
282	Pouvoir.	Rosier de France, belle Evêque.
283	Prairie.	Liseron des champs.

284 Pré.   Iris des prés.
285 Préambule.   Phaque Astragale.
286 Précaire.   Porcelle à longue racine.
287 Précaution.   Hépatique à trois lobes, fleur
                          simple, blanche.
288 Prudemment.   Saxifrage des neiges.
289 Précepte.   Spirée à feuilles de Saule.
290 Précieux.   Canne à sucre cylindrique.
291 Précieusement.   —— de Ravenne.
292 Précipice.   Trèfle des Basses-Alpes.
293 Précipitament.   —— des rochers.
294 Précipitation.   Spirée à feuilles de Millepertuis.
295 Précision.   Pélargonium à feuilles d'Érable.
296 Précoce.   Canche précoce.
297 Précurseur.   Houque d'Alep.
298 Prédestination.   Spirée à feuilles d'Obier.
299 Prédiction.   —— à feuilles d'Orme.
300 Prédilection.   Saule à une étamine.
301 Prédominant.   Rosier à cent f., f. de Laitue.
302 Prééminence.   Statice réticulée.
303 Préexistence.   Corysperme à feuille d'Hysope.
304 Préférable.   Narcisse bulbocode.
305 Préférablement.   Narcisse tazette.
306 Préférence.   —— nain.
307 Préfet.   Corne-de-cerf commun.
308 Préjudice.   Menthe rouge.
309 Préjudiciable.   —— des cerfs.
310 Préjugé.   Scabieuse bâtarde.
311 Prélude.   Cunile, faux Thym.
312 Prématuré.   Primevère visqueuse.
313 Préméditation.   Trèfle de montagne.
314 Prémices.   Rosier à cent f., panaché de blanc.

315 Premier.   Gentiane, Perce-Neige.
316 Prenable.   Ononis rameuse.
317 Préoccupation.   Atragénée des Alpes.
318 Préparant.   Bartsie des Alpes.
319 Préparatif.   —— en épi.
320 Préparation.   —— trixago.
321 Préparatoire.   —— visqueuse.
322 Préparateur.   —— —— bigarrée.
323 Prérogative.   Amaryllis de Broussonet.
324 Prés.   Solidage odorante.
325 Présage.   Anémone des jardins, blanche et
                            pourpre.
326 Presbytère.   Clinopode commune.
327 Prescriptible.   Piéride épervière.
328 Prescription.   —— pauciflore.
329 Présence.   Saxifrage, Porte-Bulbes.
330 Présent.   Cornouiller mâle.
331 Présentable.   Pélargonium à feuilles de Chêne.
332 Présentation.   —— à feuilles de Jatropa.
333 Présentement.   Trèfle raboteux.
334 Préservatif.   Hépatique à trois lobes, fl. double
                            blanche.
335 Présomption.   Matricaire Camomille.
336 Présomptueux.   —— odorante.
337 Presque.   Potentille à courte tige.
338 Presse.   Saxifrage granulé.
339 Pressentiment.   Corrigéole des rives.
340 Preste.   Livèche à feuilles menues.
341 Prestement.   —— mutelline.
342 Prestesse.   —— Méum.
343 Prestige.   Renoncule des Pyrénées.
344 Prétendant.   Mauve à petites fleurs.

345	Prétendu.	Mauve à feuilles rondes.
346	Prétention.	—— crépue.
347	Prétexte.	Eupatoire à feuilles de **Chanvre.**
348	Prévenance.	Potentille dorée.
349	Prévenant.	—— printanière.
350	Prévention.	Narcisse, faux Narcisse.
351	Prévoyance.	Espariette cultivée.
352	Prévoyant.	—— de montagne.
353	Preuve.	Sédum élevé.
354	Primeur.	Sabline printanière.
355	Principe.	Vélar de Suisse.
356	Printanier.	Gentiane printanière.
357	Printemps.	Narcisse, Jonquille.
358	Priorité.	Bulbocode printanière.
359	Prise.	Ononis, arbrisseau.
360	Prison.	Atractylis grillée.
361	Prisonnier.	—— naine.
362	Privatif.	Ononis Natrix.
363	Privation.	Aster des Alpes.
364	Privilégié.	Trigonelle, pied d'oiseau.
365	Prix.	Lilas de Perse.
366	Probabilité.	Potentille de Valdério.
367	Probable.	—— ascendante.
368	Probité.	Tournesol des teinturiers.
369	Procédé.	Pélargonium odorant.
370	Procession.	Paspale sanguin.
371	Processionnel.	—— douteux.
372	Proche.	Vaillantie des murs.
373	Proclamation.	Silené Béhen.
374	Procréation.	Urosperme, fausse Piéride.
375	Prodigalité.	Astragale vésiculeux.
376	Prodigalement.	—— de Lentbourg.

377 Prodige.   Astragale pourpre.
378 Prodigieux.   —— à cinq gousses.
379 Prodigieusement. —— hypoglotte.
380 Prodigue.   Sédum à sept pétales.
381 Production.   Thym des champs.
382 Proéminence.   Lobélie de Dortmann.
383 Profane.   Trachynote roide.
384 Profond.   Pavot somnifère, simple rouge.
385 Profusion.   Trèfle des Hautes-Alpes.
386 Progrès.   Tozzia des Alpes.
387 Projet.   Hémérocale fauve.
388 Prolongation.   Sédum, faux Gaillet.
389 Promenade.   Tordyle élevée.
390 Promesse.   Citronier Oranger, fl. simple.
391 Prompt.   Tormentille droite.
392 Promptitude.   —— couchée.
393 Propagation.   Réglisse glabre.
394 Propension.   Pédiculaire rose.
395 Propice.   Cardamine de Grèce.
396 Proportion.   Sédum, faux Oignon.
397 Propos.   Cardamine velue.
398 Proposable.   Pélargonium à feuilles de Vigne.
399 Proposition.   —— rose.
400 Propre.   Narcisse à deux fleurs.
401 Proprement.   —— douteux.
402 Propriété.   Tabouret, Cresson alénois.
403 Proscription.   —— des Alpes.
404 Prospère.   Filaria moyen.
405 Prospérité.   —— à feuilles étroites.
406 Prostitution.   Saule fétide.
407 Protection.   Thym commun.
408 Protestation.   Sédum, faux Gaillet.

409 Proverbe.   Hibisque de Syrie.
410 Proverbial.   —— des marais.
411 Proverbialement.   —— vésiculeux.
412 Prouesse.   Mauve de Nice.
413 Providence.   Filaria à larges feuilles.
414 Provision.   Espariette, crète de coq.
415 Provisionnel.   —— tête de coq.
416 Provisionnellement. — couchée.
417 Provisoire.   Trèfle incarnat.
418 Provocation.   Bouleau nain.
419 Prude.   Aster annuelle.
420 Prudemment.   —— de Chine double, panachée.
421 Prudence.   —— —— simple, panachée.
422 Prudent.   —— —— double, rouge.
423 Pruderie.   —— âcre.
424 Puanteur.   Laser simple.
425 Public.   Boucage, Saxifrage.
426 Publication.   —— à grandes feuilles.
427 Publicité.   —— découpé.
428 Publiquement.   —— dioïque.
429 Pudeur.   Rose transparente, ou cuisse de
                         nymphe.
430 Pudique.   Périploque de Grèce.
431 Puéril.   Molène, faux Bouillon-Blanc.
432 Puérilement.   —— à feuilles épaisses.
433 Puérilité.   —— Phlomide.
434 Puisard.   Cétérach de Maranta.
435 Puisque.   Hottone aquatique.
436 Puissamment.   Chêne à grappes.
437 Puissance.   —— cerris.
438 Puissant.   —— sessile.
439 Puits.   Cétérach de boutique.

440	Pulvérisation.	Potentille cendrée.
441	Punissable.	Férulle verticillée.
442	Punition.	Nigelle de Damas.
443	Pupille.	Ficaire, Renoncule.
444	Pur.	Lys bulbifère.
445	Pureté.	Une seule fleur épanouie du Lys blanc.
446	Purgatif.	Nerprun purgatif.
447	Purgation.	—— des teinturiers.
448	Purification.	Chicorée sauvage.
449	Pusillanime.	Sabline, fausse Renouée.
450	Pusillanimité.	—— d'Autriche.
451	Pyramidal.	Orchis pyramidal.
452	Pygmée.	Micrope pygmée.

Q.

1	Qualité.	Trèfle étoilé.
2	Quand.	Mayanthême à deux feuilles.
3	Quantité.	Ail en panicule.
4	Quarante.	Fétuque cendrée.
5	Quart.	—— Brome.
6	Quatre-vingt-dix.	—— de Haller.
7	Quatre.	—— dorée.
8	Quatre-vingts.	—— de Suisse.
9	Question.	OEnanthe Phellandre.
10	Questionneur.	—— Pimprenelle.
11	Queue.	Mélampyre des champs.
12	Quiproquo.	Réséda Raiponce.
13	Quitte.	Sarrète à feuilles variables.
14	Quoi.	Sabline de Mahon.
15	Quoique.	—— des tourbières.

R.

1 Rabais. Sabline à feuilles menues.
2 Raboteux. Rapette couchée.
3 Rabougri. Microcope couché.
4 Raccommodement. Renoncule à feuilles de Lierre.
5 Raccourcissement. Berle verticillée.
6 Racine. Renoncule radicante.
7 Rade. Scirpe ovoïde.
8 Radeau. —— des marais.
9 Radical. Charme commun.
10 Radicalement. —— Houblon.
11 Radieux. Rosier à long style.
12 Rafraîchissant. Cerisier-Griottier.
13 Rafraîchissement. —— variété à fleurs doubles.
14 Rage. Passe-rage couchée.
15 Ragoût. Ail cultivé.
16 Raillerie. Chicot de Canada.
17 Railleur. OEillet superbe, jaunâtre ou jaune.
18 Raison. Thymbra en épi.
19 Raisonnable. Paturin aquatique.
20 Raisonnement. Primevère auricule.
21 Rampant. Cuscute à grande fleur.
22 Rancune. Tofieldie des marais.
23 Rang. Scandix du midi.
24 Rapidité. Tabouret à odeur d'Ail.
25 Rapprochement. Consoude officinale, fleur bleue.
26 Rare. Jasmin d'Espagne.
27 Rarement. —— des Açores.
28 Rareté. Rosier à cent feuilles, sans pétales.
29 Rassemblement. Sabline en faisceau.
30 Ration. Trèfle Fraisier.

31	Ravage.	Soude vulgaire.
32	Ravin.	Potamot Gramen.
33	Ravissant.	Camomille élevée.
34	Ravissement.	—— maritime.
35	Ravisseur.	Lycope élevé.
36	Rayure.	Linaire rayée.
37	Réalisation.	Camomille à deux pointes.
38	Réalité.	Rosier à f. de Frêne, ou Turneps.
39	Rebelle.	Blette effilée.
40	Rebellion.	—— en tête.
41	Rebut.	Hyoséride rayonnante.
42	Rebutant.	—— rhagadiole.
43	Réception.	Violette de Rouen.
44	Recherche.	Livèche à feuilles de Persil.
45	Récidive.	Scheuchzère des marais.
46	Réciprocité.	Camomille mixte.
47	Réciproque.	—— des Alpes.
48	Réciproquement.	—— des champs.
49	Récit.	Tordyle officinale.
50	Réclamation.	Thym népéta.
51	Recoin.	Mouron de Monelli.
52	Récompense.	Lilas blanc.
53	Réconciliable.	Pélargonium glauque.
54	Réconciliation.	—— à zône.
55	Reconnaissance.	Épi de Froment cultivé.
56	Reconnaissable.	Choin ferrugineux.
57	Reconnaissant.	Celsie d'Orient.
58	Recours.	Haricot commun.
59	Récréatif.	Origan de Crète.
60	Récréation.	—— commun.
61	Rectitude.	Paturin rude.
62	Recueil.	Bubon de Macédoine.

63 Reculons (à).   Anthyllide hermannia.
64 Rédacteur.   Bulliarde de Vaillant.
65 Redoutable.   Anthyllide barbe de Jupiter.
66 Redoute.   —— faux Cytise.
67 Réflexion.   Pélargonium lobé.
68 Réfrigérent.   Menthe poivrée.
69 Refroidissement.   Concombre cultivé.
70 Refus.   Rose des chiens.
71 Regard.   Mélampyre des prés.
72 Régénération.   Rose à cent feuilles, prolifère.
73 Régie.   Pigamon fétide.
74 Régime.   —— mineur.
75 Région.   Mélampyre des bois.
76 Régisseur.   Pigamon penché.
77 Registre.   —— élevé.
78 Règle.   —— à feuilles étroites.
79 Réglement.   —— simple.
80 Regret.   Dauphinelle pied d'allouette, bleu
                            double.
81 Regrettable.   Scabieuse graminée.
82 Régulier.   Ornithogale en ombelle.
83 Rejetable.   Véronique des rochers.
84 Reine.   Amaryllis de la reine.
85 Réjouissance.   Rosier de la Caroline.
86 Réitération.   Grémil ligneux.
87 Relâchement.   Tamarix de France.
88 Relatif.   Pesse commune.
89 Relief.   Avoine odorante.
90 Religieusement.   Luzule à larges feuilles.
91 Religieux.   —— jaune.
92 Religion.   —— blanchâtre.
93 Religionnaire.   —— printanière.

94	Reliquaire.	Luzule en épi.
95	Relique.	—— des champs.
96	Remarquable.	Orchis à larges feuilles.
97	Remarque.	Anthyllide à quatre feuilles.
98	Remède.	Exacum filiforme.
99	Remercîment.	Vulpin des champs.
100	Rémission.	Véronique Teucriette.
101	Remontrance.	Chrysocome à feuilles de Lin.
102	Remords.	Ortie dioïque.
103	Rempart.	Pélargonium en bouclier.
104	Remplissage.	Pergane harmale.
105	Remuant.	Pigamon des Alpes.
106	Remuement.	—— tubéreux.
107	Renaissance.	Ketmie de Syrie.
108	Rencontre.	Avoine élevée.
109	Rendez-vous.	Ketmie, Rose de Chine.
110	Renflement.	Sédum renflé.
111	Renfort.	Avoine laineuse.
112	Rengagement.	Scabieuse à tige simple.
113	Reniable.	Euphorbe pubescent.
114	Reniement.	—— d'Irlande.
115	Renom.	Diotis cotonneuse.
116	Renonce.	Genet d'Angleterre.
117	Renonciation.	—— d'Allemagne.
118	Renouvellement.	Nivéole d'été.
119	Renseignement.	Pélargonium à feuilles de Bétoine.
120	Rente.	Luserne Houblon.
121	Rentier.	—— tuberculeuse.
122	Rentrant.	—— bouclée.
123	Rentrée.	—— barillet.
124	Renvoi.	Bruyère à balais.
125	Repaire.	Genet de Lobel.

126 Réparable.   Caprier épineux.
127 Réparateur.   —— panaché.
128 Réparation.   —— ovale.
129 Repas.   Souchet comestible.
130 Repentance.   Géranium , herbe à Robert.
131 Repentant.   Genet, Épine fleurie.
132 Repeuplement.   Phléole des prés.
133 Réplétion.   Crassule rougeâtre.
134 Réponse.   Fraisier de table, le fruit.
135 Repose.   Androsace lactée.
136 Reposée.   —— trompeuse.
137 Reposoir.   —— carnée.
138 Repoussant.   Hyoséride rayonnante.
139 Repoussement.   —— rude.
140 Répréhensible.   Primevère crénelée.
141 Représaille.   Nerprun bourdaine.
142 Répressif.   Mercuriale cotonneuse.
143 Réprimande.   —— annuelle.
144 Reprise.   —— vivace.
145 Reprochable.   Népéta lancéolée.
146 Reproche.   —— chataire.
147 Reproductibilité.   Phléole rude.
148 Reproductible.   —— noueuse.
149 Reproduction.   —— des Alpes.
150 Reptile.   Statice Vipérine.
151 Républicain.   Seneçon Jacobée.
152 République.   —— élégant, fleur simple.
153 Répudiation.   Ronce à feuilles de Noisetier.
154 Répugnance.   Laser de Prusse.
155 Répugnant.   —— siler.
156 Réputation.   Pélargonium térébenthinacé.
157 Requérable.   Buplèvre ligneux.

158	Requérant.	Buplèvre à feuilles arrondies.
159	Requête.	—— à longues feuilles.
160	Requis.	—— étoilé.
161	Requise.	—— des Pyrénées.
162	Réquisition.	—— en faulx.
163	Réquisitoire.	—— à feuilles de Gramen.
164	Réseau.	Millepertuis crépu.
165	Réserve.	Hépatique à trois lobes, fl. simple, bleu clair.
166	Réservé.	—— —— —— bleu foncé.
167	Réservoir.	—— —— fl. double, violette.
168	Résidu.	Statice limonium.
169	Résignant.	Erodium des rivages.
170	Résignation.	—— à feuilles de Cigüe.
171	Résine.	Pin rouge.
172	Résistance.	Corydalis Tubéreuse.
173	Respect.	Bétoine officinale.
174	Respectable.	—— roide.
175	Respectif.	—— hérissée.
176	Respectueusement.	— queue de renard.
177	Respectueux.	—— d'Orient.
178	Responsable.	Vipérine à feuilles de Plantain.
179	Ressemblance.	Caméline Tubéreuse.
180	Ressemblant.	Ciste à feuilles de Laurier.
181	Ressentiment.	Dauphinelle Consoude.
182	Resserrement.	Consoude Tubéreuse.
183	Ressort.	Astragale de Marseille.
184	Ressortissant.	—— à longues dents.
185	Ressource.	Morelle Tubéreuse.
186	Restant.	Carotte maritime.
187	Restaurant.	—— commune.
188	Restaurateur.	—— porte-gomme.

189	Restauration.	Carotte hérissée.
190	Restrictif.	Froment à feuilles de Dattier.
191	Restriction.	—— cilié.
192	Résultant.	Astragale de Montpellier.
193	Résultat.	—— sans tiges.
194	Résumé.	Statice à feuilles d'Olivier.
195	Retard.	Buplèvre Renoncule.
196	Retardement.	—— à feuilles de Carex.
197	Retenue.	Hépatique à trois lobes, fl. double, bleu clair.
198	Réticence.	—— —— —— bleu foncé.
199	Retour.	Scille d'automne.
200	Retrait.	Berle chervi.
201	Retraite.	—— faucille.
202	Rétrécissement.	—— rampante.
203	Rétribution.	Nonée violette.
204	Revanche.	Myrica galé.
205	Rêve.	Campanule pyramidale.
206	Réveil.	Vulpin des prés.
207	Reversible.	Céraiste des Alpes.
208	Réunion.	Nard barbu.
209	Réussite.	Rosier bl., belle aurore, une seule rose, et Cardamine impatiente.
210	Révocable.	Scabieuse succin.
211	Révocation.	—— à feuilles entières.
212	Révolte.	Buphtalme épineux.
213	Révolution.	Pissenlit dent de lion.
214	Révolutionnaire.	—— des marais.
215	Riant.	Centaurée brillante.
216	Riche.	Cercis gainier (arbre de Judée.)
217	Richement.	Cerfeuil doré.
218	Richesse.	Renoncule âcre, variété blanche.

219	Ride.	Rosier à feuilles ridées.
220	Ridicule.	Orchis à long éperon.
221	Rigide.	Céraiste roide.
222	Rigidité.	—— à souche rude.
223	Rigorisme.	Orobanche majeure.
224	Rigoriste.	—— à petite fleur.
225	Rigoureusement.	Corydalis à vrilles.
226	Rigoureux.	—— bulbeuse.
227	Rigueur.	—— jaune.
228	Risquable.	Brunelle à grande fleur.
229	Risque.	—— à feuilles d'Hysope.
230	Rivage.	Littorelle des étangs.
231	Rival.	Pélargonium à tiges nombreuses.
232	Rivalité.	—— à feuilles de Coriandre.
233	Rive.	Jonc des crapauds.
234	Riverain.	—— bulbeux.
235	Rivière.	Potamot à feuilles opposées.
236	Rixe.	Sédum hérissé.
237	Roc.	Centaurée rude.
238	Rocaille.	Sédum des pierres.
239	Roche.	Avoine de Lœfling.
240	Rocher.	Orobe des rochers.
241	Rôdeur.	Selin d'Autriche.
242	Roi.	Laurier royal.
243	Roide.	Buplèvre roide.
244	Roideur.	Paturin roide.
245	Roitelet.	Mouron à feuilles épaisses.
246	Rôle.	Pélargonium hybride.
247	Roman.	Cirse des prés.
248	Romance.	—— des lieux cultivés.
249	Romancier.	—— de Montpellier.
250	Romanesque.	—— des Pyrénées.

251	Romantique.	Cirse de Tartarie.
252	Rond.	Pommier odorant.
253	Rondement.	—— baccifère.
254	Rondeur.	—— hybride.
255	Rongeur.	Soude épineuse.
256	Rose.	Rosier de mai.
257	Rosière.	—— de deux fois l'an, couleur de chair.
258	Rouage.	Panicaut de Bourgat.
259	Rouge.	Garance des teinturiers.
260	Rougeâtre.	—— voyageuse.
261	Rougeur.	—— luisante.
262	Roulade.	Panicaut des champs.
263	Roulage.	Blechnum en épi.
264	Roulant.	Acrostic à petite feuille.
265	Rouleau.	Blasie naine.
266	Roulement.	Botryche en croissant.
267	Rousseur.	Passerage des rocailles.
268	Roux.	Cirse roux.
269	Rubicond.	Orcanette vipérine.
270	Rubis.	Pélargonium papillon.
271	Rubrique.	Mélilot de Messine.
272	Rude.	Groseiller de roche.
273	Rudement.	—— des Alpes.
274	Rudesse.	Avoine rude.
275	Rugorité.	Paronique hérissée.
276	Ruine.	Avoine jaunâtre.
277	Ruineux.	Carpésie penchée.
278	Ruisseau.	Cirse des marais.
279	Rumeur.	Trèfle aggloméré.
280	Rupture.	Pélargonium à feuilles cornues.
281	Rural.	Avoine argentée.

282 Ruse.   Philaria à larges feuilles.
283 Rusé.   ——   à feuilles étroites.
284 Rusticité.   Buglosse de Barrelier.
285 Rustique.   ——   toujours verte.
286 Rustiquement.   ——   ondulée.

S.

1   Sable.   Plantain des sables.
2   Sablière.   Sabline à grande fleur.
3   Sablonneux.   ——   recourbée.
4   Sabre.   Iris jaunâtre.
5   Sacré.   Verveine officinale.
6   Sacrement.   ——   couchée.
7   Sacrificateur.   Cornouiller mâle.
8   Sacrifice.   ——   sanguin.
9   Sagacité.   Ammi à larges feuilles.
10 Sage.   Aster de Chine rouge , simple.
11 Sagement.   ——   ——   violette simple.
12 Sagesse.   ——   ——   blanche double.
13 Saignant.   Pélargonium saignant.
14 Saigné.   Pimprenelle sanguisorbe.
15 Sain.   Androsème officinale.
16 Saint.   Actée en épi.
17 Sainteté.   Amaryllis Lys St.-Jacques.
18 Saisie.   Ononis naine.
19 Saisissant.   ——   renversée.
20 Saisissement.   ——   striée.
21 Salade.   Laitue cultivée et Mâche cultivée.
22 Salaire.   Chicorée en dive.
23 Sale.   Salicorne herbacée.
24 Saliver.   Camomille Pyrèthre.
25 Salivation.   Pyrèthre en corymbe.

26	Salutaire.	Mélilot officinal.
27	Salutairement.	—— à petite fleur.
28	Samedi.	Violette, fer de lance.
29	Sanction.	Lotier droit.
30	Sang.	Adonide annuelle.
31	Sang-froid.	Ononis panachée.
32	Sanglant.	Adonide d'automne.
33	Sanguin.	—— printanière.
34	Sanguinaire.	Amaranthe, couleur de sang.
35	Sans.	Ononis du mont Cenis.
36	Santé.	Camomille romaine.
37	Sapeur.	Lotier poilu.
38	Satisfaction.	Aster de Chine, rose double.
39	Satisfaisant.	—— —— violette double.
40	Satyre.	Satyre.
41	Savamment.	Buffonie vivace.
42	Savant.	—— annuelle.
43	Sauce.	Sarriette des jardins.
44	Saveur.	Prunier, branche avec ses fruits.
45	Savoureux.	Figuier commun.
46	Savoureusement.	Le fruit du Figuier.
47	Saut.	Ornithope dur.
48	Sauvage.	Tulipe sauvage.
49	Sauf-garde.	Cranson officinal.
50	Scabreux.	Mélique de montagne.
51	Scandale.	Soldanelle des Alpes.
52	Scélératesse.	Renoncule scélérate.
53	Scène.	Ornithope comprimé.
54	Scie.	Sarrète des teinturiers.
55	Science.	Centaurée de Salamanque.
56	Scrupule.	Cerfeuil sauvage.
57	Scrupuleux.	—— des Alpes.

58 Scrupuleusement. Cerfeuil penché.
59 Sculpteur.   Acanthe sans épines.
60 Sculpture.   —— épineuse.
61 Séance.   Cardamine des Alpes.
62 Sec.   Joubarbe hérissée.
63 Séchement.   —— de montagne.
64 Sécheresse.   —— des toits.
65 Secours.   Scille d'Italie.
66 Secret.   Lilas commun.
67 Secrètement.   — — bleu rougeâtre.
68 Sécurité.   Seneçon commun.
69 Sédentaire.   Cardamine Réséda.
70 Séditieux.   Seneçon élégant, fleurs doubles.
71 Sédition.   Sénébria pinnatifide.
72 Séducteur.   Rosier blanc, double, fleurs et
                       boutons.
73 Séduction.   — — — la Rose seule.
74 Séduisant.   — — — les boutons seuls.
75 Séjour.   Solidage, verge d'or.
76 Selon.   Lotier siliqueux.
77 Semblable.   Caméline cultivée.
78 Semblablement.   —— des roches.
79 Semblant.   Ceste Lédon.
80 Semence.   Urosperme de Dalechamp.
81 Sémillant.   Rosier à feuilles d'Epine vinette.
82 Semonce.   Cardamine Pigamon.
83 Sensation.   Jacinthe d'Orient, Rose double.
84 Sensé.   Arum, calla d'Ethiopie.
85 Sensément.   —— d'Italie.
86 Sensibilité.   Jacinthe d'Orient blanche, simple.
87 Sensible.   —— d'Orient rose, simple.
88 Sensiblement.   ——— tardive.

89	Sensualité.	Cerisier Guignier.
90	Sensuel.	—— Bigarreautier.
91	Sensuellement.	—— à feuilles de tabac.
92	Sentence.	—— Laurier Cerise.
93	Sentiment.	Jacinthe d'Orient blanche, double.
94	Sentimental.	—— des bois.
95	Sentier.	Achillée sétacée.
96	Sentiment.	Clématite orientale.
97	Sentinelle.	Primevère élevée.
98	Séparable.	Aster de la Chine blanche, simple.
99	Séparation.	—— —— rose, simple.
100	Séparément.	Muscari à toupet.
101	Sept.	Fétuque élevée.
102	Septembre.	Valériane à trois lobes.
103	Sépulture.	Cyprès à rameaux pendans.
104	Sérénlté.	Primevère à grandes fleurs blanches, double.
105	Sérieusement.	Androsace cylindrique.
106	Sérieux.	—— imbriquée.
107	Serment.	Robinier, Hispide rose.
108	Serpent.	Renouée vivipare.
109	Serrement.	Pimprenelle bâtarde.
110	Servage.	Germandrée marum.
111	Servant.	Cardamine Asaret.
112	Servante.	Germandrée, Sauge des bois.
113	Serviable.	Cardamine à petites fleurs.
114	Service.	Centaurée de Malthe.
115	Servile.	Bunias, fausse Roquette.
116	Servilement.	—— en panicule.
117	Servilité.	Germandrée renversée.
118	Serviteur.	—— luisante.
119	Servitude.	—— jaune.

120	Sévère.	Orobanche élancée.
121	Sévèrement.	—— Serpolet.
122	Sévérité.	—— bleuâtre.
123	Seul.	Ixia bulbocode.
124	Sicaire.	Mélique rameuse.
125	Siége.	Scrofulaire aquatique.
126	Sien.	Statice à feuilles d'Auricule.
127	Signe.	Pélargonium écarlate.
128	Significatif.	Pyrèthre d'Haller.
129	Signification.	—— des Alpes.
130	Silence.	Pélargonium à feuilles d'Astragale.
131	Sillon.	Mélilot silloné.
132	Similitude.	Gentiane de Bavière.
133	Simple.	Centaurée, Bluet bleu.
134	Simplement.	—— —— rouge.
135	Simplicité.	—— —— blanc.
136	Simplification.	Lamier pourpre.
137	Simultané.	Pédiculaire à long bec.
138	Simultanément.	Pédiculaire Tubéreuse.
139	Sincère.	Genet à branche de Jonc.
140	Sincèrement.	Lamarckie dorée.
141	Sincérité.	Genet d'Espagne.
142	Singerie.	Orchis singe.
143	Singulier.	Amaranthe tricolor.
144	Sirène.	Rosier à cent f., fl. d'Anémone.
145	Site.	Érable de Tartarie.
146	Situation.	Lotier, faux Cytise.
147	Six.	Fétuque maritime.
148	Sobre.	Salsifis à feuilles de Poireau.
149	Sobriété.	Erodium, bec de cigogne.
150	Société.	Saxifrage Androsace.
151	Sœur.	Seneçon élégant, fleur bleue.

152 Soie.   Robinier, arbre de soie.
153 Soigneusement.   Pélargonium à petites fleurs.
154 Soigneux.   —— à long pédoncule.
155 Soin.   —— incisé.
156 Soir.   Julienne alliaire.
157 Soirée.   —— à petites fleurs.
158 Soixante.   Fétuque hétérophille.
159 Soixante-dix.   —— eskia.
160 Solaire.   Lunetière des rochers.
161 Soldat.   Stratiote Aloës.
162 Soleil.   Hélianthe annuel, la fl. épanouie.
163 Solennel.   Érable Sycomore.
164 Solemnellement.   —— à sucre.
165 Solemnisation.   —— plane.
166 Solennité.   —— de Montpellier.
167 Solidaire.   Crépide bisannuelle.
168 Solidairement.   —— des toits.
169 Solide.   —— verdâtre.
170 Solidement.   —— de Dioscoride.
171 Solidité.   —— ambiguë.
172 Solitaire.   Rosier de montagne.
173 Solitude.   Vergerette du Canada.
174 Soluble.   Soude couchée.
175 Solution.   —— des sables.
176 Sombre.   Atropa Belladone, la fleur.
177 Sommation.   Camomille cotule.
178 Sommeil.   Sédum à fleur de Morgeline, et
                        Pavot coquelicot simple, rose.
179 Sommet.   Selin de montagne.
180 Somnambule.   Sédum en croix.
181 Somnifère.   —— noirâtre.
182 Somptueux.   Pélargonium beaufort.

183	Somptuosité.	Rosier de France, belle veloutée pourpre.
184	Son.	Hypécoüm couché.
185	Songe.	Camomille d'Autriche.
186	Songeur.	—— de montagne.
187	Sonnette.	Liseron de Sicile.
188	Soporatif.	Pavot somnifère dentelé.
189	Soporeux.	—— Coquelicot simple, rouge.
190	Soporifique.	—— somnifère panaché.
191	Sorcier.	Circée de Paris.
192	Sordide.	Conyse sordide.
193	Sordidement.	Linaigrette des Alpes.
194	Sort.	Mélaleuque à feuilles de Myrte.
195	Sortilège.	Circée des Alpes.
196	Sot.	Ail Moly.
197	Sottement.	Chardon intermédiaire.
198	Sottise.	—— à feuilles de Carline.
199	Souci.	Souci des jardins, la fleur sans b.
200	Soucieux.	—— —— fleurs et boutons.
201	Soudain.	Sainfoin obscur.
202	Souffrance.	Grenadille bleue.
203	Souffrant.	—— à feuilles de Laurier.
204	Souhait.	Branche d'Abricotier avec ses fr.
205	Souhaitable.	Abricotier noir.
206	Soulagement.	Molène Bouillon blanc.
207	Soulier.	Hyppocrépis à plusieurs gousses.
208	Soumission.	Camomille de Valence.
209	Soumissionnaire.	Lotier à gousse carrée.
210	Soupçon.	Rosier jaune, les boutons seuls.
211	Soupir.	—— de France, velour noir.
212	Soupirail.	Millepertuis nummulaire.
213	Soupirant.	Pélargonium à grande fleur.

214	Souple.	Cynoglosse à fleurs rayées.
215	Souplement.	—— à feuilles de Giroflée.
216	Souplesse.	—— de l'Apennin.
217	Source.	Montie des fontaines.
218	Sourcil.	Ophrys à un tubercule.
219	Sourd.	Silené otilès.
220	Sourdine.	Tabouret de roche.
221	Sourire.	Rosier agréable.
222	Sournois.	Plantain de Genève.
223	Sous.	Porcelle uniflore.
224	Soutenable.	Mélitte à feuilles de Mélisse.
225	Souterrain.	Vélar enfilé.
226	Soutien.	Hémérocale fleur de Lys.
227	Souvenir.	Dauphinelle Pied d'allouette bleu, simple.
228	Souverain.	Sauge officinale.
229	Soyeux.	Érine des Alpes.
230	Spécial.	Mélinet rude.
231	Spécialement.	—— à petite fleur.
232	Spécialité.	—— glabre.
233	Spécieux.	Sauge verveine.
234	Spécifique.	Rumex Patience.
235	Spectacle.	Cerisier Mahaleb.
236	Spectateur.	—— à grappes.
237	Sperme.	Podosperme en alène.
238	Spirale.	Néottie spirale.
239	Spiritueux.	Cerisier-Merisier.
240	Splendeur.	Rose de France, belle cramoisi.
241	Squelette.	Luserne déchiquetée.
242	Stabilité.	Géranium luisant.
243	Stable.	—— mollet.
244	Stagnation.	—— à feuilles rondes.

245 Stérile.   Budleia à globules.
246 Stérilité.   —— à feuilles de Sauge.
247 Stimulant.   Moutarde des champs.
248 Stratagême.   Tabouret enfilé.
249 Strict.   Velèze rigide.
250 Stries.   Benoite des ruisseaux.
251 Structure.   —— des Pyrénées.
252 Stupéfait.   Datura stramoine, fleur simple.
253 Stupeur.   —— —— fleur double.
254 Stupide.   —— —— fleur violette.
255 Stupidement.   —— tatula, fl. violette simple.
256 Stupidité.   —— —— fl. violette double.
257 Subalterne.   Coronille naine.
258 Subdivision.   Millepertuis frangé.
259 Sublime.   Romarin officinal.
260 Submersion.   Cornifle submergée.
261 Suborneur.   Paronyque à feuilles de Renouée.
262 Subsistance.   Orge à six rangs.
263 Substantiel.   —— à deux rangs.
264 Substantiellement.   —— pyramidal.
265 Substitut.   Châtaignier nain.
266 Substitution.   —— ordinaire.
267 Succès.   Véronique à longues feuilles.
268 Successeur.   Érable à feuilles d'Obier.
269 Successif.   —— jaspé.
270 Succession.   —— champêtre.
271 Successivement.   —— à feuilles de Frêne.
272 Succinct.   Pédiculaire à épi feuillé.
273 Succulent.   Bette maritime.
274 Sucre.   —— commune.
275 Sudorifique.   Smilax élevé.
276 Sueur.   —— commun.

277 Suffisamment. Seigle velu.
278 Suffisance. — cultivé, épi avec des grains.
279 Suffrage. Véronique à trois lobes.
280 Suite. Onagre bisannuelle.
281 Suivant. Paspale pied de poule.
282 Superbe. Rosier à cent feuilles et à petite foliole, ou Rose de Junon.
283 Supercherie. Pédiculaire tachée.
284 Superficiel. Utriculaire commune.
285 Superfin. Silené soyeux.
286 Superflu. Véronique à feuilles d'Ortie.
287 Supérieur. Pin larico.
288 Supérieurement. —— maritime.
289 Supériorité. —— mugho.
290 Superstitieux. Pédiculaire tronquée.
291 Superstition. —— verticillée.
292 Suppliant. Platilobe élégant.
293 Supplication. —— à feuilles de Scolopendre.
294 Supplice. Vélar Épervière.
295 Supportable. Silené cilié.
296 Supposition. —— faux Céraiste.
297 Suppôt. Mélilot d'Italie.
298 Suppression. Utriculaire naine.
299 Suprême. Rose de France, grandeur royale.
300 Surabondance. Paronique pubescente.
301 Surcroit. Silené à trois dents.
302 Sûreté. Primevère farineuse.
303 Surface. Chêne Liège.
304 Surlendemain. Pédiculaire incarnate.
305 Surnaturel. Sauge éthiopienne.
306 Surnom. Sisymbre Cresson.
307 Surnuméraire. Coronille couronnée.

308	Surplus.	Potentille à petite fleur.
309	Surprenant.	Asclépiade incarnate.
310	Surprise.	—— rose.
311	Sursaut.	Peltaire à odeur d'Ail.
312	Surtout.	Potentille luisante.
313	Surveillance.	Épiaire visqueuse.
314	Surveillant.	—— d'Allemagne.
315	Survenant.	Coronille à branches de Jonc.
316	Survivance.	—— à grandes stipules.
317	Survivant.	—— glauque.
318	Susceptibilité.	Pédiculaire des bois.
319	Susceptible.	—— des marais.
320	Suspect.	Ssymbre amphibie.
321	Sylphe.	Dryade à huit pétales.
322	Sympathie.	Sensitive commune.
323	Systématique.	Alchimille des Alpes.
324	Systématiquement.	—— à cinq feuilles.
325	Système.	—— commune.

T.

1	Table.	Troêne panaché.
2	Tableau.	—— commun.
3	Tabouret.	Tabouret hérissé.
4	Tache.	Luserne tachée.
5	Tacite.	Alchimille des champs.
6	Tactique.	Pistachier lentisque.
7	Talent.	Immortelle annuelle.
8	Tamis.	Millepertuis élégant.
9	Tant.	Egilope ovoïde.
10	Tantôt.	—— alongée.
11	Tapageur.	Potentille hérissée.
12	Tapis.	Canche en gazon.

13	Tard.	Scabieuse jaunâtre.
14	Tardif.	Cerisier tardif.
15	Tarrentule.	Phalangère bicolore.
16	Teint.	Broussonet des teinturiers.
17	Teinture.	Genet des teinturiers.
18	Téméraire.	Erodium des rochers.
19	Témérairement.	—— maritime.
20	Témérité.	—— de Corse.
21	Témoignage.	Rosier toujours fleuri, fleur rouge.
22	Temple.	—— toujours vert.
23	Temps.	Aster des Pyrénées.
24	Tenace.	Solidage naine.
25	Tenacité.	Ornithogale de Narbonne.
26	Tendance.	Sisymbre officinal.
27	Tendre.	Mouron délicat.
28	Tendrement.	—— bleu.
29	Tendresse.	OEillet superbe rose.
30	Tentant.	Morelle pomme d'Amour, la fleur.
31	Tentateur.	—— —— le fruit.
32	Tentation.	Epilobe à épi (herbe St.-Antoine).
33	Tentative.	Rosier blanc, Belle aurore, un b.
34	Ténuité.	Fumeterre à petites fleurs.
35	Terme.	Linaire poilue.
36	Terminaison.	—— élatine.
37	Terre.	Glechome à grandes fleurs.
38	Terrible.	Aconit tue loup.
39	Terriblement.	Épervière des marais.
40	Terroriste.	Seneçon à une seule fleur.
41	Testicule.	Orchys à deux feuilles.
42	Têtu.	Sisymbre roide.
43	Théorie.	Échinophore épineuse.
44	Tiède.	Silené des Pyrénées.

45	Tiédeur.	Silené Tanaisie.
46	Tiers.	Fétuque univalve.
47	Timide.	Rosier blanc double, petite cuisse de nymphe.
48	Timidité.	—— —— à fleur en corymbe.
49	Tisane.	Centaurée Chausse-trappe.
50	Tissure.	Lin de Narbonne.
51	Toile.	Lavande Stœchas.
52	Toilette.	—— aspic.
53	Toison.	Céraiste laineux.
54	Toit.	Joubarbe globuleuse.
55	Tolérable.	Pélargonium à feuilles de Myrris.
56	Tolérance.	—— en éventail.
57	Ton.	Gentiane jaune.
58	Tonique.	—— purpurine.
59	Tonnelle.	Tecoma de Virginie, à gr. fl. rouge.
60	Tonnerre.	Frankinia pulvérulent.
61	Toque.	Toque columna.
62	Tors.	Renouée Persicaire.
63	Tortu.	—— à feuilles de Patience.
64	Tortueux.	—— Bellardi.
65	Touchant.	Rosier blanc double , fleur rose.
66	Toujours.	Elychrise à grande bractée.
67	Tourment.	Grenadille jaune, les boutons.
68	Tourmente.	—— —— les fleurs.
69	Tournant.	Monotrope sucepin.
70	Tournoiement.	Néottie rampante.
71	Tourterelle.	Rosier toujours fleuri, fl. blanche.
72	Tout.	—— blanc, Belle aurore, rose avec boutons.
73	Trou.	Benoite traçante.
74	Tradition.	Sisymbre sauvage.

75	Tragique.	Épervière à feuilles de Succin.
76	Tragiquement.	—— de montagne.
77	Trahison.	Cytise aubour.
78	Traînant.	Astragale Réglisse.
79	Traînasse.	—— épiglotte.
80	Traîner.	Morelle douce amer, la fleur.
81	Traîneur.	—— —— le fruit.
82	Trait.	Linaire à feuilles de Genet.
83	Traitable.	Sisymbre des vignes.
84	Traître.	Épervière des murs.
85	Trame.	Vesce des Pyrénées.
86	Tranquille.	Primevère à grande fleur rouge, simple.
87	Tranquillement.	—— —— —— double.
88	Tranquillité.	—— —— blanche, simple.
89	Transcendant.	Seneçon blanchâtre.
90	Transe.	Saxifrage de l'Écluse.
91	Transfiguration.	Smilax piquant.
92	Transformation.	Carthame des teinturiers.
93	Transfuge.	Nèflier du Japon.
94	Transgression.	Seneçon aquatique.
95	Transmissible.	Vesce cultivée.
96	Transport.	Lotier pied d'oiseau.
97	Trappe.	Souchet monté.
98	Travail.	Pélargonium Blattaire.
99	Travers.	Froment, faux Paturin.
100	Traverse.	—— fausse Rottbolle.
101	Travesti.	—— fausse Fétuque.
102	Travestissement.	—— faux Nard.
103	Treillage.	Millepertuis velu.
104	Tremblant.	Brise vulgaire.
105	Tremblement.	Peuplier Tremble.

106	Trembleur.	Peuplier faux Tremble.
107	Trente.	Fétuque dure.
108	Trépas.	Rosier de France, pourpre noir.
109	Trésor.	Digitale pourpre.
110	Tresse.	Rubanier rameux.
111	Trève.	Vesce à double fruit.
112	Triangle.	Ail triangulaire.
113	Tribulation.	Ancolie commune, fleur blanche.
114	Tribut.	Froment épeautre.
115	Tributaire.	—— locular.
116	Tricolor.	Ixia tricolor.
117	Triomphe.	Seringat panaché.
118	Triple.	Cytise à feuilles sessiles.
119	Triste.	Ancolie commune, fleur bleue.
120	Tristement.	—— —— cuisse de nymphe, ou rose.
121	Tristesse.	—— —— rouge.
122	Trois.	Fétuque maritime.
123	Troisième.	Anémone à trois feuilles.
124	Tromperie.	Renoncule Cerfeuil.
125	Trompeur.	Dalhia jaune.
126	Trou.	Millepertuis tétragone.
127	Trouble.	Greuvrier occidental.
128	Trouée.	Millepertuis douteux.
129	Troupe.	Statice en faisceau.
130	Troupeau.	—— à feuilles de Plantain.
131	Tumulte.	Seneçon élégant, fleur bleue.
132	Tumultueux.	—— à feuilles de Roquette.
133	Turbulence.	—— à feuilles de Pêcher.
134	Turbulent.	—— des marais.
135	Tyran.	Hélianthe noir pourpre, fl. et b.
136	Tyrannie.	—— —— —— une seule fl.

137 Tyrannique. Hélianthe noir pourpre, bouton
     seulement.

U.

1   Ulcère. Renoncule rampante.
2   Un. Fétuque bleue.
3   Uni. Lin des Alpes.
4   Uniforme. Gentiane Asclépiade.
5   Uniformément. —— pneumonanthe.
6   Uniformité. —— ciliée.
7   Uniment. —— à tige courte.
8   Union. Rosier mousseux, à grandes fleurs
     boutons et fleurs.
9   Unique. Rosier parviflore.
10 Uniquement. Genet monosperme.
11 Unisson. Souchet en forme de Jonc.
12 Universel. Sédum à odeur de Rose.
13 Urgent. —— étoilé.
14 Usage. Gentiane croisette.
15 Urne. Cyprès à rameaux penchés.
16 Usuel. Lin purgatif.
17 Usuellement. —— radiola.
18 Usufruit. Plantin gramen.
19 Usurpateur. Vipérine des Pyrénées.
20 Utile. Guimauve Passe-Rose.
21 Utilement. —— à feuilles de Chanvre.
22 Utilité. —— officinale.

V.

1   Vacance. Souchet rond.
2   Vacant. —— jaunâtre.
3   Vacarme. Yesse-loup.

4	Vacation.	Souchet long.
5	Vacillant.	Cirse des Alpes.
6	Vacillation.	—— des champs.
7	Vagabond.	Bruyère vagabonde.
8	Vaguement.	Plantain maritime.
9	Vaillant.	Thym à grandes fleurs.
10	Vaillance.	—— calament.
11	Vain.	Callune Bruyère.
12	Vainqueur.	OEillet superbe , panaché.
13	Valétudinaire.	Stipe empenné.
14	Valeur.	Thym des Alpes.
15	Vallée.	Nèflier du Japon , rouge.
16	Vanité.	Paquerette à fl. doubles, panachée.
17	Variabilité.	Gestrum parqué.
18	Variable.	Cirse d'Angleterre.
19	Variant.	—— bulbeux.
20	Variation.	—— variable.
21	Variété.	Paquerette simple , panachée.
22	Vaseux.	Isnarde des marais.
23	Vaste.	Caulinie de l'Océan.
24	Véhémence.	Hydrangée à feuilles de Chêne.
25	Velouté.	Épiaire des champs.
26	Velu.	Ail velu.
27	Vénal.	Dracocéphale d'Autriche.
28	Vénalement.	—— de Ruisch.
29	Vendredi.	Violette des sables.
30	Vénéneux.	Phalangère rameuse.
31	Vénérable.	Hydrangée de Virginie.
32	Vénérien.	Lobélie syphillitique.
33	Venin.	Iris scorpionne.
34	Vent.	Baguenaudier arbrisseau.
35	Venteux.	Haricot nain.

36	Vénus.	Lychnide visqueuse.
37	Verdâtre.	Orchis verdâtre.
38	Verdoyant.	Ache odorant.
39	Verdure.	Pigamon élégant.
40	Véridique.	Caquillier enfilé.
41	Vérificateur.	Pigamon jaunâtre.
42	Véritable.	Paquerette à fleurs doubles, rouge.
43	Véritablement.	Gentiane des champs.
44	Vérité.	Paquerette simple, blanche.
45	Vermeil.	Rosier turbiné.
46	Vermisseau.	Helminthie vipérine.
47	Vermifuge.	—— épineuse.
48	Verre.	Hydrocotyle commune.
49	Vert.	Pistachier commun.
50	Veuf.	Scabieuse des jardins, pourpre.
51	Veuvage.	—— —— rose.
52	Vexation.	Epiaire annuelle.
53	Vexatoire.	—— des marais.
54	Viable.	Ombilic à fleurs droites.
55	Vicissitude.	Tabouret à feuilles variables.
56	Victime.	Saxifrage écrasé.
57	Victoire.	Seneçon doria.
58	Victorieux.	—— Doronic.
59	Vide.	Laitron de Plumier.
60	Vie.	Hydrangée blanche.
61	Vieil.	Bugle de Genève.
62	Vieillard.	—— rampante.
63	Vieillesse.	—— des Alpes.
64	Vierge.	Viorne Obier stérile.
65	Vieux.	Bugle, faux Pin.
66	Vigilant.	Pêcher à fruit lisse.
67	Vigilance.	Seneçon Sarrasin.

68	Vengeance.	Silené de Corse.
69	Vigoureux.	Orme à côte de Liège.
70	Vigoureusement.	—— à petites feuilles.
71	Vigueur.	—— des champs.
72	Vil.	Chiendent, un épi.
73	Vilain.	—— deux épis.
74	Village.	Tabouret des campagnes.
75	Ville.	Saxifrage jaune et pourpre.
76	Vin.	Vigne cultivée.
77	Vindicatif.	Nèflier, pied de coq.
78	Vindicte.	Seneçon visqueux.
79	Vingt.	Fétuque rougeâtre.
80	Violation.	Lampsane fluette.
81	Violence.	Sarrète à tête d'Artichaut.
82	Violet.	Grémil violet.
83	Violon.	Rumex violon.
84	Vireux.	Laitue vireuse.
85	Virginité.	OEillet virginal.
86	Visible.	Hélianthème poilu.
87	Visiblement.	—— poudreux.
88	Vision.	Mélampyre des forêts.
89	Visionnaire.	—— à crète.
90	Visite.	Spirée filipendule.
91	Vital.	Hélianthème, faux Alysson.
92	Vîte.	—— hérissé.
93	Vîtesse.	—— rose.
94	Vivace.	—— glutineux.
95	Vivacité.	—— commun.
96	Vivant.	—— à feuilles de Lédon.
97	Vivifiant.	—— à feuilles de Saule.
98	Vivification.	—— à feuilles de Lavande.

99	Vocation.	Nèflier Azérolier.
100	Vœu.	Rosier de France, aigle noir, fleur simple, ou Anémone des jardins, à grande fleurs roses et blanches à la circonférence, et rouges au centre.
101	Voici.	Ononis renversée.
102	Voie.	—— visqueuse.
103	Voilà.	Tabouret des montagnes.
104	Voiture.	Lychnide visqueuse.
105	Voix.	Camara à feuilles de Mélisse.
106	Vol.	Airelle fangeuse.
107	Volage.	—— rouge.
108	Volant.	Baguenaudier d'Orient.
109	Volcan.	Seriole de l'Etna.
110	Volontaire.	Seneçon à feuilles d'Aurone.
111	Volontairement.	—— à feuilles menues.
112	Volonté.	Cyclamen à feuilles linéaires.
113	Volontiers.	Ail rose.
114	Volupté.	Rosier à cent feuilles, mousseux, à grandes fleurs.
115	Voluptueux.	—— —— —— petites fleurs.
116	Voluptueusement.	—— —— —— fleurs blanch.
117	Vomissant.	Courge Coloquinte.
118	Voyage.	Androsace septentrionale.
119	Voyageur.	—— à grand calice.
120	Vrai.	Paquerette vivace, fleur simple, couleur rouge.
121	Vaiment.	Cicutaire aquatique.
122	Vraisemblable.	Échinope à tête ronde.
123	Vraisemblablement.	—— ritro.

TABLE ALPHABÉTIQUE

DES VERBES

EMPLOYÉS DANS LE LANGAGE DE FLORE.

A.

1	Abandonner.	Métrosidéros changeant.
2	Abattre.	Prunier de Briançon.
3	Abhorrer.	Barckausie fétide.
4	Aboyer.	Agrostis des chiens.
5	Abolir.	Arbousier des Alpes.
6	Abonder.	Stuartia pentagine.
7	Aboutir.	Linaire couchée.
8	Aborder.	Armoise en arbre.
9	Abréger.	Chardon Marie.
10	Abriter.	Passerage ibéride.
11	Abrutir.	Alchimille des champs.
12	Abstenir.	Erodium à bec de Cigogne.
13	Abuser.	Armoise en corymbe.
14	Accabler.	Anémones pavot (les) et Tamarix d'Allemagne.
15	Accélérer.	Sélin à feuilles de Carvi.
16	Accepter.	Daphné Mézéreum.
17	Accompagner.	Potentille brillante.

18	Accomplir.	Ptéléa à feuilles ternées.
19	Accorder.	Caroubier à longues gousses.
20	Accoucher.	Orobe tubéreux.
21	Accoutumer.	Nèflier élégant.
22	Accrocher.	Ophrys homme pendu.
23	Accourir.	Genet à tige ailée.
24	Accueillir.	Raiponce à feuilles de Scorzonère.
25	Acculer.	Tamarix d'Allemagne.
26	Accumuler.	Paturin à crète.
27	Accuser.	Saxifrage, œil de bouc.
28	Acharner.	Mélique rameuse.
29	Acheminer.	Violette fer de lance.
30	Aciduler.	Oxalide Oseille.
31	Acquérir.	Anserine à balais.
32	Acquiescer.	Violette de Rouen.
33	Acquitter.	Sarrète à feuilles variables.
34	Adapter.	Violette des Pyrénées.
35	Additionner.	Sabline en faisceau.
36	Adhérer.	Pervenche à petite fleur.
37	Admettre.	Campanule en tête.
38	Administrer.	Osyris blanc.
39	Admirer.	Les Capucines.
40	Adoniser.	Renoncule fluette.
41	Adopter.	Véronique Mouron.
42	Adorer.	Hélianthe multiflore.
43	Adoucir.	Les Amandiers.
44	Adresser.	Zostère marine.
45	Advenir.	Menthe hérissée.
46	Aérer.	—— nummulaire.
47	Affamer.	Ronce des rochers.
48	Affecter.	Muflier toujours vert.
49	Affectionner.	Ixia bulbocode.

5o	Affermir.	OEnante fistuleuse.
5ı	Afficher.	Boucage à grandes feuilles.
52	Affirmer.	Plantain à grandes feuilles.
53	Affliger.	Les Fêviers.
54	Affaiblir.	Courge pepon.
55	Affluer.	Moutarde blanche.
56	Affranchir.	Plantain serpentin.
57	Affronter.	Erodium des rochers.
58	Agacer.	Galactite cotonneuse.
59	Agraver.	Sédum des glaciers et Cucubale porte-baies.
6o	Agir.	Brome épais.
6ı	Agiter.	Les Kalmias.
62	Agrandir.	Magnolier à grandes fleurs.
63	Agréer.	Littorelle du Péloponèse.
64	Agréger.	Silené saxifrage.
65	Aguérir.	Sabline à fines feuilles.
66	Aider.	Iris agréable.
67	Aiguillonner.	Moutarde des champs.
68	Aimer.	Myrte commun.
69	Ajourner.	Pédiculaire incarnate.
7o	Ajouter.	Silené à trois dents.
7ı	Alarmer.	Prunier épineux.
72	Aliéner.	Narcisse des poètes.
73	Aligner.	Linaire à feuilles de Thym.
74	Alimenter.	Artichaut.
75	Aliter.	Scrofulaire printanière.
76	Allaiter.	Airelle vaccinium.
77	Aller.	Agrostis jouet des vents.
78	Allier.	Violette odorante.
79	Allumer.	Pélargonium couleur de feu.
8o	Allonger.	Mauve de Tournefort.

81	Altérer.	Les Radis.
82	Amadouer.	Menthe sauvage.
83	Amasser.	Arabette Paquerette.
84	Ambitionner.	Robinier, faux Acacia.
85	Amincir.	Buplèvre effilé.
86	Amollir.	Gaillet maritime.
87	Amonceler.	Pélargonium crépu.
88	Amorcer.	Paturin amourette.
89	Amplifier.	Vesce des haies.
90	Amuser.	Julienne maritime.
91	Analyser.	Grémil des teinturiers.
92	Ancrer.	Rumex aquatique.
93	Anéantir.	Pastel des teinturiers.
94	Annuler.	Silené sans tige, et Budleia.
95	Animer.	Jasmin Jonquille.
96	Annoblir.	Lys des Pyrénées.
97	Annoncer.	Nivéole printanière.
98	Anticiper.	Fuchsia Magellanique.
99	Apaiser.	Olivier d'Europe.
100	Aplatir.	Phaque des Alpes.
101	Apercevoir.	Millepertuis des marais.
102	Aplanir.	Lin des Alpes.
103	Apparaître.	Armoise Camomille.
104	Appartenir.	Mélique ciliée.
105	Appauvrir.	Gratiole officinale.
106	Appesantir.	Sédum noirâtre.
107	Applaudir.	Armoise des glaciers.
108	Appliquer.	Saxifrage mignonette.
109	Apprécier.	Luserne en faucille.
110	Apprendre.	Ornithogale des Pyrénées.
111	Apprêter.	Thlapsie velue.
112	Approprier.	Narcisse à deux fleurs.

113	Approcher.	Paturin dur.
114	Approfondir.	Primevère hérissée.
115	Approuver.	Violette hérissée.
116	Appuyer,	Molène queue de renard.
117	Approvisionner.	Espariette de montagnes.
118	Arborer.	Rosier à fleur rougeâtre.
119	Argenter.	Renoncule Aconit.
120	Argumenter.	Daphné argenté.
121	Armer.	Genet très-épineux.
122	Arracher.	Groseiller rouge.
123	Arranger.	Pélargonium à long pédoncule.
124	Arrêter.	Mélique de montagne.
125	Arriver.	Sisymbre dent de lion.
126	Arrondir.	Orchis globuleux.
127	Arroger (s').	Chêne serris.
128	Arroser.	Potamot à feuilles opposées.
129	Articuler.	Camara à feuilles de Mélisse.
130	Aspirer.	Sisymbre officinal.
131	Assaillir.	Épervière des Alpes.
132	Assaisonner.	Cerfeuil cultivé.
133	Assassiner.	Genevrier sabine.
134	Assembler.	Fritillaire de Perse.
135	Asservir.	—— impériale.
136	Assimiler.	Androsème officinal, et Gentiane de Bavière.
137	Assister.	Vigne porte-vin.
138	Associer.	Pélargonium trifide, et Vaillantia des murs.
139	Assortir.	Mélaleuque à feuilles de Myrte.
140	Assoupir.	Mandragore officinale.
141	Assouplir.	Potamot à dent de peigne.
142	Assurer.	Potentille droite.

143	Attaquer.	Vipérine méridionale.
144	Attacher.	Lierre grimpant.
145	Atteindre.	Sélin de montagne.
146	Atteler.	Séséli, Fenouil des chevaux.
147	Attendre.	Coronille couronnée.
148	Attendrir.	Catalpa à feuilles en cœur, et Bouleau pleureur.
149	Attenter.	Choin brun.
150	Attérer.	Peuplier blanc.
151	Attirer.	Joubarbe à toile d'araignée.
152	Attraper.	Pédiculaire tachée.
153	Attribuer.	Violette du mont Cenis.
154	Attrister.	Les Ancolies.
155	Attrouper.	Statice à feuilles de Plantain.
156	Avaler.	Lampourde gloutteron, et Pilulaire à globules.
157	Avantager.	Coriandre cultivée.
158	Avancer.	Villarsie, faux Nénuphar.
159	Aventurer.	Troëne commun.
160	Augmenter.	Phléole de Girard.
161	Augurer.	Polémoine blanc.
162	Avertir.	OEnanthe à suc jaune.
163	Aveugler.	Renoncule graminée.
164	Avilir.	Germandrée à tête jaune.
165	Aviser.	Aneth Fenouil.
166	Avoir.	Troëne panaché.
167	Avouer.	Lycopside des champs.
168	Autoriser.	Armoise palmée.
169	Avorter.	Micrope droit.

B.

| 1 | Cabiller. | Trigonelle de Montpellier. |

2	Badiner.	Cardère à larges fleurs.
3	Bafouer.	Rumex Oseille.
4	Baigner.	Potamot luisant.
5	Baiser.	Rosier de deux fois l'an.
6	Baisser.	Géranium réfléchi.
7	Balancer.	Pélargonium à fleurs variables.
8	Balayer.	Genet à balai.
9	Bannir.	Yvraie menue.
10	Baptiser.	Crucianelle de Montpellier.
11	Barrer.	Armoise de France.
12	Barricader.	Toque des Alpes.
13	Bâtir.	Nerprun des rochers.
14	Battre.	Scorpiure rude.
15	Bavarder.	Phalaris Phléole.
16	Béatifier.	Hémérocale du Japon.
17	Bénir.	Tofieldie des marais.
18	Bêtiser.	Erodium bec de grue.
16	Blâmer.	Menthe des champs.
20	Blanchir.	Lunaire annuelle.
21	Blâser.	Rosier des Indes.
22	Blasphêmer.	Camarine à fleur noire.
23	Blesser.	Sisymbre Vélar.
24	Bleuir.	Pastel des Alpes.
25	Blondir.	Lampourbe épineuse.
26	Boire.	Une feuille de Cabaret ou Asaret d'Europe.
27	Bondir.	Ornithope délicat.
28	Bonifier.	Canne à sucre.
39	Border.	Les Ormes.
30	Borner.	Linaire simple.
31	Botaniser.	Agavé d'Amérique.
32	Bouder.	Hortensia à feuilles d'Obier.

33	Boucler.	Luserne en boucle.
34	Bouillir.	Silené de roche.
35	Bouleverser.	Marrube commun.
36	Bourdonner.	Ophris mouche.
37	Bourgeonner.	Valériane à feuilles de Globulaïre
38	Bourreler.	Ortie dioïque.
39	Bourrer.	Pélargonium velu.
40	Braver.	Orchis militaire.
41	Bretailler.	Potentille hérissée.
42	Brigander.	Épiaire laineuse.
43	Briguer.	Rosier Thé.
44	Briller.	Amaryllis dorée.
45	Briser.	Moutarde blanchâtre.
46	Broder.	Polycnème des champs.
47	Brouiller.	Trèfle rouge.
48	Brouter.	Paturin couché.
49	Brûler.	Lobélie brûlante.
50	Brusquer.	Bourrache officinale.
51	Brutaliser.	Gentiane d'Allemagne.

C.

1	Cabaler.	Armoise en panicule
2	Cacher.	Les Tecomas.
3	Cacheter.	Gesse Aphaca.
4	Cajoler.	Ibéride de tous les mois.
5	Calculer.	Agrostis rouge.
6	Calmer.	Pavot Coquelicot simple rouge.
7	Calomnier.	Gaillet croisette.
8	Capituler.	Vesce à double fruit.
9	Capter.	Brome multiflore.
10	Captiver.	Rosier à cent f., fl. d'Anémone
11	Capturer.	Prêle des bois.

12	Caracoler.	Luzerne orbiculaire.
13	Caractériser.	Caucalide à large fruit.
14	Caresser.	Cynoglosse officinale.
15	Casser.	Avoine fragile.
16	Causer.	Carline à courte tige.
17	Cautériser.	Soude Kali.
18	Cautionner.	Brome droit.
19	Céder.	Céraiste des champs.
20	Ceindre.	Rubanier flottant.
21	Célébrer.	Les Pêchers.
22	Cerner.	Spirée crénelée.
23	Certifier.	Potentille argentine.
24	Cesser.	Ononis de Cherler.
25	Chagriner.	Renoncule aquatique.
26	Chanceler.	Pervenche à grandes fleurs, fleurs blanches.
27	Changer.	Myrte oranger.
28	Chanter.	Bruyère de Corse.
29	Charmer.	Julienne des dames.
30	Chasser.	Lysimaque commune.
31	Châtier.	Gesse hérissée.
32	Chauffer.	Valériane tubéreuse.
33	Chausser.	Hippocrépis à plusieurs gousses.
34	Cheminer.	Grémil des champs.
35	Chercher.	Pélargonium glutineux.
36	Chérir.	Héliotrope du Pérou.
37	Chicaner.	Vesce, fausse Esparcette.
38	Chiffonner.	Scille agréable.
39	Choisir.	Pélargonium élégant.
40	Choquer.	Groseiller des Alpes.
41	Circonscrire.	Linaire velue.
42	Circonstancier.	Panic glauque.

43	Citer.	Stipe chevelu.
44	Clarifier.	Jonc à trois pointes.
45	Classer.	Stipe Jonc.
46	Coaliser.	Aspérule des teinturiers.
47	Cohabiter.	Tulipe odorante.
48	Coiffer.	Paliure piquant.
49	Coïncider.	Pédiculaire à long bec.
50	Coller.	Aliboufier officinal.
51	Colorer.	Phitolaca à dix étamines.
52	Colorier.	Orcanette vipérine.
53	Combattre.	Phalangère à fleurs de Lys.
54	Combler.	Kolreuléria paniculé.
55	Commander.	Impératoire ostruthium.
56	Commencer.	Charme houblon.
57	Commenter	Brome des toits.
58	Commettre.	Yvraie vivace.
59	Communiquer.	Pois cultivé.
60	Comparer.	Caucalide des champs.
61	Compâtir.	Les Fusains.
62	Compenser.	Chrysanthème de montagne.
63	Compiler.	Euphorbe en faulx.
64	Complaire.	Amaryllis Belladone.
65	Complimenter	Chrysanthème des blés.
66	Composer.	Buplèvre demi-composée.
67	Comprendre.	Raiponce à petite tête.
68	Comprimer.	Paturin des bois.
69	Compromettre.	Liseron rayé.
70	Concentrer.	Nard serré.
71	Concerner.	Achillée odorante.
72	Concerter.	Véronique digitée.
73	Concevoir.	Podosperme découpé.
74	Concilier.	Mélèze d'Europe.

75	Conclure.	Paturin à deux rangées.
76	Concourir.	Achillée cotonneuse.
77	Condamner.	Renoncule de Séguier.
78	Condescendre.	Potentille rampante.
79	Conduire.	Les Echinopes.
80	Conférer.	Asperge à feuilles aiguës.
81	Confier.	Chrysanthème à grande fleur.
82	Confiner.	Œillet des Alpes.
83	Confirmer.	Renoncule des champs.
84	Confisquer.	Brome stérile.
85	Confondre.	Alysson épineux.
86	Conformer.	Lychnide Coquelourde.
87	Congédier.	Sélin des Pyrénées.
88	Congeler.	Renoncule des glaciers.
89	Conjecturer.	Matricaire Camomille.
90	Conjoindre.	Lotier conjugal.
91	Connaître.	Œillet ferrugineux.
92	Conquérir.	Pervenche cultivée.
93	Consacrer.	Hysope officinale.
94	Conseiller.	Linaire des rochers.
95	Consentir.	Renoncule d'Asie blanche et ro:
96	Conserver.	Luzule des champs.
97	Considérer.	Noyer commun.
98	Consigner.	Brome de Madrid.
99	Consister.	Trigonelle bâtarde.
100	Consoler.	Olivier pleureur.
101	Consolider.	Les Crépides.
102	Consommer.	Lotier comestible.
103	Conspirer.	Œillet hérissé.
104	Constituer.	Scabieuse centaurée.
105	Construire.	Benoite des Pyrénées.
106	Consulter.	Arabette roide.

107	Consumer.	Sisymbre couché.
108	Contempler.	Carmentine en arbre.
109	Contenir.	Tabouret, bourse à pasteur.
110	Contenter.	Lys maritime blanc.
111	Contester.	Menthe apparenthée.
112	Conter.	Astrance à petite feuille.
113	Continuer.	Carline laineuse.
114	Contourner.	Menthe pouliot.
115	Contracter.	Androsace pubescente.
116	Contraindre.	Globulaire turbith.
117	Contrarier.	—— à tige nue.
118	Contraster.	—— naine.
119	Contredire.	Agripaume, faux Marrube.
120	Convaincre.	Prismatocarpe bâtarde.
121	Convenir.	Sparmannia d'Afrique.
122	Converser.	Androsace cylindrique.
123	Convertir.	Rosier à cent f., panaché de blanc.
124	Coordonner.	Orobanche rameuse.
125	Correspondre.	OEillet des Chartreux.
126	Corriger.	Férule commune.
127	Corrompre.	Gouet commun.
128	Côtoyer.	Littorelle des étangs.
129	Coucher.	Genet couché.
130	Couper.	Sécurigère Coronille.
131	Courber.	Bugle rampante.
132	Courir.	Brionne dioïque.
133	Couronner.	Rosier de deux fois l'an, couleur de chair.
134	Courroucer.	Robinier halodendron.
135	Courtiser.	Galantine perce-neige.
136	Coûter.	Pélargonium Beaufort.
137	Couvrir.	Magnolier parasol.

138 Cracher. — Pyrèthre en corymbe.
139 Craindre. — Impatiente n'y touchez pas.
140 Créer. — Elychryse des frimas.
141 Creuser. — Laitron des champs.
142 Cribler. — Millefeuille couchée.
143 Crier. — Paronique verticillée.
144 Cristalliser. — Pilobole cristallin.
145 Critiquer. — Bruyère à fleurs herbacées.
146 Crisper. — Pélargonium à crochet.
147 Croire. — Asphodèle rameux.
148 Croiser. — Sisymbre des sables.
149 Croître. — Ail en carène.
150 Crotter. — Limoselle aquatique.
151 Crucifier. — Crucianelle à feuilles étroites.
152 Cueillir. — Viorne, Obier stérile.
153 Cuire. — Ortie brûlante.
154 Culbuter. — Arabette Serpolet.
155 Cumuler. — Silené en faisceau.

D.

1 Daigner. — Viorne Obier.
2 Damner. — Stellaire trompeuse.
3 Danser. — Amaranthe à longs épis, pourpre.
4 Darder. — Podosperme à feuille de Réséda.
5 Dater. — Trèfle rude.
6 Débarrasser. — Sesléri bleuâtre.
7 Débaucher. — Les Baccanthes.
8 Débiliter. — Courge callebasse.
9 Déborder. — Paronique à feuille de Renouée.
10 Débuter. — Violette des montagnes.
11 Décamper. — —— jaune.
12 Décerner. — Pommier toujours vert.

13	Déchaîner.	Lion dent de montagne.
14	Décharger.	Alysson à feuilles d'Haline.
15	Décider.	Calycium nain.
16	Déchirer.	Renoncule déchirée.
17	Déchoir.	Nèflier tomenteux.
18	Décimer.	Fétuque de brebis.
19	Déclarer.	Scille penchée.
20	Décliner.	Calycium du Japon.
21	Décocher.	Sagittaire à flèche.
22	Déconcerter.	Sabline, fausse Renouée.
23	Décorer.	Cerisier Mahaleb(bois Ste.-Lucie.)
24	Découcher.	Silené de nuit.
25	Décourager.	Mâche naine.
26	Découvrir.	Rosier de France terminal.
27	Décrire.	Platane d'Amérique.
28	Dédaigner.	Renoncule parnassie.
29	Dédier.	Scabieuse à feuilles entières.
30	Déduire.	Paturin des rivages.
31	Défaire.	Seringat nain.
32	Défendre.	Nèflier d'Allemagne.
23	Déférer.	Andromède du Maryllan.
34	Défier.	Sisymbre des murs, et Giroflée triste.
35	Définir.	Chou, fausse Roquette.
36	Déflorer.	—— Giroflée.
37	Déformer.	Saxifrage à trois doigts.
38	Dégager.	Molucelle ligneuse.
39	Défricher.	OEillet sauvage.
40	Dégénérer.	Lobélie naine.
41	Dégoûter.	Iris fétide.
42	Dégrader.	Centenille naine.
43	Déguiser.	Ail, faux Moly.
44	Déguster.	Ananas cultivé.

45	Déjeûner.	Pommier commun.
46	Déifier.	Pommier à bouquet.
47	Délaisser.	Rosier de France Agate.
48	Délasser.	Centaurée cendrée.
49	Délayer.	Prêle des marais.
50	Délibérer.	Agrostis ventrue.
51	Délecter.	Ambroisie maritime.
52	Délier.	Asperge officinale.
53	Délirer.	Rosage du Pont.
54	Délivrer.	Doronic, mort aux Panthères.
55	Démanger.	Scabieuse des Alpes.
56	Demander.	Fraisier de table.
57	Démentir.	Paquerolle, fausse Paquerette.
58	Démonter.	Bunias, fausse Roquette.
59	Démettre.	Seneçon à feuilles d'Auronne.
60	Demeurer.	Cardamine des Alpes.
61	Démontrer.	Plantain blanchâtre.
62	Démoraliser.	Rosier à cent f., odeur ingrate.
63	Dénaturer.	Saxifrage embrouillé.
64	Dénigrer.	Molène noire.
65	Dénommer.	Sédum à feuilles épaisses.
66	Dénoncer.	Cytinet parasite.
67	Dénuer.	Plantain de montagne.
68	Déparer.	Agrostis interrompu.
69	Départir.	Pélargonium fragile.
70	Dépasser.	Ail victorial.
71	Dépêcher.	Hélianthème hérissé.
72	Dépendre.	Guy.
73	Dépeindre.	Rumex à écusson.
74	Dépenser.	Astragale esparcette.
75	Dépérir.	Lémodon fibreuse.
76	Dépeupler.	Sabline rougeâtre

77	Déplacer.	Sédum d'Espagne.
78	Déplaire.	OEillet noirâtre.
79	Déplorer.	Hellébore à fleurs vertes.
80	Déployer.	Trèfle renversé.
81	Déporter.	Aulne blanchâtre.
82	Dépouiller.	Les Platanes.
83	Dépraver.	Aulne glutineux.
84	Déprécier.	Astragale déprimé.
85	Députer.	Fumeterre officinale.
86	Déraciner.	Renoncule radicante.
87	Déraisonner.	Bunias en panicule.
88	Déranger.	Tussilage pétasite.
89	Dérégler.	—— pas d'âne.
90	Dérober.	Les Micaucouliers.
91	Déroger.	Nerprun des Alpes.
92	Dérouler.	Centaurée, fausse Chausse-trappe.
93	Dérouter.	Scolopendre.
94	Désabuser.	Scabieuse luisante.
95	Désaccorder.	Ronce à feuilles de Noisetier.
96	Désaltérer.	Poirier à boisson.
97	Désapprouver.	Prunier domestique.
98	Désarmer.	Véronique Teucriette.
99	Désavouer.	Rosier des haies.
100	Descendre.	Sédum d'Angleterre.
101	Désenchanter.	—— blanc.
102	Désennuyer.	Pélargonium Blattaire.
103	Déserter.	Ronce à fruit bleuâtre.
104	Désespérer.	Hellébore pigamon.
105	Déshonorer.	Iris, faux Açore.
106	Désigner.	Spirée barbe de chèvre.
107	Désintéresser.	Cinéraire des champs.
108	Désirer.	OEillet virginal.

109	Désobéir.	Gaillet droit.
110	Désobliger.	—— acéré.
111	Désoler.	Buphtalme à feuilles de Saule.
112	Désorganiser.	Cinéraire maritime.
113	Dessécher.	Nicotiane rustique.
114	Desservir.	Abricotier noir.
115	Dessiner.	Rosier Canelle.
116	Destiner.	Lychnide de Chalcédoine.
117	Désunir.	Gaillet de Baccone.
118	Détacher.	Scolyme d'Espagne.
119	Détailler.	Spirée ulmaire.
120	Déterminer.	Les Grenadiers.
121	Détester.	Galéopsis à fleurs jaunes.
122	Détourner.	Paturin divergent.
123	Détracter.	Conyse de roche.
124	Détromper.	Rosier à feuilles de Frène.
125	Détruire.	Rue fétide.
126	Dévaliser.	Épervière Ériophore.
127	Devancer.	Caucalide à feuilles de Carotte.
128	Dévaster.	Ophris araignée.
129	Développer.	Panic vert.
130	Devenir.	Zinnia verticillée.
131	Dévier.	Vélar des murailles.
132	Deviner.	Les Circées.
133	Dévoiler.	Lavater de Hières.
134	Devoir.	Pancrace maritime.
135	Dévorer.	Lupin bigarré.
136	Dévouer.	Aucuba du Japon.
137	Dicter.	Vélar suisse.
138	Diffamer.	Iris naine, fleur jaunâtre.
139	Différer.	Caucalide à feuilles de Cerfeuil.
140	Dilacérer.	Sarrète couronnée.

141	Dilapider.	Airelle fangeuse.
142	Diligenter.	Euphraise naine.
143	Diminuer.	Euphorbe fluet.
144	Dire.	Tordyle officinal.
145	Diriger.	Balsamite effilée.
146	Discerner.	Saule marceau.
147	Disconvenir.	Camélée à trois coques.
148	Discourir.	Cardamine velue.
149	Disculper.	Vipérine commune.
150	Discuter.	Echinophore épineuse.
151	Disgracier.	Carline à feuilles d'Acanthe.
152	Disjoindre.	Muscari à Toupet.
153	Disparaître.	Dépranie barbue.
154	Dispenser.	Trèfle de Cherler.
155	Disperser.	Spargoute des champs.
156	Disposer.	Inule pulicaire.
157	Disputer.	Ornithope comprimé.
158	Disséminer.	Anacycle dorée.
159	Disséquer.	Luzerne déchiquetée.
160	Dissimuler.	Gesse articulée.
161	Dissiper.	Trèfle Hybride.
162	Dissoudre.	Saxifrage arétie.
163	Distiller.	Céraiste commun.
164	Distinguer.	Pancrace odorant.
165	Distraire.	Pélargonium à feuille d'Alchimille.
166	Distribuer.	Saule bleuâtre.
167	Divaguer.	Drave étoilé.
168	Diversifier.	Magnolier de plusieurs couleurs.
169	Divertir.	Myrte oranger panaché.
170	Diviser.	Pélargonium à cinq taches.
171	Divulguer.	Mélique de Bauhin.
172	Dominer.	Elychrise stœchas , et Véronique douteuse.

173	Dompter.	Epilobe à épi.
174	Donner.	Cornouiller alterne.
175	Dorer.	Vélar jaunâtre.
176	Dormir.	Pavot somnifère.
177	Doubler.	Ephedra double épi.
178	Douter.	Viorne lisse.
179	Draper.	Saule drapé.
180	Dresser.	Orobe grèle.
181	Duper.	Linaigrette à plusieurs épis.
182	Durcir.	Sumac des corroyeurs.
183	Durer.	Buglose d'Italie.

E.

1	Ebattre (s').	Saxifrage mousse.
2	Ebaucher.	Centaurée des Alpes.
3	Eblouir.	Renoncule des Pyrénées.
4	Ebranler.	Arabette rude.
5	Ebruiter.	Hypécoüm pendant.
6	Ecarter.	Passerage des Alpes.
7	Echanger.	Orchis Sureau.
8	Echapper.	Raiponce hémisphérique.
9	Echauffer.	Phlomide frutescente.
10	Echeniller.	Valériane Phu.
11	Echoir.	Anserine à graine lisse.
12	Echouer.	Inule hérissée.
13	Eclaircir.	Chélidoine cornue.
14	Eclairer.	Cirier de Pensylvanie.
15	Eclater.	Chélidoine Éclaire.
16	Eclipser.	Véronique officinale.
17	Econduire.	Nerprun à feuilles d'Olivier.
18	Economiser.	Linaigrette engainée.
19	Ecorcher.	Paronique hérissée.

20	Ecouler (s').	Ményanthe Trèfle d'eau.
21	Ecouter.	Myosotte vivace.
22	Ecraser.	Rumex à feuilles obtuses.
23	Ecrier (s').	Aconit des Pyrénées.
24	Ecrire.	Broussonet à papier.
25	Ecrouer.	Silené attrape mouches.
26	Ecrouler (s').	Vesce, pourpre noir.
27	Ecumer.	Silené Campanule.
28	Edifier.	Muguet de mai.
29	Effacer.	Utriculaire commune.
30	Effarer.	Morelle noire.
31	Effaroucher.	Périploque de Grèce.
32	Effectuer.	Primevère officinale.
33	Effeuiller.	Nard celtique.
34	Effleurer.	Baguenaudier d'Alep.
35	Efforcer (s').	Brise verdâtre.
36	Effrayer.	Lion-Dent blanchâtre.
37	Egaliser.	Mouron rouge.
38	Egarer.	Séséli tortueux.
39	Egayer.	Narcisse joyeux.
40	Egorger.	Caucalide noueuse.
41	Egosiller.	Silené otilès.
42	Egoutter.	—— uniflore.
43	Elancer.	Ornithope dure.
44	Elargir.	Vesce de Gérard.
45	Electriser.	Frankinia hérissé.
46	Elever.	Bouleau élevé.
47	Elire.	Glayeul cardinal.
48	Eloigner.	Nicotiane Tabac.
49	Eluder.	Mouron de Monelli.
50	Emailler.	Paquerette fl. blanche , simple.
51	Emanciper.	Plantain pied de lièvre.

52	Emaner.	Rosier de France, grandeur royale.
53	Embarquer.	Passerine cotonneuse.
54	Embarrasser.	Athamanthe libanotide.
55	Embaumer.	Rosier de deux fois l'an ; des parfumeurs, ou de Puteau.
56	Embellir.	Atropa Belladone.
57	Embourber.	Arroche à rosette.
58	Embrâser.	Gnavelle annuelle.
59	Embrasser.	Coris de Montpellier.
60	Embrouiller.	Raiponce de Micheli.
61	Embusquer (s').	Pélargonium à feuilles étroites.
62	Émerveiller.	Lys pompon.
63	Emmieller.	Mélisse officinale.
64	Émousser.	Sisymbre à lobes obtus.
65	Émouvoir.	Érable de Tartarie.
66	Empailler.	Orge commun.
67	Emparer (s').	Ononis rameuse.
68	Empêcher.	Microp couché.
69	Empester.	Orchis à odeur de bouc.
70	Employer.	Menthe à feuilles rondes.
71	Empoisonner.	Ciguë tachetée.
72	Emporter.	Épervière à bouquet.
73	Empresser (s').	Livêche à feuilles menues.
74	Emprisonner.	Atractylis grillée.
75	Emprunter.	Violette des champs.
76	Emputer.	Vulpin genouillé.
77	Enceindre.	Zanichelle des marais.
78	Encenser.	Maceron commun.
79	Enchaîner.	Rosier mille épines.
80	Enchanter.	Aconit en panicule.
81	Enchérir.	Tozzia des Alpes.
82	Enclaver.	Pistachier térébinthe.

83 Encombrer.   Sisymbre pennatifide.
84 Encourager.   OEillet superbe, fleur rouge.
85 Encourir.   Sabline à calice pointu.
86 Endetter.   Trèfle étoilé.
87 Endoctriner.   Véronique à feuilles radicales.
88 Endommager.   Moutarde, fausse Roquette.
89 Endormir.   Pavot somnifère, double rouge.
90 Endosser.   Centaurée à dents de moule.
91 Enduire.   Solidage naine.
92 Endurer.   Mélitte à feuilles de Mélisse.
93 Énerver.   Rosage ferrugineux.
94 Enfanter.   Suffrénie filiforme.
95 Enfermer.   Souchet monté.
96 Enflammer.   Liseron tricolore.
97 Enfler.   Silené à calice enflé.
98 Enfoncer.   Podosperme en alène.
99 Enfouir.   Luserne tarrière.
100 Enfourcher.   Ortégie dichotome.
101 Enfreindre.   Scorpiure sillonnée.
102 Enfuir (s').   Centaurée, fausse Chausse-Trappe.
103 Engager.   Scabieuse des champs.
104 Engendrer.   Orchis à deux feuilles.
105 Engloutir.   Isnarde des marais.
106 Engourdir.   Gentiane des glaciers.
107 Engouffrer.   Stéhélina aquatique.
108 Engraisser.   Houblon grimpant.
109 Engrener.   Panicaut de Bourgat.
110 Enhardir.   Véronique à feuilles de Thym.
111 Enjoliver.   Grassette vulgaire.
112 Enjoler.   Aster annuelle.
113 Enivrer.   Rosier nain ou de Bourgogne.
114 Enlacer.   Pavot Coquelicot blanc.

115	Enlaidir.	Troscart des marais.
116	Enlever.	Scolyme tachée.
117	Ennuyer.	Julienne découpée.
118	Enorgueillir.	Hélianthe tubéreux.
119	Enraciner.	Ornithogale de Narbonne.
120	Enrager.	Passerage à feuilles rondes.
121	Enregistrer.	Pigamon élevé.
122	Enrichir.	Tulipe de l'Écluse.
123	Enroler.	Cercis gainier.
124	Ensanglanter.	Fèvier à trois pointes.
125	Enseigner.	Argoussier, faux Nerprun.
126	Ensemencer.	Valériane des montagnes.
127	Ensevelir.	Cyprès dystique.
128	Ensuivre (s').	Pélargonium gibbeux.
129	Entamer.	Seneçon des bois.
130	Entasser.	Paturin des marais.
131	Entendre.	Myosote annuelle.
132	Enterrer.	Cyprès à rameaux pendans.
133	Entêter.	Plantain à petite tête.
134	Enthousiasmer.	Sauge verte.
135	Entonner.	Nyctage à longues feuilles.
136	Entortiller.	Ronce Framboisier.
137	Entourer.	Buis nain.
138	Entraver.	Scabieuse bâtarde.
139	Entraîner.	Potamot Gramen.
140	Entr'aimer (s').	Myrte commun.
141	Entrelacer.	Spargoutte noueuse.
142	Entremettre.	Menthe verte.
143	Entreprendre.	Cardonceile de Montpellier.
144	Entrer.	Crithme maritime.
145	Entretenir.	Pélargonium sans stipules.
146	Entrevoir.	Sélin demi-engaîné.

147	Entr'ouvrir.	Primevère, fausse Joubarbe.
148	Énumérer.	Fétuque bleue.
149	Envahir.	Sabline à fleur rouge.
150	Envelopper.	Ail à longues spathes.
151	Envenimer.	Iris scorpionne.
152	Envier.	Jasmin commun, jaune.
153	Environner.	Néottie d'été.
154	Envisager.	Cérisier à grappe.
155	Envoler (s').	Sorbier des oiseleurs.
156	Envoyer.	Campanule dentelée.
157	Épancher.	Lysimaque, Lin étoilé.
158	Épanouir (s').	Rosier de mai.
159	Épargner.	—— à cent feuilles, fl. simple.
160	Éparpiller.	Anacycle de Valence.
161	Épier.	Épiaire des bois.
162	Épouser.	Métrosidéros à panache rouge.
163	Épouvanter.	Lupin hérissé.
164	Éprendre (s').	Thym Népéta.
165	Éprouver.	Métrosidéros à feuilles de Saule.
166	Épuiser.	Fumeterre grimpante.
167	Épurer.	Orobanche majeure.
168	Errer.	Plantain des Alpes.
169	Escarper.	Anthyllide de montagne.
170	Escroquer.	Gaillet des Pyrénées.
171	Espérer.	Les Anémones couronnées.
172	Espionner.	Épiaire maritime.
173	Esquisser.	Aspérule à l'esquinancie.
174	Esquiver.	Scille, fausse Jacinthe.
175	Essayer.	Aspérule lisse.
176	Essuyer.	Robinier Curagan.
177	Estimer.	Luserne cultivée.
178	Estropier.	Vesce, fausse Gesse.

179 Établir.   Épipactis en lance.
180 Étaler.   Scheuchzère étalée.
181 Étancher.   Sanguisorbe officinale.
182 Éteindre.   Yvraie multiflore.
183 Étendre.   Mauve sauvage.
184 Éterniser.   Ximénésia à feuilles d'Ancélia.
185 Étinceler.   Pélargonium papilionacé.
186 Étioler (s').   Tilleul à grandes feuilles.
187 Étonner.   Asclépiade de Syrie.
188 Étourdir.   Drave, faux Aizon.
189 Être.   Rosier des quatre saisons, ou de
                       tous les mois.
190 Étreindre.   Héliotrope couché.
191 Étudier.   Armoise en épi.
192 Évader (s').   Nèflier du Japon.
193 Évaluer.   Plantain grisâtre.
194 Évanouir (s').   Potentille Alchimille.
195 Éveiller.   Peltaire à odeur d'Ail.
196 Éviter.   Renoncule à tête d'or.
197 Exagérer.   Cirse à feuilles de Roquette.
198 Exalter.   Orobanche à petite fleur.
199 Examiner.   Thymbra en épi.
200 Exaspérer.   Gaillet nain.
201 Exaucer.   Rosier de France, Aigle noir,
                       fleur simple.
202 Excéder.   Linaire réfléchie.
203 Exceller.   Pin Mugho.
204 Excepter.   Prénanthe à feuilles menues.
205 Exciter.   Galéopsis à petites fleurs.
206 Exclure.   Renoncule hérissée.
207 Excommunier.   Saule fragile.
208 Excorier.   Plantain en alène.

209	Excuser.	Rosier de deux fois l'an, rouge et blanc, ou d'Yorck.
210	Exécrer.	Épervière tubuleuse.
211	Exécuter.	Ail ciboule.
212	Exempter.	Scrofulaire à feuilles de Sauge.
213	Exercer.	Vesce Ers.
214	Exhaler.	Cirse des Pyrénées.
215	Exhausser.	Rosier de Bordeaux.
216	Exhorter.	Néflier à fleur rare.
217	Exiger.	Gaillet du Hartz.
218	Exiler.	—— bâtard.
219	Exister.	Ombilic à fleurs droites.
220	Expatrier.	Saxifrage du Groenland.
221	Expédier.	Alisier anti-dyssentérique.
222	Expérimenter.	Giroflée de Méad.
223	Expier.	Gaillet Gratteron.
224	Expirer.	Rosier de France pourpre noir.
225	Expliquer.	Réséda blanc.
226	Exploiter.	Silené d'Italie.
227	Exposer.	Pélargonium rose.
228	Exprimer.	Alisiers amelouchiers.
229	Expulser.	Trèfle bruni.
230	Extasier (s').	Cyclamen d'Europe.
231	Exténuer.	Saxifrage porte-gomme.
232	Exterminer.	Lion-Dent en fer de lance.
233	Extorquer.	Gaillet de Vaillant.
234	Extraire.	Menthe cultivée.
235	Extravaguer.	Cirse à trois têtes.

F.

1	Fabriquer.	Lin en cloche.
2	Fâcher.	Pédiculaire des bois.

3	Faciliter.	Ibéride toujours verte.
4	Façonner.	Seringat odorant.
5	Faillir.	Saxifrage à longues feuilles.
6	Faiblir.	Potentille des neiges.
7	Faire.	Prénanthe bulbeux.
8	Falloir.	Rupie à fleurs de Céraiste.
9	Falsifier.	Orvale , faux Lamier.
10	Fanatiser.	Cacalie des Alpes.
11	Familiariser.	Ibéride en ombelle.
12	Farder.	Phalaris des sables.
13	Fasciner.	Trèfle roide.
14	Fatiguer.	Dauphinelle élevée.
15	Favoriser.	Frène à fleurs.
16	Fausser.	Lampsane commune.
17	Féconder.	Gentiane à calice enflé.
18	Feindre.	Liseron des haies.
19	Féliciter.	Rosier de France , rose panaché.
20	Fendre.	Rhagadiole comestible.
21	Fermenter.	Saponnaire jaune.
22	Fermer.	Péplide Pourpier.
23	Fertiliser.	Potamot flottant.
24	Festonner.	Dentelaire européenne.
25	Feuiller.	Saule soyeux.
26	Fiancer.	Trèfle incarnat.
27	Fier.	Seringat double.
28	Figer.	Pélargonium austral.
29	Figurer.	Primevère à longues fleurs.
30	Filer.	Chanvre cultivé.
31	Finir.	Linaire de Chalep.
32	Fixer.	Comaret des marais.
33	Flagorner.	Anserine glauque.
34	Flamber.	Les Dictames.

35	Flatter.	Anserine Ambroisie.
36	Fléchir.	Prénanthe Osier.
37	Flétrir.	Stellaire, faux Céraiste.
38	Fleurir.	Butome en ombelle.
39	Flotter.	Jonc humble.
40	Foiblir.	Tulipe de Gessner.
41	Folâtrer.	Jusquiame noire.
42	Fomenter.	Cherlérie, faux Sédum.
43	Foncer.	Potamot embrassant.
44	Fonder.	Epipactis à larges feuilles.
45	Fondre.	—— nid d'oiseau.
46	Forcer.	Chêne à grappes.
47	Formaliser.	Armoise des rochers.
48	Former.	Phalaris des Canaries.
49	Fortifier.	Cranson à feuilles de Pastel.
50	Foudroyer.	Frankinia pulvérulent.
51	Fouler.	Paturin à trois nervures.
52	Fourber.	Phalaris pubescente.
53	Fourmiller.	Paquerette, mère gigogne.
54	Fournir.	Barbon grillon.
55	Fourrager.	Esparcette cultivée.
56	Franchir.	Sélin des cerfs.
57	Frapper.	Achillée agératum.
58	Fraterniser.	Saule en herbe.
59	Frauder.	Centaurée laineuse.
60	Frémir.	Lémodon avorté.
61	Fréquenter.	Centaurée de montagne.
62	Friper.	Arnique Paquerette.
63	Friponner.	Les Parvies.
64	Frire.	Potamot marin.
65	Frissonner.	Moutarde noire.
66	Fronder.	Plantain à petites feuilles.

67	Fructifier.	Renouée Sarrazin.
68	Frustrer.	Renoncule des Alpes.
69	Fuir.	Aconit tue loup.
70	Fulminer.	Pariétaire de Judée.

G.

1	Gagner.	Campanule en thyrse.
2	Galopper.	Luserne écusson.
3	Garantir.	Nèflier à feuilles de Cornouiller.
4	Garder.	Épiaire hérissée.
5	Garer.	Bouleau pubescent.
6	Garnir.	Centaurée plumeuse.
7	Garotter.	Sisymbre des rochers.
8	Gazer.	Millepertuis de montagne.
9	Gazonner.	Statice à feuilles de Paquerette.
10	Geler.	Valériane des rochers.
11	Gémir.	Dryade à huit pétales.
12	Gêner.	Athamanthe de Matthiole.
13	Généraliser.	Agrostis vulgaire.
14	Gérer.	Pigamon penché.
15	Germer.	Morelle mélongène.
16	Gesticuler.	Véronique de montagne.
17	Glacer.	Linaire Boréale.
18	Glaner.	Trèfle filiforme.
19	Glisser.	Rosier lisse.
20	Glorifier.	—— à cent feuilles et à petites folioles, ou rose de Junon.
21	Goberger.	Véronique à feuilles d'Ortie.
22	Gorger.	Sédum à sept pétales.
23	Goûter.	Les épinards.
24	Graisser.	Guimauve de Narbonne.
25	Graduer.	Plantain du mont Victoire.

26	Gouverner.	Les Elatines.
27	Grandir.	Frêne élevé.
28	Gratifier.	Astragale en étoile.
29	Gratter.	Pédiculaire des marais.
30	Gravir.	Paturin des Alpes.
31	Grelotter.	Valériane couchée.
32	Griffer.	Hellébore fétide.
33	Griller.	Valériane dioïque.
34	Grimper.	Ophris des Alpes.
35	Griser.	Vigne cultivée.
36	Gronder.	Gentiane des Pyrénées.
37	Grossir.	Vésicaire renflée.
38	Grouper.	Achillée à grandes feuilles.
39	Guider.	Macre flottante.
40	Guetter.	Paronique en tête.
41	Guérir.	Achillée mille feuilles.

H.

1	Habiller.	Robinier, arbre de soie.
2	Habiter.	Arabette des Alpes.
3	Habituer.	Gentiane bâtarde.
4	Haïr.	Lychnide fleur de Coucou, et Tribule couchée.
5	Haranguer.	Luserne maritime.
6	Harasser.	Oxytropis velu.
7	Hasarder.	Lyciet d'Europe.
8	Hâter.	Hélianthème rose.
9	Hausser.	Euphraise des Alpes.
10	Héberger.	Paronyque Serpolet.
11	Hébêter.	Pédiculaire verticillée.
12	Hérisser.	Silené de Corse.
13	Hériter.	Saule Daphné.

14 Hésiter. Vélar effilé.
15 Heurter. Groseiller de roche.
16 Hiverner. Hellébore d'hiver.
17 Honorer. Fève commune.
18 Huer. Spargoutte porte-poil.
19 Huiler. Hêtre commun.
20 Humaniser. Aigremoine eupatoire.
21 Humecter. Gesse annuelle.
22 Humilier. Germandrée botride.
23 Hypothèquer. Stéhélina douteux.

I.

1 Identifier. Théligone charnue.
2 Idolâtrer. Lychnide rose du ciel, et les Dalhia.
3 Ignorer. Cardères à foulon.
4 Illuminer. Mélampyre à crète.
5 Illustrer. Lys à fleurs pendantes.
6 Imaginer. Agrostis douteux.
7 Imbiber. Ciste cotonneux.
8 Imiter. ―― crépu.
9 Immoler. Saxifrage écrasé.
10 Immortaliser. Immortelle de France.
11 Impatienter. Julienne d'Afrique.
12 Implorer. Platilobe élégant.
13 Importer. Pélargonium à fleurs blanches.
14 Importuner. Renoncule en faucille.
15 Imposer. Herniaire velue.
16 Imprégner. Silené à cinq taches.
17 Imprimer. Anémone des jardins.
18 Improuver. Micaucoulier austral.
19 Imputer. Calamagrostis des sables.
20 Incarcérer. Sisymbre de Lœsel.

21	Incendier.	Seriole de l'Etna.
22	Incliner.	Campanule étoilée.
23	Incommoder.	Pélargonium à trois pointes.
24	Incorporer.	Stratiote Aloës.
25	Incruster.	Véronique à souche ligneuse.
26	Inculper.	Peuplier noir.
27	Indemniser.	Sauge glutineuse.
28	Indiquer.	Houque d'Alep.
29	Indisposer.	Concombre Melon.
30	Induire.	Androsace des Alpes.
31	Infecter.	Anagyris fétide.
32	Infester.	Orchis punais.
33	Infliger.	Nigelle à feuilles de Fenouil.
34	Influer.	Liseron argenté.
35	Informer.	Népéta à feuilles lâches.
36	Ingérer (s').	Trigonelle, Fenu grec.
37	Injurier.	Gaillet rouge.
38	Inonder.	Charagne vulgaire.
39	Inquiéter.	Souci des jardins.
40	Insérer.	Véronique de Pona.
41	Inscrire.	Volant d'eau à épi.
42	Insinuer.	Primevère à feuilles entières.
43	Insister.	Rupie Pourpier.
44	Inspirer.	Chironie élégante.
45	Installer.	Seneçon des forêts.
46	Instituer.	Saule pointu.
47	Instruire.	Sureau à grappes.
48	Insulter.	Euphorbe arbrisseau.
49	Insurger.	Sabline à graine bordée.
50	Intercéder.	Muguet à longues feuilles.
51	Intercepter.	Saxifrage à deux fleurs.
52	Interdire.	Renoncule d'Allemagne.

53	Intéresser.	Salsifis des prés.
54	Interpeller.	Sabline de Mahon.
55	Interposer.	Muguet anguleux.
56	Interpréter.	Vesce à une fleur.
57	Interroger.	Népéta à larges feuilles.
58	Interrompre.	Vélar Ste.-Barbe.
59	Intervenir.	Saxifrage en coin.
60	Intimider.	Orobanche bleuâtre.
61	Intriguer.	Euphorbe pourpré.
62	Introduire.	—— doux.
63	Invectiver.	Mache hérissée.
64	Inventer.	Buffonie annuelle.
65	Investir.	Trigonelle à plusieurs cornes.
66	Invétérer (s').	Renoncule rampante.
67	Inviter.	Pélargonium rave.
68	Invoquer.	—— drapé.
69	Irriter.	Achillée sternutatoire.
70	Isoler.	Silené en épi.

J.

1	Jaillir.	Montie des fontaines.
2	Jardiner.	Ixia à grande fleur.
3	Jaunir.	Réséda , herbe à jaunir.
4	Jeûner.	Violette des Sables.
5	Joindre.	Urosperme rude.
6	Jouer.	Agrostis piquant.
7	Jouir.	Rosier à cent feuilles , mousseux.
8	Juger.	Chironie en épi.
9	Jurer.	Sisymbre à plusieurs cornes.
10	Justicier.	Véronique des champs.
11	Justifier.	Giroflée annuelle.

L.

1	Labourer.	Ers à quatre graines.
2	Lacérer.	Sarrète à tige nue.
3	Lâcher.	Courge potiron.
4	Laisser.	Marronnier d'Inde.
5	Lambiner.	Saxifrage Hypne.
6	Lamenter (se).	Gesse à larges feuilles.
7	Lancer.	Avoine bigarrée.
8	Languir.	Pulmonaire officinale.
9	Lapider.	Centaurée à feuilles de Laitron.
10	Lasser.	Littorelle d'Autriche.
11	Légaliser.	Primevère à grande fleur.
12	Légitimer.	Lys de Chalcédoine.
13	Libérer.	Chêne yeuse.
14	Liguer.	Trèfle de montagne.
15	Limiter.	Linaire des champs.
16	Lire.	Toque naine.
17	Livrer.	Seneçon visqueux.
18	Loger.	Cytise épineux.
19	Lorgner.	Lunetière en ombelle.
20	Louer.	Valkamier odorant.
21	Loucher.	Phalaris à vessie.
22	Luire.	Hélianthème à feuilles de Polium.
23	Lustrer.	Nèflier lustré.
24	Lutter.	Trèfle de Hongrie.

M.

1	Mâcher.	Achillée porte dent.
2	Machiner.	Luserne roide.
3	Maigrir.	Nicotiane ondulé.
4	Maintenir.	Arroche pourpier.

5	Maîtriser.	Balsamite commune.
6	Maltraiter.	Corydalis jaune.
7	Manger.	Chou potager.
8	Manier.	Campanule à larges feuilles.
9	Manifester.	Sumac fustet.
10	Manœuvrer.	Pédiculaire en faisceau.
11	Manquer.	Linaire à feuilles d'Origan.
12	Marcher.	Paspale sanguin.
13	Marier.	Violette à deux fleurs.
14	Marquer.	Scrofulaire noueuse.
15	Martyriser.	Orobe noirâtre.
16	Massacrer.	Massette naine.
17	Maudire.	Nyctage, faux Jalap.
18	Méconnaître.	Ethuse, Ache des chiens.
19	Mécontenter.	Lamier velu.
20	Médire.	Euphorbe des bois.
21	Méditer.	Les Aristoloches.
22	Méfier (se).	Laurier rose.
23	Mélanger.	Sabline à feuilles de Serpolet.
24	Mêler.	Silené d'Angleterre.
25	Menacer.	Chêne Egilops.
26	Mendier.	Sabline ciliée.
27	Mentionner.	Luserne à souche ligneuse.
28	Mentir.	Gatilier agneau chaste.
29	Méprendre (se).	Cerisier à feuilles de Tabac.
30	Mépriser.	Clématite des haies.
31	Mériter.	Laurier d'Apollon à f. ondulées.
32	Mésallier.	Scrofulaire luisante.
33	Mésestimer.	Linaigrette des Alpes.
34	Mesurer.	Campanule à feuilles de Lin.
35	Métamorphoser.	Rosier à cent feuilles, à fl. d'Œillet.
36	Mettre.	Potentille couchée.

| 3₇ | | |

37 Meubler.   Véronique à écusson.
38 Meurtrir.   Épervière orangée.
39 Mener.   Campanule barbue.
40 Mirer.   Prismatocarpe, miroir de Vénus.
41 Modeler.   Rosier de Celse.
42 Modérer.   Chou des champs.
43 Modifier.   Saxifrage , faux Aizoon.
44 Moduler.   Ononis visqueuse.
45 Moissonner.   Sabline des moissons.
46 Molester.   Saxifrage des lieux ombragés.
47 Mollir.   Gaillet des murs.
48 Monnoyer.   Euphorbe monnoyer.
49 Monter.   Plantain serpentin.
50 Montrer.   Livèche des Pyrénées.
51 Moquer (se).   Germandrée de Provence.
52 Moraliser.   Lychnide des Alpes.
53 Mordre.   Erythrone dent de chien.
54 Mortifier.   Phalangère bicolore.
55 Motiver.   Trèfle strié.
56 Mouiller.   Les Ledons.
57 Mourir.   Les Azalées.
58 Mousser.   Saponaire des vaches.
59 Mouvoir.   Sibthorpie d'Europe.
60 Mugir.   Troscart maritime.
61 Multiplier.   OEillet prolifère.
62 Munir.   Vipérine à feuilles de Plantain.
63 Murer.   Gypsophile rampante.
64 Murmurer.   Garidelle Nigelle.
65 Muser.   Rumex petite Oseille.
66 Musquer.   Mauve musquée.
67 Mutiler.   Sisymbre sagesse.
68 Mutiner.   Sabline hérissée.

59	Mystifier.	Silené à quatre dents.

N.

1	Nager.	Hydrocharis morrène.
2	Naître.	Panic verticillé.
3	Nantir.	Primevère farineuse.
4	Narguer.	Scrofulaire à trois lobes.
5	Naturaliser.	Iris bâtarde.
6	Naviguer.	Aldovrande à vessies.
7	Nécessiter.	Inule de montagne.
8	Négliger.	Morée négligée.
9	Neiger.	Saule à longues feuilles.
10	Nétoyer.	Ammi visnage.
11	Neutraliser.	Chalef à feuilles étroites.
12	Niaiser.	Luserne toupie.
13	Nicher.	Scorpiure chenille.
14	Nier.	Mâche couronnée.
15	Noter.	Pyrèthre des Alpes.
16	Notifier.	Les Andryales.
17	Noircir.	Epervière, fausse Andryale.
18	Nourrir.	Murier blanc.
19	Noyer.	Scille maritime.
20	Nuire.	Linaire bigarrée.

O.

1	Obéir.	Cynoglosse à feuilles de Lin.
2	Obérer.	Rosier de France, belle Velouté pourpre.
3	Objecter.	Viorne à feuilles de Cassine.
4	Obliger.	Lysimaque ponctuée.
5	Obscurcir.	Mauve Alcée.
6	Obséder.	Rupie à feuilles géminées.

7	Observer.	Adénocarpe à petites feuilles.
8	Obstiner.	Poligala, faux Buis.
9	Obstruer.	Saxifrage, faux Aizoon.
10	Obtenir.	Véronique à longues feuilles.
11	Obvier.	Buphtalme maritime.
12	Occasionner.	Céraiste à cinq anthères.
13	Occuper.	Orobe printanier.
14	Octroyer.	Adoxe moscatelline.
15	Offenser.	Inule perce-pierre.
16	Offrir.	Alysson de montagne.
17	Offusquer.	Renoncule d'Asie jaune.
18	Oindre.	Bunias, faux Cranson.
19	Ombrager.	Tilleul à petites feuilles.
20	Ombrer.	Staphylier ailé.
21	Omettre.	Ornithogale en thyrse.
22	Ondoyer.	Potamot intermédiaire.
23	Onduler.	Amaryllis ondulée.
24	Opérer.	Luzule des champs.
25	Opiner.	Saule nicheur.
26	Opiniâtrer.	Poligala des rochers.
27	Opposer.	Saxifrage à feuilles opposées.
28	Oppresser.	Inule d'Allemagne.
29	Opprimer.	—— roide.
30	Ordonner.	Impératoire nodiflore.
31	Organiser.	Erodium glanduleux.
32	Orienter.	Azédarac bipenné.
33	Orner.	Giroflée jaune.
34	Osciller.	Berle des prés.
35	Oser.	Arroche en fer de lance.
36	Oter.	Swertie vivace.
37	Oublier.	Iris pâle.
38	Ourdir.	Tabouret enfilé.

39	Outrager.	Epervière des bois.
40	Outrepasser.	Linaire des Pyrénées.
41	Outrer.	Scille du Pérou.
42	Ouvrir.	Oxitropis de montagne.

P.

1	Pacifier.	Molène mélangée.
2	Pâlir.	Orchis pâle.
3	Palpiter.	Seneçon à feuilles de Roquette.
4	Panacher.	Orchis panaché.
5	Parafer.	Malope, fausse Mauve.
6	Paralyser.	Aspidium de montagne.
7	Parcourir.	Épervière velue.
8	Pardonner.	Pélargonium à f. de Bouleau.
9	Parer.	Lavande Aspic.
10	Parfumer.	Verveine odorante.
11	Parlementer.	Violette des marais.
12	Parler.	Renoncule langue.
13	Parodier.	Pélargonium hybride.
14	Paraître.	Tagette dressée.
15	Partager.	Fétuque ciliée.
16	Participer.	Nayade vulgaire.
17	Particulariser.	Pélargonium bicolore.
18	Partir.	Polypogon de Montpellier.
19	Parvenir.	Pélargonium, faux Lotier.
20	Passer.	Passerine des neiges.
21	Passionner.	Polyanthe tubéreuse.
22	Patauger.	Sélin des marais.
23	Patienter.	Morelle velue.
24	Pâtir.	Salicaire commune.
25	Pâturer.	Orge, faux Seigle.
26	Pavaner (se).	Zinnia jaune.

27	Pauser.	Potentille inclinée.
28	Payer.	Alysson argenté.
29	Peigner.	Scandix, peigne de Vénus.
30	Peindre.	Stellère passerine.
31	Peiner.	Euphorbe à feuilles de Cyprès.
32	Pénétrer.	Ornithogale penché.
33	Pendre.	Magnolier à feuilles pointues.
34	Pénétrer.	Ornithogale fistuleux.
35	Penser.	Violette tricolore.
36	Pensionner.	Sureau à f. panachées de blanc.
37	Percer.	Millepertuis perforé.
38	Percevoir.	Anserine des villages.
39	Perdre.	Euphorbe Sapinette.
40	Perfectionner.	Saxifrage à cinq doigts.
41	Perforer.	Magnolier glauque.
42	Périr.	Périploque à feuilles étroites.
43	Permettre.	Viorne commune.
44	Perpétuer.	Parnassie des marais.
45	Persécuter.	Les Aspidium.
46	Persévérer.	Gnaphalle des bois.
47	Persiffler.	Tabouret des champs.
48	Persister.	Ibéride en spatule.
49	Personnaliser.	Muflier, faux Asaret.
50	Personnifier.	—— à grande fleur.
51	Persuader.	Asphodèle jaune.
52	Pervertir.	Rosier jaune soufré.
53	Peser.	Massette à feuilles étroites.
54	Pétiller.	Seneçon des marais.
55	Peupler.	Peuplier pyramidal.
56	Philosopher.	Lavater de Thuringe.
57	Patiner.	Hypocrépis en ombelle.
58	Piller.	Scorpiure velue.

59	Pincer.	Panicaut épine blanche.
60	Piquer.	Ajonc marin.
61	Pirater.	Prèle d'hiver.
62	Placer.	Panicaut des Alpes.
63	Plaider.	Euphorbe maritime.
64	Plaindre.	Euphraise visqueuse.
65	Plaire.	Rosier à cent feuilles, des peintres.
66	Plaisanter.	Orchis bouffon.
67	Planter.	Saxifrage à feuilles de Bugle.
68	Plaquer.	Phaque du midi.
69	Plâtrer.	Gypsophile saxifrage.
70	Pleureur.	Frêne pleureur.
71	Pleuvoir.	Jonc septentrional.
72	Plier.	Coudrier Noisetier.
73	Plomber.	Vulpin bulbeux.
74	Plonger.	Potamot serré.
75	Ployer.	Prénanthe élégant.
76	Plumer.	Pigamon à feuilles d'Ancolie.
77	Pointer.	Sisymbre à lobes pointus.
78	Poisser.	Céraiste visqueux.
79	Poivrer.	Renouée poivre d'eau.
80	Polissonner.	Tulipe de Gessner, jaune.
81	Ponctuer.	Peucédan de Paris.
82	Pondre.	Barbon pied de poule.
83	Porter.	Saule arbuste.
84	Poser.	Ail, faux Poireau.
85	Posséder.	Rosier blanc, Belle aurore.
86	Poster.	Primevère élevée.
87	Poudrer.	Molène poudreuse.
88	Pourfendre.	Glayeul commun.
89	Pourrir.	Scrofulaire voyageuse.
90	Poursuivre.	Livèche à feuilles de Persil

91	Pourvoir.	Laitue cultivée.
92	Pousser.	—— à feuilles de Saule.
93	Pouvoir.	Andromède articulé.
94	Pratiquer.	Sérapias en cœur.
95	Précautionner (se).	Hépatique à trois lobes, fl. simple blanche.
96	Précéder.	Gentiane perce-neige.
97	Prêcher.	Canche flexueuse.
98	Préciser.	Pélargonium à feuilles d'Érable.
99	Précipiter.	Primevère visqueuse.
100	Préconiser.	Campanule en épi.
101	Prédécéder.	Trèfle des guérêts.
102	Prédestiner.	Sérapias à languette.
103	Prédire.	Saule à une étamine.
104	Prédominer.	OEillet barbu.
105	Préexister.	Corisperme à feuilles d'Hysope.
106	Préférer.	Narcisse bulbocode.
107	Préjudicier.	Menthe rouge.
108	Préjuger.	Corne de cerf commun.
109	Préluder.	Cunile, faux Thym.
110	Préméditer.	Sénébiera pennatifide.
111	Prendre.	Ononis naine.
112	Préoccuper.	Atragénée des Alpes.
113	Préopiner.	Bartsie trixago.
114	Préparer.	—— bigarrée.
115	Prescrire.	Impératoire sauvage.
116	Présenter.	Pélargonium à feuilles de Jatropa.
117	Préserver.	Phalangère tardive.
118	Présider.	Rosier à feuilles de Laitue.
119	Pressentir.	Corrigéole des rives.
120	Presser.	Luzule blanc de neige.
121	Pressurer.	Saxifrage granulé.

122	Présumer.	Spirée à feuilles d'Orme.
123	Prétendre.	Mauve à petite fleur.
124	Prêter.	Robinier, faux Acacia.
125	Prétexter.	Eupatoire à feuilles de Chanvre.
126	Prévaloir.	Thésion des Alpes.
127	Prévariquer.	Pédiculaire à toupet.
128	Prévenir.	Bulbocode printanière.
129	Prévoir.	Bugle des Alpes.
130	Prier.	Alysson blanchâtre.
131	Primer.	Canche précoce.
132	Priser.	Ononis arbrisseau.
133	Priver.	Aster des Alpes.
134	Procéder.	Pélargonium odorant.
135	Proclamer.	Silené Behen.
136	Procréer.	Phléole noueuse.
137	Procurer.	Vératre blanc.
138	Prodiguer.	Astragale vésiculeuse.
139	Produire.	Glechome à grande fleur.
140	Profaner.	Scorzonère velue.
141	Profiter.	Véronique à épi.
142	Projeter.	Hémérocale fauve.
143	Prolonger.	Scabieuse jaunâtre.
144	Promener (se).	Tordyle élevée.
145	Promettre.	Citronnier-Oranger.
146	Prononcer.	Trèfle écumeux.
147	Propager.	Hélianthème en ombelle.
148	Prophétiser.	Polémoine bleu.
149	Proportionner.	Paspale pied de poule.
150	Proposer.	Pélargonium à feuilles de Vigne.
151	Proroger.	Sumac de Virginie.
152	Proscrire.	Pivoine femelle.
153	Prospérer.	Les Filarins.

154 Prosterner (se).   Rosier toujours vert.
155 Prostituer.   Saule fétide.
156 Protéger.   Thym commun.
157 Protester.   Sédum, faux Gaillet.
158 Provenir.   Thym des champs.
159 Provoquer.   Bouleau nain.
160 Prouver.   Sédum élevé.
161 Publier.   Boucage dioïque.
162 Puer.   Laser simple.
163 Puiser.   Cétérach de Maranta.
164 Pulluler.   Trèfle irrégulier.
165 Pulvériser.   Molène Blattaire.
166 Punir.   Nigelle de Damas.
167 Purger.   Nerprun purgatif.
168 Purifier.   Lys blanc.
169 Putréfier.   Scrofulaire canine.

Q.

1 Quadrupler.   Parisette à quatre feuilles.
2 Qualifier.   Trèfle étoilé.
3 Quereller.   Pélargonium à tiges nombreuses.
4 Questionner.   OEnanthe Phellandre.
5 Quitter.   Sélin des bois.

R.

1 Rabaisser.   Sabline à feuilles menues.
2 Rabonnir.   Vergerette âcre.
3 Raboter.   Rapette couchée.
4 Raccommoder.   Renoncule à feuilles de Lierre.
5 Raccourcir.   Berle verticillée.
6 Raconter.   Astrance épipactis.

7	Raffermir.	Véronique Beccabunga.
8	Raffiner.	Silené soyeux.
9	Raffolir.	Capucine double.
10	Raffoler.	Jusquiame dorée.
11	Rafraîchir.	Cerisier-Griottier.
12	Railler.	OEillet superbe, fleur jaune.
13	Raisonner.	Primevère auricule.
14	Ralentir.	Les digitales.
15	Rallier.	Seringat panaché.
16	Ramener.	Pesse commune.
17	Ramer.	Scirpe en gazon.
18	Ramper.	Cuscute à grande fleur.
19	Ranger.	Peucédan officinal, et Scandix du Midi.
20	Ramoner.	Potentille de Savoie.
21	Ranimer.	Séséli carvi.
22	Rapetisser.	Iris naine, fleur bleue.
23	Rappeler.	Shérarde des champs.
24	Rapporter.	Epipactis en cœur.
25	Rapprocher.	Consoude officinale, fleur blanche.
26	Raréfier.	Jasmin des Açores.
27	Raser.	Maïs cultivé.
28	Rassasier.	Souchet comestible.
29	Rassembler.	Polycarpe quaterné.
30	Rasseoir (se).	Tabouret hérissé.
31	Rassurer.	Seneçon commun.
32	Rattraper.	Tabouret à odeur d'Ail.
33	Ravager.	Pédiculaire arquée.
34	Ravilir.	Verveine changeante.
35	Ravir.	Camomille élevée.
36	Raviver.	Phlomide frutescente.
37	Ravoir.	Viorne commune.

38	Rayer.	Linaire rayée.
39	Rayonner.	Hélianthe annuel.
40	Réaliser.	Camomille à deux pointes.
41	Rebondir.	Ornithope queue de scorpion.
42	Rebuter.	Hyoséride dormeuse.
43	Récalcitrer.	Radis sauvage.
44	Recevoir.	Luserne Houblon.
45	Réchapper.	Scille ovoïde.
46	Réchauffer.	Phlomide d'Italie.
47	Rechercher.	Chèvrefeuille des jardins.
48	Récidiver.	Camomille flosculeuse.
49	Réclamer.	Sisymbre Cresson.
50	Récolter.	Valériane des Pyrénées.
51	Recommander.	Alisier, faux Nèflier.
52	Recommencer.	Myrica galé.
53	Réconcilier.	Pélargonium à zône.
54	Reconduire.	Zostère de la Méditerranée.
55	Recouvrer.	Sumac copale.
56	Réconforter.	Pois maritime.
57	Reconnaître.	Celsie d'Orient.
58	Recourir.	Haricot commun.
59	Recouvrir.	Orchis en casque.
60	Récréer.	Origan commun.
61	Rectifier.	Paturin rude.
62	Recueillir.	Mélisse officinale.
63	Reculer.	Anthyllide hermannia.
64	Redevenir.	Scheuchzère des marais.
65	Rédiger.	Bulliarde de Vaillant.
66	Redoubler.	Pimprenelle épineuse.
67	Redouter.	Anthyllide, barbe de Jupiter.
68	Réduire.	Orchis brûlé.
69	Refaire.	Urosperme, fausse Pieride.

70	Réfléchir.	Malaxis de Lœsel.
71	Refleurir.	Valériane officinale.
72	Refluer.	Scirpe des tourbières.
73	Réformer.	Trèfle cilié.
74	Réfroidir.	Les Nénuphars.
75	Réfugier (se).	Poirier-Coignassier.
76	Refuser.	Micaucoulier à feuilles éparses.
77	Réfuter.	Silené, faux Céraiste.
78	Regagner.	Volant d'eau verticillé.
79	Régaler.	Trèfle cotonneux.
80	Regarder.	Mélampyre des prés.
81	Régénérer.	Rosier à cent feuilles, prolifères.
82	Régir.	Lychnide, fleur de Jupiter.
83	Régler.	Erodium musquée.
84	Régner.	Amaryllis de la Reine.
85	Regorger.	Fidia, Corne d'abondance.
86	Régulariser.	Ornithogale en ombelle, et Alchimille commune.
87	Regretter.	If commun.
88	Rehausser.	Sauge verticillée.
89	Rejeter.	Lupin blanc.
90	Rejoindre.	Solidage verge d'or.
91	Réjouir.	Rosier de la Caroline.
92	Réitérer.	Grémil ligneux.
93	Relâcher.	Tamarix de France.
94	Relancer.	Véronique Paquerette.
95	Reléguer.	Scabieuse étoilée.
96	Relever.	Sédum à feuilles en croix.
97	Reluire.	Rosier toujours fleuri, fl. cramoisi.
98	Remarquer.	Anthyllide à quatre feuilles.
99	Remédier.	Les Exacum.
100	Remettre.	Centaurée en panicule.

101 Remonter.   Tragus en grappes.
102 Remontrer.   Chrysocome à feuilles de Lin.
103 Remorquer.   Scirpe des marais.
104 Remplacer.   Trèfle hérissé.
105 Remplir.   Crassule rougeâtre.
106 Remporter.   Seneçon doria.
107 Remuer.   Pigamon tubéreux.
108 Renaître.   Ketmie de Syrie.
109 Renchérir.   Panic Millet.
110 Rencontrer.   Prêle des champs.
111 Rendormir.   Scille de l'après-midi.
112 Rendre.   Tussilage des Alpes.
113 Rendurcir.   Sabline à quatre rangs.
114 Renfermer.   Gainier d'Europe.
115 Renfler.   Sédum renflé.
116 Renforcer.   Avoine laineuse.
117 Rengraisser.   Sagine couchée.
118 Renier.   Euphorbe pubescent.
119 Renommer.   Rosage du Pont.
120 Renoncer.   Genet d'Angleterre.
121 Renouveler.   Nivelle d'été.
122 Rentrer.   Luserne Barillet.
123 Renverser.   Marrube couché.
124 Renvoyer.   Bruyère à balais.
125 Repaître.   Épervière de Haller.
126 Répandre.   Orobanche vulgaire.
127 Réparer.   Les Capriers.
128 Repentir (se).   Genet, épine fleurie.
129 Répéter.   Séséli annuel.
130 Repeupler.   Phléole des prés.
131 Replacer.   Trèfle des prés.
132 Répondre.   Fraisier Ananas.

133	Reposer.	Androsace lactée.
134	Repousser.	Épervière des rochers, et Hyosé-ride rayonnante.
135	Reprendre.	Mercuriale vivace.
136	Représenter.	Muflier rubicond.
137	Réprimander.	Mercuriale annuelle.
138	Réprimer.	—— cotonneuse.
139	Reprocher.	Népéta Chataire.
140	Reproduire.	Phléole des Alpes.
141	Réprouver.	Renoncule des mares.
142	Répudier.	Pélargonium térébenthinacé.
143	Requérir.	Buplèvre ligneuse.
144	Réserver.	Hépatique à trois lobes, fl. simple, bleu clair.
145	Résigner.	Erodium à feuilles de Cigüe.
146	Résister.	Corydalis Tubéreuse.
147	Résonner.	Aspidium fragile.
148	Résoudre.	Ononis des champs.
149	Respecter.	Lion-Dent d'automne.
150	Respirer.	Pulmonaire à feuilles étroites.
151	Resplendir.	Hélianthème de l'Apennin.
152	Ressaisir.	Nerprun Bourdaine.
153	Ressembler.	Camélia du Japon.
154	Ressentir.	Dauphinelle Consoude.
155	Resserrer.	Consoude Tubéreuse.
156	Ressortir.	Astragale à longues dents.
157	Ressouvenir (se).	Ciste à feuilles de Sauge.
158	Restaurer.	Carotte porte-gomme.
159	Rester.	—— maritime.
160	Restituer.	Rosier de France, coul. de Cerise.
161	Restreindre.	Ornithogale nain.
162	Résulter.	Astragale de Montpellier.

163	Résumer.	Bugle , faux Pin.
164	Rétablir.	Pissenlit des marais.
165	Retenir.	Ononis à petite fleur.
166	Retentir.	Seneçon Doronic.
167	Retirer.	Passerage à larges feuilles.
168	Retoucher.	Silené du Valais.
169	Retourner.	Seneçon à fleurs de Pêcher.
170	Retourner (s'en).	Scheuchzère d'automne.
171	Retracer.	Sisymbre sauvage.
172	Rétracter.	—— amphibie.
173	Retraire.	Berle Chervi.
174	Retrancher.	Pédiculaire à épi femelle.
175	Rétrécir.	Berle rampante.
176	Rétrocéder.	Vesce à fleur de Pois.
177	Retrouver.	Trèfle gazonnant.
178	Réveiller.	Euphorbe réveille matin.
179	Révéler.	Lotier à petite corne.
180	Revendiquer.	Statice limonium.
181	Revenir.	Vesce hybride.
182	Rêver.	Muguet multiflore.
183	Reverdir.	Liseron des champs.
184	Révérer.	Pancrace à tige penchée.
185	Revêtir.	Luserne velue.
186	Revivifier.	Saxifrage sillonné.
187	Revivre.	Rhubarbe rhapontic.
188	Revoir.	Trèfle Bardane.
189	Réunir.	Nard barbu.
190	Révolter.	Buphtalme épineux.
191	Révolutionner.	Pissenlit dent de lion.
192	Révoquer.	Scabieuse succin.
193	Réussir.	Les Jasions.
194	Ricaner.	Silené de Chadruus.

195	Rider.	Rosier à feuilles ridées.
196	Ridiculiser.	Mélampyre des forêts.
197	Riposter.	Sédum hérissé.
198	Rire.	Centaurée brillante.
199	Risquer.	Brunelle à grande fleur.
200	Rivaliser.	Camomille mixte.
201	Rôder.	Sélin d'Autriche.
202	Rogner.	Pyrole unie, latérale.
203	Roidir.	Buplèvre roide.
204	Rompre.	Blite en tête.
205	Ronger.	Soude épineuse.
206	Roucouler.	Glayeul couleur de chair.
207	Rougir.	Garances (les).
208	Rouler.	Panicaut des champs.
209	Rouvrir.	Blasie naine.
210	Rudoyer.	Avoine rude.
211	Rugir.	Lion-Dent écailleux.
212	Ruiner.	Carpésie penchée.
213	Ruminer.	Orobe des bois.
214	Ruser.	Mélilot de Messine.

S.

1	Sabler.	Plantain des sables.
2	Sablonner.	Sabline à grande fleur.
3	Sabrer.	Iris jaunâtre.
4	Saccager.	Rue des montagnes.
5	Sacrer.	Verveine officinale.
6	Sacrifier.	Cornouiller sanguin.
7	Saigner.	Lotier hérissé.
8	Saisir.	Ononis des anciens.
9	Salarier.	Chicorée en dive.
10	Saler.	Porcelle tachée.

11 Saliver.   Camomille Pyrèthre.
12 Sanctifier.   Luzule blanchâtre.
13 Sanctionner.   Lotier droit.
14 Sanglotter.   Saule pleureur.
15 Saper.   Lotier poilu.
16 Satisfaire.   Pélargonium à feuilles menues.
17 Savoir.   Buffonie vivace.
18 Savourer.   Figuier commun.
19 Sauter.   Airelle rouge.
20 Sauver.   Cranson officinal.
21 Scandaliser.   Gouet commun.
22 Scier.   Sarrète des teinturiers.
23 Scintiller.   Asphodèle fistuleux.
24 Scruter.   Lavater en arbre.
25 Sculpter.   Les Acanthes.
26 Sécher.   Joubarbe des toits.
27 Seconder.   Scille d'Italie.
28 Secouer.   Orobe blanchâtre.
29 Secourir.   Statice naine.
30 Séduire.   Rosier blanc double.
31 Sembler.   Potentille à grande fleur.
32 Semer.   Urosperme de Daléchamp.
33 Sentir.   Les Jacinthes d'Orient.
34 Séparer.   Aster de Chine.
35 Serpenter.   Cirse des marais.
36 Signaler.   Mauve de Nice.
37 Signer.   Vélar Giroflée.
38 Signifier.   Pélargonium écarlate.
39 Sillonner.   Mélilot sillonné.
40 Simplifier.   Centaurée bleue.
41 Simuler.   Brome mollet.
42 Singer.   Orchis singe.

43	Situer.	Lotier, faux Cytise.
44	Soigner.	Pélargonium incisé.
45	Solemniser.	Érable Sycomore.
46	Solliciter.	Silené à fleurs vertes.
47	Sommeiller.	Pavot Coquelicot simple.
48	Sommer.	Camomille cotule.
49	Songer.	—— d'Autriche.
5o	Sonner.	Scille à fleurs en cloche.
51	Sortir.	Agrostis étalée.
52	Souffrir.	Daphné Garou.
53	Souhaiter.	Abricotier noir.
54	Souiller.	Onopordon de Dalmatie.
55	Soulager.	Euphorbe à verrues.
56	Soulever.	Blite effilée.
57	Soumettre.	Camomille de Valence.
58	Soupçonner.	Souci des champs.
59	Soupirer.	Pélargonium à grande fleur.
6o	Sourciller.	Ophris à un tubercule.
61	Sourire.	Rosier agréable.
62	Soustraire.	Sédum blanc.
63	Soutenir.	Hémérocale, fleur de Lys.
64	Souvenir (se).	Dauphinelles d'Ajax (les).
65	Spécifier.	Raiponce à feuilles de Bétoine.
66	Spiritualiser.	Campanule des Vaudois.
67	Spolier.	Lycope élevé.
68	Stimuler.	Gentiane jaune.
69	Stupéfier.	Daturas (les).
7o	Subdiviser.	Millepertuis frangé.
71	Subir.	Scorsonère d'Espagne.
72	Subjuguer.	Rosier blanc double, blanc royal.
73	Submerger.	Cornifle submergé.
74	Subordonner.	Seneçon-Sarrazin.

75 Suborner.   Mélilot d'Italie.
76 Subsister.   Véronique petit Chêne.
77 Substituer.   Seneçon sale.
78 Subtiliser.   Lyciet de Barbarie.
79 Succéder.   Érable à feuilles d'Obier.
80 Succomber.   Ratoncule naine.
81 Sucrer.   Bettes blanches (les feuilles).
82 Suer.   Smilax commun.
83 Suffire.   Bette rouge (les feuilles).
84 Suffoquer.   Scorsonère humble.
85 Suivre.   Mélampyre des champs.
86 Suppléer.   Sédum réfléchi.
87 Supplicier.   Vélar Épervière.
88 Supplier.   Platilobe à feuilles de Scolopendre.
89 Supporter.   Polyanthe tubéreuse.
90 Supposer.   Mauve à feuilles rondes.
91 Supprimer.   Utriculaire naine.
92 Surabonder.   Paronique pubescente.
93 Surcharger.   Aster trifolium.
94 Surmonter.   Séséli des montagnes.
95 Surnager.   Chêne-Liège.
96 Surnommer.   Thym Calament.
97 Surpasser.   Statice Arméria.
98 Surprendre.   Asclépiade rose.
99 Surveiller.   Épiaire d'Allemagne.
100 Survenir.   Coronille à branche de Jonc.
101 Survivre.   ———— à grandes stipules.
102 Susciter.   Seneçon élégant, fleur double.
103 Suspecter.   Vesce des Pyrénées.
104 Surprendre.   Pavot douteux.
105 Sympathiser.   Sensitive commune.

T.

1	Tacher.	Luserne tachée.
2	Tâcher.	Pélargonium acide.
3	Tacheter.	Passerage des rocailles.
4	Taire.	Pélargonium à feuilles d'Astragale.
5	Tamiser.	Millepertuis élégant.
6	Tancer.	Thym poivré.
7	Tapisser.	Canche en gazon.
8	Tarder.	Égilope allongée.
9	Tâtonner.	Thrincie velue.
10	Teindre.	Genet des teinturiers.
11	Témoigner.	Rosier toujours fleuri, fleur rouge.
12	Tempêter.	Seneçon à une fleur.
13	Tendre.	Pédiculaire rose.
14	Tenir.	Genet purgatif.
15	Tenter.	Morelle pomme d'Amour.
16	Temporiser.	Vesce des bois.
17	Tergiverser.	Viorne de Nice.
18	Terminer.	Linaire élatine.
19	Ternir.	Tilleul argenté.
20	Terrasser.	Saxifrage des pierres.
21	Têter.	Polygala commun.
22	Tiédir.	Sisymbre des Pyrénées.
23	Tinter.	Liseron de Sicile.
24	Tisser.	Lin de Narbonne.
25	Tolérer.	Pélargonium en éventail.
26	Tomber.	Pois des champs.
27	Tonner.	Pariétaire officinale.
28	Tordre.	Renouée persicaire.
29	Tortiller.	—— Bellardi.
30	Toucher.	Clavier à feuilles de Frêne.

31	Tourmenter.	Les Grenadilles.
32	Tourner.	Néottie spirale.
33	Tournoyer.	—— rampante.
34	Tracer.	Benoite traçante.
35	Trafiquer.	Vallisnérie sinuée.
36	Trahir.	Cytise aubour.
37	Traîner.	Morelle douce amère.
38	Traire.	Polygala de Montpellier.
39	Traiter.	Sisymbre des vignes.
40	Tramer.	Millepertuis cotonneux.
41	Trancher.	Paturin écarté.
42	Tranquilliser.	Genet en gazon.
43	Transférer.	Blechnum en épi.
44	Transfigurer.	Millepertuis pyramidal.
45	Transformer.	Carthame des teinturiers.
46	Transgresser.	Seneçon aquatique.
47	Transir.	Saxifrage de l'Ecluse.
48	Transmettre.	Vesce cultivée.
49	Transpercer.	Millepertuis douteux.
50	Transpirer.	Smilax piquant.
51	Transplanter.	Valériane Chausse-trappe.
52	Transporter.	Lotier pied d'oiseau.
53	Travailler.	Mélisse des Pyrénées.
54	Traverser.	Froment, fausse Rottbolle.
55	Travestir.	—— faux Nard.
56	Trembler.	Peuplier-Tremble.
57	Trépasser.	Brome Seigle.
58	Tresser.	Rubanier rameux.
59	Triompher.	Laurier Bourbon.
60	Tripler.	Cytise à feuilles sessiles.
61	Tromper.	OEillet deltoïde.
62	Troubler.	Greuvrier occidental.

63	Trouer.	Millepertuis tétragone.
64	Trouver. ·	Ketmie, rose de Chine.
65	Tuer.	Chondrille des murs.
66	Tutoyer.	Réséda odorant.
67	Tyranniser.	Hélianthe noir pourpre.

U.

1	Ulcérer.	Lobélie syphilitique.
2	Unir.	Rosier mousseux à grande fleur.
3	User.	Gentiane Croisette.
4	Usurper.	Vipérine des Pyrénées.

V.

1	Vaciller.	Cirse des Alpes.
2	Vaincre.	OEillet superbe, fleur panachée.
3	Valoir.	Thym des Alpes.
4	Vanter.	Zinnia violet.
5	Vaquer.	Souchet long.
6	Varier.	Gestrum parqué.
7	Végéter.	Cirse laineux.
8	Veiller.	Bugle musquée.
9	Vendanger.	Valériane à trois lobes.
10	Vénérer.	Les Hydrangées.
11	Venger.	Nèflier pied de coq.
12	Venir.	Viorne dentée.
13	Venter.	Baguenaudier arbrisseau.
14	Verdir.	Pistachier commun.
15	Vérifier.	Mélique uniflore.
16	Verser.	Hydrocotyle.
17	Vêtir.	Murier noir.
18	Vexer.	Épiaire annuelle.

19	Vicier.	Scorsonère à feuilles étroites.
20	Vider.	Laitron de Plumier.
21	Vieillir.	Buis toujours vert.
22	Violenter.	Sarrète à tête d'Artichaut.
23	Violer.	Lampsane fluette.
24	Visiter.	Spirée filipendule.
25	Vivifier.	Filaria à larges feuilles.
26	Vivre.	Hélianthème à feuilles de Lédon.
27	Voguer.	Potamot comprimé.
28	Voiler.	Renoncule d'Asie.
29	Voir.	Aster amellus.
30	Voiturer.	Lychnide visqueuse.
31	Voler.	Airelle élégante.
32	Voltiger.	Orchis papillon.
33	Vomir.	Courge Coloquinte.
34	Vouer.	Nèflier Azérolier.
35	Vouloir.	Mayanthème à deux feuilles.
36	Voyager.	Dauphinelle voyageuse.

TABLE ALPHABÉTIQUE

DES NOMS VULGAIRES

LES PLUS GÉNÉRALEMENT CONNUS.

A.

TERMES VULGAIRES.	TERMES SCIENTIFIQUES.
Absynthe.	Armoise Absynthe.
Acacia.	Les Robiniers.
Acanthe d'Allemagne.	Berce Branc-ursine.
Ache de montagne.	Angélique Livêche.
Acarnier.	Cornouiller sanguin.
Agneau chaste.	Gatilier agneau chaste.
Agrémoine.	Aigremoine eupatoire.
Aiguille de berger.	Scandix, peigne de Vénus.
OEil de soleil.	Tulipe œil de soleil.
Aligoufier.	Aliboufier officinal.
Alisier commun.	Alisier Allouchier.
Alléluia.	Oxalide Oseille.
Alliez.	Vesce Ers.
Aloès Pette.	Agavé d'Amérique.
Alvier.	Pin cimbro.
Amariné.	Saule jaune.
Ambour.	Cytise aubour.

Ambroisie. — Ambroisie maritime.
Amome. — Berle amome.
Amourette. — Brize vulgaire.
Anette. — Gesse tubéreuse.
Angélique sauvage. — Angélique de Rasoubs,
Arbre à feuille propre. — Houx commun.
Arbre de Judée. — Cercis gainier.
Argémone. — Pavot argémoné.
Argentée. — Potentille argentée.
Argentine. — Potentille argentine.
Armoise. — Armoise commune.
Arrète bœuf. — Ononis des champs.
Asperge sauvage. — Asperge à feuilles aigües.
Aspic. — Lavande aspic.
Attrape-mouche. — Silené de roche.
Aube épine. — Nèflier aubépine.
Aubergine. — Morelle mélongène.
Aubifoin. — Centaurée Bluet.
Aulnée. — Inule aulnée.
Aulne noir. — Nerprun Bourdaine.
Avoine Civada. — Avoine follette.
Avoine d'Aviron. — Avoine follette.
Avoine Coriguoüla. — Avoine follette.
Ayart. — Érable à feuilles d'Obier.
Azérolier. — Nèflier Azérolier.

B.

Bacinet. — Renoncule rampante.
Barbe de Jupiter. — Anthyllide, barbe de Jupiter.
Barbe de capucin. — Nigelle de Damas.
Barbe de Jupiter. — Centranthe rouge.

Barbotine.	Tanaisie commune.
Basilic romain.	
Basilic à larges feuilles.	Basilic commun.
Balon de Saint-Jean.	Renouée d'Orient.
Bec de grue sanguin.	Géranium sanguin.
Behen rouge.	Centranthe rouge.
Behen rouge.	Statice limonium.
Behen.	Silené behen.
Belle dame.	Arroche des jardins.
Belladone.	Atropa Belladone.
Belle de jour.	Hémérocale jaune.
Belle de jour.	Liseron tricolor.
Belle de nuit.	Nyctage, faux Jalap.
Bellesamine.	Impatiente Balsamine.
Bétoine aquatique.	Scrofulaire aquatique.
Betterave.	Bette commune.
Bistorte.	Renouée Bistorte.
Blé de Turquie.	Maïs cultivé.
Blé noir.	Renouée Sarrazin.
Blé Sarrazin.	Renouée Sarrazin.
Blé de vache.	Mélampyre des champs.
Bluet.	Centaurée Bluet.
Bois carré.	Fusain commun.
Bois de Sainte-Lucie.	Cerisier de Mahaleb.
Bois Gentil.	Daphné bois gentil.
Bois jaune.	Saule jaune.
Bois puant.	Anagyris fétide.
Bois saint.	Daphné garou.
Bon homme.	Molène bouillon blanc.
Bonne dame.	Arroche des jardins.
Bonnet de prêtre.	Fusain commun.
Bouillon blanc.	Molène, bouillon blanc.

Boule de neige. — Viorne, Obier stérile.
Boulette. — Echinope à tête ronde.
Bourdaine. — Nerprun Bourdaine.
Bourse à pasteur. — Sisymbre, bourse à pasteur.
Bouquet parfait. — OEillet des Chartreux.
Boursette. — Mâche cultivée.
Bouton d'argent. — Renoncule aconit.
Bouton d'or. — Renoncule âcre.
Branc-ursine. — Acanthe sans épines.
Branc-ursine. — Berce Branc-ursine.
Brayette. — Primevère officinale.
Brunelle. — Brunelle commune.
Bugle. — Bugle rampante.
Bugrane. — Ononis des champs.
Bulbonac. — Lunaire annuelle.

C.

Cabaret. — Asaret d'Europe.
Cadé. — Genevrier Oxicèdre.
Café français. — Ciche, tête de bélier.
Caille lait. — Gaillet Gratteron.
Calapito. — Bugle, faux Pin.
Callebasse. — Courge callebasse.
Capillaire. — Adianthe capillaire.
Caperon. — Fraisier Ananas.
Carabin. — Renouée Sarrazin.
Caraline. — Renoncule des glaciers.
Cardiaque. — Agripaume cardiaque.
Cardonnette.
Cardon. } ... Artichaut cardon.
Cardon d'Espagne.

Carline.	Renoncule des glaciers.
Carcillade.	Jusquiame blanche.
Casque.	Aconit napel.
Casse lunette.	Centaurée Bluet.
Cassis. } Cassier. }	Groseiller noir.
Cassolette.	Julienne des dames.
Cerfeuil à aiguillette.	Scandix, peigne de Vénus.

Cerises (toutes les) viennent du Cerisier-Griottier.

Cerisier de la St.-Martin.	Cerisier tardif.
Chapelière.	Tussilage Pétasite.
Chamarsier.	Germandrée scordium.
Chardon acanthe.	Onopordon Acanthe.
Chardon aux ânes.	Cirse laineux.
Chardon béni.	Centaurée Chardon béni.
Chardon hémorrhoïdale.	Cirse des champs.
Chardon Notre-Dame.	Chardon Marie.
Chardon Roland.	Panicaut des champs.
Chardon taché.	Chardon Marie.
Chasse Bosse.	Lysimaque commune.
Chasserage.	Passerage ibéride.
Chataire.	Népéta chataire.
Châtaigne d'eau.	Macre flottante.
Chausse-trappe.	Centaurée Chausse-trappe.
Chervi.	Berle chervi.
Cheveux de Vénus.	Adianthe capillaire.
Cheveux de Vénus.	Nigelle de Damas.
Chiendent.	Froment rampant.
Chichourlier.	Jujubier commun.
Clochette.	Liseron des champs.
Chou de chien.	Mercuriale vivace.
Ciboule.	Ail Ciboule.

Cochlearia.	Cranson officinal.
Coignassier.	Poirier-Coignassier.
Colombine.	Pigamon à feuilles d'Ancolie.
Coloquinte.	Courge Coloquinte.
Concombre d'âne.	Momordique élastique.
Concombre sauvage.	Momordique élastique.
Coq.	Balsamite commune.
Coquelicot.	Pavot Coquelicot.
Coquelourde.	Lychnide Coquelourde.
Corbeille. / Corbeille d'or.	Alysson de montagne.
Cormier.	Cornouiller mâle.
Cormier.	Sorbier domestique.
Cornaccia.	Centranthe rouge.
Corne. / Corniolle.	Macre flottante.
Cormille.	Lysimaque commune.
Cornichon.	Concombre cultivé.
Cornouiller.	Cornouiller mâle.
Cornuet.	Bident partagé.
Coucou.	Primevère officinale.
Coucoumile.	Ombilic à fleurs pendantes.
Couronne impériale.	Fritillaire impériale.
Cosse.	Courge callebasse.
Cram des Anglais.	Cranson de Bretagne.
Cresson alénois.	Tabouret Cresson alénois.
Cresson des jardins.	Tabouret Cresson alénois.
Crète de coq.	Amaranthe couleur de sang.
Crète de coq.	Rhinanthe, crète de coq.
Crève chien.	Morelle noire.
Criste marin.	Salicorne herbacée.
Croisette.	Gentiane croisette.

Curage.	Renouée, Poivre d'eau.
Cytise à grappe.	Cytise aubour.

D.

Damas.	Julienne des dames.
Dame d'onze heures.	Ornithogale en ombelle.
Damier.	Fritillaire Pintade.
Dentelée.	Dentilaire européenne.
Digitée.	Digitale pourprée.
Dompte venin.	Asclépiade dompte venin.
Douce amère.	Morelle douce amère.
Doucette.	Mâche cultivée.

E.

Echalotte.	Ail rocambole.
Ecorce noire.	Scorsonère d'Espagne.
Ecuelle d'eau.	Hydrocotyle commune.
Elaterium.	Momordique élastique.
Émérus.	Coronille émérus.
Endormie.	Datura stramoine.
Epautre.	Froment épautre.
Ephémère.	Éphémérine de Virginie.
Epi d'eau.	Potamot Gramen.
Epinards immortels.	Rumex Patience.
Epinard Fraise.	Blite effilée.
Epinard sauvage.	Mercuriale annuelle.
Epine blanche.	Nèflier Aube-épine.
Epine blanche.	Onopordon Acanthe.
Epine de Christ.	Paliure piquant.
Epurge.	Euphorbe épurge.
Ers.	Vesce Ers.
Escorzonère.	Scorsonère d'Espagne.

Esparcette.	Espariette cultivée.
Espargou sauvage.	Asperge à feuilles aiguës.
Espariette.	Astragale espariette.
Esule.	Euphorbe ésule.
Estragon.	Armoise estragon.
Etoilé.	Ragadiole étoilé.
Eupatoire.	Aigremoine eupatoire.

F.

Fabricoulier.	Micaucoulier à f. éparses.
Falabriquier.	Micaucoulier à f. éparses.
Farouche. } Faronche. }	Trèfle incarnat.
Fausse Renouée.	Sabline, fausse Renouée.
Faux Basilic.	Saponaire, faux Basilic.
Faux Baguenaudier.	Coronille émérus.
Faux Buis.	Polygala, faux Buis.
Faux Cytise.	Lotier, faux Cytise.
Faux Ébenier.	Cytise aubour.
Faux Lotier.	Plaqueminier, faux Lotier.
Faux Platane.	Érable Sycomore.
Faux Sapin.	Sapin élevé.
Faux Sycomore.	Érable plane.
Fenouil.	Aneth fenouil.
Fenouil de mer.	Crithme maritime.
Fialasso.	Guimauve de Narbonne.
Flambe.	Iris germanique.
Fleur de Coucou.	Lychnide, fleur de Coucou.
Fleur de plume.	Polémoine bleu.
Fleur du soleil.	Hélianthe annuel.
Fleur du tonnerre.	Lychnide, fleur de Jupiter.
Fleur de veuve.	Scabieuse pourpre.

Fraisier en arbre. — Arbousier unédo.
Fraxinelle. — Dictame blanc.
Frêne à feuilles. — Frêne élevé.
Frêne de Montpellier. — Frêne à fleur.
Fresillon. — Troëne commun.
Foirole. — Mercuriale annuelle.
Folle Avoine. — Avoine follette.
Fougère. — Pilulaire à globule.
Fougère femelle. — Athyrium, Fougère femelle.
Foyard. — Hêtre des forêts.
Fritillaire panachée. — Fritillaire pintade.
Fuselée. — Atractylis grillée.

G.

Gairoutte. — Gesse ciche.
Gazon d'Olympe. — Statice Arméria.
Gant de Notre-Dame. — Digitale pourprée.
Gantelée. — Digitale pourprée.
Gantelée. — Campanule gantelée.
Garou. — Daphné Garou.
Garvance. — Ciche tête de bélier.
Gaude. — Réséda, herbe à jaunir.
Gaude. — Maïs cultivé.
Genet d'Espagne. — Genet à branche de jonc.
Genet Griot. — Genet purgatif.
Genestrola. — Genet des teinturiers.
Géranium. — Tous les Pélargonium.
Germandrée aquatique. — Germandrée scordium.
Gesse à larges gousses. — Gesse cultivée.
Ginette. — Narcisse des poètes.
Giroflée de Mahon. — Julienne maritime.
Glayeul puant. — Iris fétide.

Gloutteron.	Lampourde gloutteron.
Gobelet.	Hydrocotyle commune.
Goutte de sang.	Adonide annuelle.
Grand Raifort blanc.	Radis cultivé.
Grande Marguerite.	Chrysanthème leucanthème.
Grande Paquerette.	Chrysanthème leucanthème.
Grand Raifort.	Cranson de Bretagne.
Grande Vrillée bâtarde.	Renouée des buissons.
Gratteron.	Gaillet gratteron.
Gramen tremblant.	Brize vulgaire.
Grenouillette.	Renoncule bulbeuse.
Grillon.	Barbon grillon.
Gros Gramé.	Smilax piquant.
Groseiller à maquereau.	Groseiller piquant.
Guindoulier.	Jujubier commun.

H.

Hannebane.	Jusquiame noire.
Haricot d'Espagne.	Haricot à bouquet.
Hellebore blanc.	Vératre blanc.
Hépatique étoilée.	Aspérule odorante.
Herbe au chantre.	Sisymbre officinal.
Herbe aux chats.	Népéta chataire.
Herbe à écurer.	Charagne vulgaire.
Herbe à éternuer.	Achillée sternutatoire.
Herbe à jaunir.	Genet des teinturiers.
Herbe à racine rouge.	Garance des teinturiers.
Herbe à Robert.	Géranium, herbe à Robert.
Herbe au magicien.	Herbe à la sorcière, Circée de Paris.
Herbe au pâturage.	Paturin à deux rangées.
Herbe à pauvre homme.	Gratiole officinale.

Herbe aux charpentiers. — Achillée Agératum.
Herbe aux cuilliers. — Cranson officinal.
Herbe aux cure-dents. — Ammi visnage.
Herbe aux écus. — Lysimaque nummulaire.
Herbe aux fous. — Jusquiame noire.
Herbe aux goutteux. — Egopode des goutteux.
Herbe aux gueux. — Clématite des haies.
Herbe aux hémorroïdes. — Lotier hérissé.
Herbe aux perles. — Grémil officinal.
Herbe aux poux. — Dauphinelle staphysaigre.
Herbe aux poux. — Pédiculaire des marais.
Herbe au vent. — Phlomide, queue de lion.
Herbe coq. — Balsamite commune.
Herbe du siége. — Scrofulaire aquatique.
Herbe jaune. — Réséda, herbe à jaunir.
Herbe sacrée. — Verveine officinale.
Herbe St.-Antoine. — Epilobe à épi.
Herbe tachée. — Pulmonaire officinale.
Herbe de Masclore. — Arroche glauque.
Herbe St.-Christophe. — Actée en épi.
Herbe de St.-Etienne. — Circée de Paris.
Herbe de la Trinité. — Hépatique à trois lobes.
Hormin. — Sauge Hormin.
Houx frélon. — Fragon piquant.

I.

Iris jaune. — Iris, faux Açore.
Iris des marais. — Iris, faux Açore.
Ivette musquée. — Bugle musquée.
Ivette. — Bugle, faux Pin.

J.

Jacobée. — Seneçon Jacobée.

Janette.	Narcisse des poètes.
Jarosse.	Gesse ciche.
Jasménoïde.	Lyciet de Barbarie.
Jatte.	Moutarde des champs.
Jombarde. Jombarbe. }	Joubarbe des toits.
Jonc fleuri.	Butome en ombelle.
Julienne.	'Julienne des dames.
Jusquiame commune.	Jusquiame noire.

L.

Laconnet.	Tussilage, pas d'âne.
La Frigoule. La Pote. }	Thym commun. Le Tin.
Langue de bœuf.	Cynoglosse d'Italie.
Laurier franc.	Laurier d'Apollon.
Laurier rose.	Nérion, Laurier rose.
Laurier rose des Alpes.	Rosage ferrugineux.
Laitue pommée. Laitue frisée. }	Laitue cultivée.
Lavanèse.	Galéga officinal.
Lentisque.	Pistachier lentisque.
Lilas des Indes.	Azédarack bipenné.
Liseron épineux.	Smilax piquant.
Liset piquant.	Smilax piquant.
Livèche.	Angélique livèche.
Laurier commun.	Laurier d'Apollon.
Lotier hémorroïdal.	Lotier hérissé.
Lunette d'eau.	Nénuphar blanc.
Lustre d'eau.	Charagne vulgaire.
Lys Asphodèle.	Hémérocale jaune.

Lys des champs.	Nénuphar blanc.
Lys jaune.	Hémérocale jaune.
Lys maritime blanc.	Panicaut maritime.

M.

Mâche.	Mâche cultivée.
Macre.	Macre flottante.
Mahiz.	Maïs cultivé.
Maïs.	Maïs cultivé.
Malherbe.	Thlaspi velu.
Malherbe.	Daphné tarton-raire.
Marcusson.	Gesse tubéreuse.
Marguerite dorée.	Chrysanthème des blés.
Margousier.	Azédarach bipenné.
Marrube noir.	Ballote fétide.
Marrube d'eau.	Lycope européen.
Masse au bedeau.	Bunias, fausse Roquette.
Masse d'eau. ⎫ Massette. ⎭	Massette à larges feuilles.
Médaille.	Lunaire annuelle.
Mélanzane.	Morelle mélongène.
Melon.	Courge-Melon.
Menthe coq.	Balsamite commune.
Mercuriale.	Mercuriale annuelle.
Mercuriale sauvage.	Mercuriale vivace.
Mère gigogne.	Paquerette, mère gigogne.
Merisier.	Cerisier à grappes.
Merisier à grappes.	Cerisier à grappes.
Merveille du Pérou.	Nyctage à longues fleurs.
Mignardise.	OEillet mignardise.
Mignonette.	Saxifrage mignonette.
Mille feuilles.	Achillée à feuille de Camomille.

Mille feuilles musquées.	Achillée odorante.
Millet.	Panic Millet.
Millet des oiseaux.	Panic d'Italie.
Miroir de Vénus.	Prismatocarpe, miroir de Vénus.
Moly.	Ail Moly.
Monte au ciel.	Renouée d'Orient.
Monoyère.	Tabouret des champs.
Morelle.	Morelle noire.
Mouge.	Ciste à feuilles de Sauge.
Mourela.	Morelle noire.
Mufle de veau.	Muflier à grandes fleurs.
Mugho.	Pin mugho.
Mures.	Ronce arbrisseau.
Mure sauvage.	Ronce arbrisseau.

N.

Napel.	Aconit Napel.
Narcisse de Constantinople.	Narcisse tazette.
Narcisse d'hiver.	Narcisse tazette.
Nèflier de Nottingham.	Nèflier d'Allemagne.
Nèflier à gros fruit.	Nèflier d'Allemagne.
Nez coupé.	Staphylier ailé.
Nielle.	Lychnide Nielle.
Nielle.	Nigelle de Damas.
Noble épine.	Nèflier aubépine.
Noisettier.	Coudrier Noisettier.
Nombril de Vénus.	Ombilic à feuilles pendantes.
N'y touchez pas.	Impatiente, n'y touchez pas.

O.

Osier blanc.	
—— noir.	Saule à longues feuilles.
—— vert.	

Osier.
Osier jaune. } . . . . Saule jaune.
Ormille. . . . . Orme à petite feuille.
Orpin brûlant. . . . . Sédum âcre.
Osier. . . . . Prénanthe Osier.
OEillet de poète. . . . . . . OEillet barbu.
OEillet Grenadier. . . . . . OEillet Giroflée.
OEillet à bouquet. . . . . . OEillet Giroflée.
Orge du Pérou. . . . . Orge à deux rangs.
Orge nue. . . . . Orge à deux rangs.
Orge d'Espagne. . . . . . . Orge à deux rangs.
Orge carrée. . . . . Orge à six rangs.
Orge d'hiver. . . . . Orge à six rangs.
Orge de Russie. . . . . Orge pyramidal.
Ortie blanche. . . . . Lamier blanc.
Ortie pourpre. . . . . Lamier pourpre.
Ortie tachée. . . . . Lamier taché.
OEillet de Dieu. . . . . . . Lychnide, fleur de Jupiter.
Orcanette. . . . . Grémil des teinturiers.
Oreille d'homme. . . . . . . Asaret d'Europe.
Oignon. . . . . Ail Oignon.
Oreille de souris. . . . . . Épervière auriculaire.
Oranger. . . . . Citronnier-Oranger.
OEil de bœuf. . . . . Chrysanthème leucanthème.
Olivier de Bohême. . . . . . Chalef à feuilles étroites.

P.

Panais. . . . . Panais cultivé.
Pas d'âne. . . . . Tussilage pas d'âne.
Passe pierre. . . . . Crithme maritime.
Passe pierre. . . . . Salicorne herbacée.
Pastenade. . . . . Panais cultivé.

Pastenage.	Panais cultivé.
Paliure.	Paliure piquant.
Pain blanc.	Viorne , Obier stérile.
Pain de pourceau.	Cyclamen d'Europe.
Pain de coucou.	Oxalide Oseille.
Pain d'oiseau.	Brise vulgaire.
Parelle.	Rumex crépu.
Patience.	Rumex crépu.
Patience rouge.	Rumex sanguin.
Pavot frisé.	Pavot somnifère.
Pédane.	Onopordon Acanthe.
Peigne de Vénus.	Scandix , peigne de Vénus.
Pelingre.	Renouée persicaire.
Pensacre.	OEnanthe à suc jaune.
Pecia.	Sapin élevé.
Perce muraille.	Pariétaire officinale.
Perce neige.	Nivéole printanière.
Perce pierre.	Crithme maritime.
Perlée.	Grémil officinal.
Persicaire.	Renouée Persicaire.
Pesse.	Sapin élevé.
Pessauliek.	Narcisse Tazette.
Pétasite.	Tussilage Pétasite.
Petite Bardane.	Lampourde gloutteron.
Petite Cigüe.	Éthuse , Ache des chiens.
Petite Douve.	Renoncule flammète.
Petite Epautre.	Froment locular.
Petite Joubarbe.	Sédum blanc.
Petite Marguerite.	Paquerette à fleurs simples.
Petite Mauve.	Mauve à feuilles rondes.
Petite musquée.	Adoxe moscatelline.
Petite Oseille.	Rumex, petite Oseille.

Petit Houx.	Fragon piquant.
Petit Muguet.	Aspérule odorante.
Petit Passerage.	Passerage ibéride.
Petite Pimprenelle.	Pimprenelle sanguisorbe.
Peuplier d'Italie.	Peuplier pyramidal.
Peuplier hypreaux.	Peuplier blanc.
Pied d'alouette.	Dauphinelle, pied d'alouette.
Pied de coq.	Panic, pied de coq.
Pied de griffon.	Hellébore fétide.
Pied de lièvre.	Plantain, pied de lièvre.
Pied de lièvre.	Trèfle des guérets.
Pied de loup.	Lycope européen.
Pied de poule.	Barbon, pied de poule.
Pied de poule.	Renoncule rampante.
Pied d'oiseau.	Lotier, pied d'oiseau.
Piloselle.	Épervière Piloselle.
Piment des mouches à miel.	Mélisse officinale.
Pimprenelle.	Pimprenelle sanguisorbe.
Pincastre.	Pin sauvage.
Pin crin.	Pin mugho.
Pin de Russie.	Pin sauvage.
Pin suffie.	Pin mugho.
Pin vulgaire.	Pin sauvage.
Pesaille.	Pois des champs.
Pistachier sauvage.	Staphylier ailé.
Plane.	Érable plane.
Plasne.	Érable plane.
Plante à œuf.	Morelle mélongène.
Plumacée.	Pigamon à feuilles d'Ancolie.
Poire de terre.	Hélianthe tubéreux.
Poireau.	Ail Poireau.
Pois ciche.	Ciche, tête de bélier.

Pois de breton. — Gesse ciche.
Pois de brebis. — Gesse cultivée.
Pois de pigeon. — Pois des champs.
Pois de senteur. — Gesse odorante.
Pois musqué. — Gesse odorante.
Poitiron. — Courge-Potiron.
Poivre de Guinée. — Piment annuel.
Poivre d'eau. — Élatine, Poivre d'eau.
Poivre d'eau. — Renouée, Poivre d'eau.
Poivre long. — Piment annuel.
Poivron. — Piment annuel.
Pomme épineuse. — Datura stramoine.
Pomme d'Amour. — Morelle, Pomme d'Amour.
Pomme de neige. — Viorne, Obier stérile.
Pomme de terre. — Morelle tubéreuse.
Potelée. — Jusquiame noire.
Pourpier. — Pourpier cultivé.
Porte chapeau. — Paliure piquant.
Pourpier. — Péplide Pourpier.
Pruneaulier. — Prunier pyramidal.
Priapé. — Nicotiane rustique.
Primerolle. — Primerolle officinale.
Primevère. — Primevère officinale.
Prud homme. — Sauge hormin.
Pudis. — Pistachier térébinthe.
Pyramidale. — Campanule pyramidale.
Pyrèthre. — Camomille Pyrèthre.
Pyrole. — Pyrole à feuilles rondes.

Q.

Quarantaine. — Giroflée annuelle.
Queue de renard. — Mélampyre des champs.

Queue de renard.	Amaranthe à long épi.
Queue de comète.	Amaranthe à long épi.

R.

Radis.	Radis cultivé.
Radis noir.	Radis cultivé.
Raifort sauvage.	Cranson de Bretagne.
Raiponce.	Campanule Raiponce.
Raisin de mars.	Groseiller rouge.
Raisin des bois.	Airelle myrtille.
Raisin d'ours.	Arbousier Busserole.
Rave de St.-Antoine.	Renoncule bulbeuse.
Ravinelle.	Radis sauvage.
Ravonaille.	Radis sauvage.
Réglisse.	Réglisse glabre.
Réglisse des Alpes.	Trèfle des Hautes Alpes.
Réglisse des montagnes.	Trèfle des Hautes Alpes.
Renouée Acre.	Renouée, Poivre d'eau.
Restinèle.	Pistachier lentisque.
Réveille-matin.	Euphorbe, Réveil-matin.
Romaine.	Laitue cultivée.
Rondelle.	Asaret d'Europe.
Rose du ciel.	Lychnide, Rose du ciel.
Rose de Guelde.	Viorne, Obier stérile.
Rose trémière. Rose de Chine.	} . . . . . Alhea des jardins.
Roseau des étangs.	Massette à larges feuilles.
Rougeole.	Mélampyre des champs.
Rougeole.	Mélampyre des prés.
Rue de chèvre.	Galéga officinal.

S.

Sabine mâle. \} Sabine femelle. \}	Genevrier sabine.
Sabre.	Iris jaunâtre.
Safran bâtard.	Carthame des teinturiers.
Safran bâtard.	Colchique d'automne.
Sagesse, ou science du chi-rurgien.	Sisymbre sagesse.
Sainfoin.	Esparcette cultivée.
Sainfoin.	Luserne cultivée.
Sainfoin d'Espagne.	Sainfoin à bouquet.
Sang de dragon.	Rumex sanguin.
Sanguin.	Cornouiller sanguin.
Satiné. \} Satin blanc. \}	Lunaire annuelle.
Sauge des bois.	Germandrée, Sauge des bois.
Sauvage.	Phlomide Lichnite.
Sauvie.	Phlomide Lichnite.
Scariole.	Laitue sauvage.
Sceau de la Vierge. \} Sceau de Notre-Dame. \}	Tamme commun.
Seau de Salomon.	Muguet anguleux.
Scordium.	Germandrée Scordium.
Scorzonère.	Scorsonère d'Espagne.
Semi double.	Renoncule d'Asie.
Séné bâtard.	Coronille émérus.
Senevé.	Moutarde des champs.
Serpolet.	Arabette Serpolet.
Soleil.	Hélianthe annuel.
Sorbier.	Sorbier domestique.
Spatule.	Ibéride en spatule.
Stramoine.	Datura Stramoine.

Styrax. — Aliboufier officinal.
Surelle. — Oxalide Oseille.
Sycomore. — Érable Sycomore.
Sabot de Vénus. — Sabot des Alpes.

T.

Tabac des Vosges. — Arnique de montagne.
Tabac. — Nicotiane Tabac.
Talictron. — Silené sagesse.
Tammier. — Tamme commun.
Tarton-raire. — Daphné tarton-raire.
Tétrahit. — Galéopsis Tétrahit.
Térébinthe. — Pistachier Térébinthe.
Terra Cripola. — Picridium commun.
Terra Gripie. — Picridium commun.
Tillau. — Tilleul à petites feuilles.
Tilleul des bois. — Tilleul à petites feuilles.
Tilleul de Hollande. — Tilleul à grandes feuilles.
Thé d'Europe. — Véronique officinale.
Théraspic. — Ibéride en ombelle.
Thlaspi épineux. — Alysson épineux.
Thymelée. — Daphné thymelé.
Thytimale. — Euphorbe des bois.
Tomate. — Morelle Pomme d'Amour.
Topinambour. — Hélianthe tubéreux.
Tortelle. — Sisymbre officinal.
Tourelle. — Arabette Tourelle.
Tournesol. — Hélianthe annuel.
Toute bonne. — Orvale, faux Lamier.
Trèfle d'eau.
—— de Castor. } . . . . . Ménianthe, Trèfle d'eau.
—— des marais. }

Trifolium des jardiniers. — Cytise à feuilles sessiles.
Trintanelle. — Daphné tarton-raire.
Triolet. — Trèfle rampant.
Trigue madame. — Sédum blanc.
Tubéreuse. — Polyanthe tubéreuse.
Tubéreuse bleue. — Agapanthe en ombelle.
Tulipe de Goudebo. — Fritillaire pintade.

V.

Valériane Grigue. — Polémoine bleu.
Vélar. — Sisymbre officinal.
Vermiculaire. — Sédum blanc.
Véronique mâle. — Véronique officinale.
Vigne de Judée. — Morelle douce amère.
Violier d'été. — Giroflée annuelle.
Violier jaune. — Giroflée jaune.
Viorne. — Clématite des haies.
Vipérine. — Helminthie vipérine.
Vrillée bâtarde. — Renouée Liseron.

ERRATA.

Page 27, N°. 314 bis. Arum calla d'Ethiopie. Sensé.

Page 39, N°. 101. Cardoncelle de Montpellier. *V*. Entreprendre.

Page 42, N°. 180. Cercis gainier. *lisez* enrôler *pour* enrichir.

Page 91, N°. 20. Nèflier du Japon. *Lisez* s'évader.

Page 101, N°. 124. Pélargonium couleur de feu. *V*. Allumer.

Page 102, N°. 131. ———— acide. *V*. Tacher.

Page 102, N°. 144. ———— papilionacé. *V*. Etinceler.

Page 102, N°. 145. ———— austral. *V*. Figer.

Page 102, N°. 149. Pélargonium Beaufort. *V*. Coûter.

Page 122, N°. 131 bis. Fruit du Rosier. Oui.

Page 297, N°. 180. *Lisez* Scille à feuilles étalées.

———

ABRÉVIATIONS.

f. . . . . . feuilles.

fl. . . . . . fleurs.

fr. . . . . fruits.

b . . . . . boutons.

V. . . . . *Verbe.*